“十四五”高等职业教育系列教材

电子产品检测与维修

李 水 王玥玥◎主编

中国铁道出版社有限公司
CHINA RAILWAY PUBLISHING HOUSE CO., LTD.

内容简介

本书根据高等职业院校电子产品检测与维修课程教学要求编写，以液晶电视作为载体，通过对典型电子产品——液晶电视的原理分析、信号测试、整机故障分析、整机故障维修，帮助读者系统地掌握典型整机电子产品的基本原理和电路分析方法，能够借用示波器、信号源等仪器完成电子整机的检测和维修。

本书配有教学视频、授课课件、题库、试卷、动画、仿真等数字化资源，放在中国大学MOOC平台。

本书语言简明、重点突出、图文结合，具有较强的针对性和实用性，适合作为高等职业院校“电子产品检测与维修”课程的教材。

图书在版编目（CIP）数据

电子产品检测与维修/李水，王玥玥主编．—北京：中国铁道出版社有限公司，2023.7（2024.12 重印）

“十四五”高等职业教育系列教材

ISBN 978-7-113-29452-6

Ⅰ.①电… Ⅱ.①李…②王… Ⅲ.①电子产品-检测-高等职业教育-教材②电子产品-维修-高等职业教育-教材 Ⅳ.①TN06②TN07

中国版本图书馆 CIP 数据核字（2022）第 125575 号

书　　名：电子产品检测与维修
作　　者：李　水　王玥玥

策　　划：翟玉峰　　**编辑部电话：**（010）51873135
责任编辑：翟玉峰　绳　超
封面设计：付　巍
封面制作：刘　颖
责任校对：安海燕
责任印制：赵星辰

出版发行：中国铁道出版社有限公司（100054，北京市西城区右安门西街 8 号）
网　　址：https：//www.tdpress.com/51eds
印　　刷：三河市兴达印务有限公司
版　　次：2023 年 7 月第 1 版　2024 年 12 月第 2 次印刷
开　　本：787 mm×1 092 mm　1/16　**印张：**9.5　**字数：**217 千
书　　号：ISBN 978-7-113-29452-6
定　　价：30.00 元

前　言

“电子产品检测与维修”课程是高等职业院校电子信息技术专业的核心课程，它包含整机电路分析、信号分析及测试、故障判断及排除等内容，是一门综合性和实践性较强的课程。该课程的前期课程有电子技术基础、电路基础、电子产品工艺等专业基础课。为了更好地配合教学，编者在课程改革实践的基础上，以深化职业教育教学改革，全面提高人才培养质量为目标，组织内容编写本书。党的二十大报告中提出：“推进职普融通、产教融合、科教融汇，优化职业教育类型定位。”教材内容依据职业要求编写，重视实践和实训教学环节，突出“做中学、做中教”的职业教育教学特色，强化教育教学实践性和职业性，以促进学以致用、用以促学、学用相长。

本书编写过程中，融合了电子产品的检测与维修方法和编者多年的教学经验。全书共分为4章：第1章主要介绍电视技术的发展历程、彩色电视信号，以及主流电子显示技术；第2章主要介绍液晶显示屏，包含液晶面板的分类及技术参数、液晶显示屏测试软件的使用、液晶显示屏的基本组成、背光模组的组成及各部分作用等内容；第3章主要介绍液晶显示屏的点屏配板技术，包含液晶显示屏型号的识别、液晶显示屏主要品牌和生产厂家、液晶显示屏分辨率识别、驱动板驱动程序的安装与升级等内容；第4章主要介绍液晶电视机的原理及检修，包含液晶电视机的组成及工作过程、液晶显示屏模组及驱动控制电路、电源板的组成与工作过程、驱动板电路的分析及检测、逻辑板电路的分析及检修等内容。

本书配有教学视频、授课课件、题库、试卷、动画、仿真等数字化资源，放在中国大学 MOOC 平台，可以通过搜索课程名称“电子产品检测与维修”、主讲人李水等关键字获取，该课程已经被教育部遴选为2023年职业教育国家在线精品课程。

本书由北京信息职业技术学院李水和王玥玥主编，中国科学院微电子研究所孙佳星参与编写。其中，王玥玥编写了第1章，李水编写了第2章和第3章，孙佳星编写了第4章；李水和王玥玥负责全书的统稿和整理工作。

由于时间仓促，书中难免有不妥之处，恳请广大读者批评指正。

编　者

2024年12月

前言

目　录

第1章　电视基础知识

本章从电视技术的发展过程、当今数字电视的发展概况等方面介绍电视技术的发展情况，从彩色的基本概念、三基色信号、亮度方程等方面介绍彩色的基本概念，以LED、OLED为例介绍电子显示技术。

学习目标

(1)了解世界电视技术的发展历程。

(2)清楚各种颜色模型、三基色原理及光相加混色规律。

(3)掌握彩色图像信号制作过程、彩色全电视信号的组成及参数。

(4)了解各种电子显示技术，掌握各种显示器的基本组成及特点。

1.1　绪　　论

电视(television)技术是20世纪人类伟大的发明，是人类进行信息传播变革中影响巨大的研究成果。电视是使用无线电电子学的方法，实时地远距离传送活动或静止图像的一门技术，它声像并茂、远距离传送、面向社会、深入家庭，成为具有活力的大众传播工具。

电视信号是指在发送端通过光/电转换把景物图像变成电信号，并通过电磁波或电缆传送到接收端，再经过电/光转换显出原来的景物图像。

现代电视技术主要分为两大类：模拟电视技术、数字电视技术。

1.1.1　电视技术的发展历程

首先模拟电视技术在电视技术的发展中起着重要的作用，在现代社会中电子图像显示器之所以能够如此普及，主要靠的是电视广播。因为作为信息媒体的终端设备的电视其最大特点是动态图像的实时传送和显示。为了能做到实时，摄像、传送和显示全部都用模拟方式的电子手段来实现，这是电视的一个重要特点。早在19世纪80年代，法国和美国就同时提出了动态图像的分解、复合方法。模拟电视的发展历程见表1-1。

表1-1　模拟电视的发展历程

时　间	电视的发展
1880年	法国和美国同时提出动态图像的分解、复合方法的设想
1884年	德国尼普科夫圆盘(机械扫描方法)
1897年	德国布劳恩发明阴极射线管
1907年	俄国罗辛使用阴极射线管进行图像显示实验

续表

时　间	电视的发展
1908 年	英国斯温顿提出全电子式电视的设想
1925 年	英国贝尔德完成了最早的电视摄像和显示实验(机械式)
1926 年	日本高柳健次郎完成了使用阴极射线管的电视显示实验(机械-电子式)
1928 年	英国贝尔德实现最早的彩色电视实验(机械式,顺序制彩色化)
1929 年	美国艾夫斯进行了彩色电视实验(机械化,同时制彩色化)
1933 年	美国兹沃雷金发明了光电摄像管(全电子式电视)
1936 年	BBC(英国广播公司)开始了世界上最早的公共电视实验广播
1951 年	美国 CBS(哥伦比亚广播公司)进行场顺序制彩色电视实验广播
1953 年	美国 NTSC(国家电视系统委员会)制定彩色电视制式(同时制),1954 年开始广播。日本于 1953 年开始黑白电视广播
1960 年	日本开始彩色电视广播
1967 年	欧洲采用 PAL、SECAM 制式开始彩色电视广播

1. 尼普科夫圆盘

俄裔德国科学家保尔·尼普科夫还在中学时代,就对电器非常感兴趣。当时正是有线电技术迅猛发展时期。电灯和有轨电车取代了古老的油灯、蜡烛和马车,电话已出现并得到了普及,海底电缆联通了欧洲和美洲,这一切给人们的日常生活带来了极大的方便。后来他来到柏林大学学习物理学。他开始设想能否用电把图像传送到远方呢?他开始了前所未有的探索。经过艰苦的努力,他发现,如果把影像分成单个像点,就极有可能把人或景物的影像传送到远方。不久,一台叫作"电视望远镜"的仪器问世了。这是一种光电机械扫描圆盘,它看上去"笨头笨脑"的,但极富独创性。1884 年 11 月 6 日,尼普科夫把他的这项发明申报给柏林皇家专利局。在他的专利申请书的第一页这样写道:"这里所述的仪器能使处于 A 地的物体,在任何一个 B 地被看到。"一年后,专利被批准了。

这是世界电视史上的第一个专利。专利中描述了电视工作的三个基本要素:(1)把图像分解成像素,逐个传输。(2)像素的传输逐行进行。(3)用画面传送运动过程时,许多画面快速逐一出现,在眼中这个过程融合为一。这是以后所有电视技术发展的基础原理,甚至今天的电视仍然是按照这些基本原理工作的。

1900 年,在巴黎举行的世界博览会上第一次使用了"television"这个词。可是最简单、最原始的机械电视,是在许多年以后才出现的。

2. 贝尔德和机械电视

约翰·贝尔德(1888—1946)英国发明家。1926 年制造出机械电视系统。一个偶然的机会,贝尔德看到了关于尼普科夫圆盘的资料。尼普科夫的天才设想引起了他的极大兴趣。他立刻意识到,他今后要做的就是发明电视这件事。于是,他立刻动手干了起来。正是对发明电视的执着追求和极大热情支持着贝尔德,1924 年,一台凝聚着贝尔德心血和汗水的电视机终于问世了。这台电视机利用尼普科夫原理,采用两个尼普科夫圆盘,首次在相距4英尺(1英尺=0.304 8 m)远的地方传送了一个十字剪影画。

经过不断地改进设备、提高技术,贝尔德的电视效果越来越好,他的名声也越来越大,引起了极大的轰动。后来"贝尔德电视发展公司"成立了。随着技术和设备的不断改进,贝尔德电视的传送距离有了较大的改进,电视屏幕上也首次出现了色彩。贝尔德本人则被后来的英国人尊称为"电视之父"。

1928年,"第五届德国广播博览会"在柏林隆重开幕。在这盛况空前的博览会中,最引人注目的新发明——电视机,第一次作为公开产品展出。从此,人们的生活进入了一个神奇的世界。然而,不能否认,有线的机械电视传播的距离和范围非常有限,图像也相当粗糙,简直无法再现精细的画面。因为只有几分之一的光线能透过尼普科夫圆盘的孔洞,为得到理想的光线,就必须增大孔洞,那样,画面将十分粗糙。要想提高图像细部的清晰度,必须增加孔洞数目,但是,孔洞变小,能透过来的光线也微乎其微,图像也必将模糊不清。机械电视的这一致命弱点困扰着人们。人们试图寻找一种能同时提高电视的灵敏度和清晰度的新方法。于是电子电视应运而生。

3. 电子电视

1897年,德国的物理学家布劳恩发明了一种带荧光屏的阴极射线管,如图1-1所示。当电子束撞击时,荧光屏上会发出亮光。当时布劳恩的助手曾提出用这种射线管做电视的接收管,固执的布劳恩却认为这是不可能的。1906年,布劳恩的两位执着的助手真的用这种阴极射线管制造了一台画面接收机,进行图像重现。不过,他们的这种装置重现的是静止画面,应该算是传真系统而不是电视系统。1907年,俄国著名的发明家罗辛也曾尝试把阴极射线管应用在电视中。他提出一种用尼普科夫圆盘进行远距离扫描,用阴极射线管进行接收的远距离电视系统。特别值得指出的是,英国电气工程师坎贝尔·温斯顿,在1911年就任伦敦学会主席的就职演说中,曾提出一种令人不可思议的设想,他提出了一种现在所谓的摄像管的改进装置。他甚至在一次讲演中几乎完美无缺地描述了今天的电视技术。可是在当时,由于缺乏放大器,以及存在其他一些技术限制,这个完美的设想没有实现。

图1-1 阴极射线管

兹沃雷金(1889—1982)美国发明家。1923年发明电子电视摄像管,1931年研究成功电视显像管,开辟了电子电视的时代。兹沃雷金曾经是俄国圣彼得堡技术研究所的电气工程师。早在1912年,他就开始研究电子摄像技术。1919年兹沃雷金迁居美国,进入威斯汀豪森电气公司工作后,他仍然不懈地进行电子电视的研究。1924年兹沃雷金的研究成果——电子电视模型出现。

兹沃雷金称电子电视模型的关键部位为光电摄像管,即电视摄像机。遗憾的是,由于图像暗淡,几乎同阴影差不多。1929年,矢志不渝的兹沃雷金又推出一个经过改进的模型,结果仍然不很理想。美国的企业咨询公司(ARC)最终投资了5千万美元,1931年兹沃雷金终于制造出了令人比较满意的摄像机显像管。同年,进行了一项对一个完整的光电摄像管系统的实地试验。在这次实验中,一个由240条扫描线组成的图像被传送给4英里(1英里=1 609.344 m)以外的一台电视机,再用镜子把9英寸(1英寸=2.54 cm)显像管的图像反射到电视机前,完成了使电视摄像与显像完全电子化的过程。

随着电子技术在电视机上的应用,电视机开始走出实验室,进入公众生活之中,成为真正的信息传播媒介。1936年电视业获得了重大发展。这一年的11月2日,英国广播公司在伦敦郊外的亚历山大宫,播出了一场颇具规模的歌舞节目。这台完全用电子电视系统播放的节目,场面壮观,气势宏大,给人们留下了深刻的印象。对同年在柏林举行的奥运会的报道,更是年轻的电视事业的一次大亮相。当时一共使用了四台摄像机拍摄比赛实况。其中最引人注目的要算佐尔金发明的全电子摄像机。这台机器体积庞大,它的一个1.6 m焦距的镜头重达45 kg、长2.2 m,被人们戏称为电视大炮。这四台摄像机的图像信号通过电缆传送到中心演播室,在那里图像信号经过混合后,通过电视塔被发射出去。柏林奥运会期间,每天用电视播出长达8 h的比赛实况,共有16万多人通过电视观看了奥运会的比赛。那时许多人挤在小小的电视屏幕前,兴奋地观看一场场激动人心的比赛的动人情景,使人们更加确信电视业是一项大有前途的事业,电视正在成为人们生活中的一员。

到了1939年,英国大约有2万个家庭拥有电视机,美国无线电公司的电视机也在纽约世界博览会上首次露面,开始了第一次固定的电视节目演播,吸引了成千上万个好奇的观众。1946年,英国广播公司恢复了固定电视节目,美国政府也解除了禁止制造新电视的禁令。一时间,电视工业犹如插上了翅膀,飞速发展起来。在美国,从1949年到1951年,短短三年来,不仅电视节目已在全国普遍播出,电视机的数目也从1百万台跃升为1千多万台,成立了数百家电视台。一些幽默剧、轻歌舞、卡通片、娱乐节目和好莱坞电影常常在电视中播出。千变万化的电视节目的出现,在公众中引起了强烈反响。在不长的时间里,公众就抛弃了其他的娱乐方式,闭门不出,如醉如痴地坐在起居室的电视机前,同小小的荧屏中展示的一切同悲共喜。

4. 卫星直播电视

1960年8月12日,在熊熊的烈焰中,又一枚火箭腾空而起,将一颗用于通信的卫星送入了广袤的太空。尽管这颗卫星只是一个巨大的金属球,只能用于反射无线电信号,但是,它开创了卫星通信的先河。随着“信使者”及“电星”1号卫星成功升入太空,进入地球轨道,卫星通信进入实用阶段。

随着通信卫星的出现,电视的传播速度更快了。通过实况转播,各种世界性的体育盛会和重大科技信息,转眼之间传遍整个世界,电视传播的范围更广大。1982年有140多个国家和地区的百余亿人次在电视中看到了世界杯足球赛的比赛实况,观看人数之多是前所未有的,电视传播的地域缩小了。从1965年到1980年,国际通信卫星组织共发射了五颗国际通信卫星,完全实现了全球通信。可以毫不夸张地说,通信卫星加强了人们的社会交往和相互了解。在高悬于太空中的通信卫星的照耀下,地球仿佛变小了,“全球村”时代来临了,如图1-2所示。

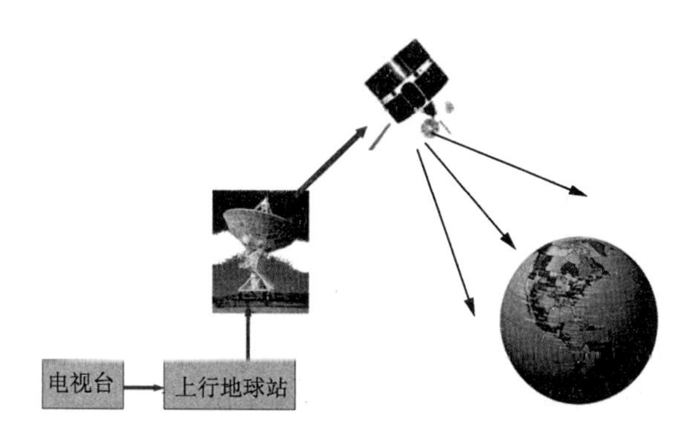

图 1-2　卫星转播示意图

1983 年 11 月 5 日,美国 USCI 公司首次开始卫星直播。以前的卫星传播,要经过地面的接收,再把信号通过无线电或电缆传送出去。卫星直播电视与此不同,只要在用户家中装备一个直径 1 m 左右的小型抛物面天线和一个调谐器(用来对信号进行解码),就可以直接接收卫星的下行信号。这对偏远地区有很大的实用价值。

电视机的发明深刻地改变了人们的生活,它不但使人们的休闲生活得到前所未有的充实,更重要的是它加大了信息传播空间和信息量,使世界开始变小。

如今的电视机不仅用于收看电视节目,同时还是家用计算机,人们可以通过卫星和电视进行遥感,使用家用电视控制家里的电器,进行电视报警、购物、记录、学习等。此外,超大屏幕电视、高清晰度电视、家庭数据库等也不断地发展起来。也就是说,现代电视已经从一种公共媒介的收看工具,变成了包含众多信息系统的家庭视频系统中心。

1.1.2　数字电视技术的发展状况

数字电视是电视技术从黑白向彩色发展之后的第三代电视,是电视技术发展史上新的里程碑。数字电视网已经和移动通信网络、因特网一起成为影响未来发展的三大主干网络。

1. 数字电视的发展历程

传统的模拟电视简称 ATV,现有主要用于地面波电视广播的 NTSC(全国电视委员会制式)、PAL(逐行倒相制式)、SECAM(同时顺序制式)和用于卫星电视广播的 MAC(模拟分量编码)等四种制式,已有半个世纪以上的历史。四种制式的主要区别只是彩色信号的处理方式不同。从扫描格式上分,只有 525 行 60 场隔行扫描和 625 行 50 场隔行扫描两种扫描方式,各种制式的视频带宽基本相同。

人们常说:“电视不如电影好看”,主要是指电视画面的清晰度远比电影画面差。现在世界上通行的 625/525 行扫描方式,其画面清晰度远远比不上 16 mm 电影胶片,更不要说与 35 mm 电影胶片相比了。影响电视清晰度的主要原因是视频通带窄、亮度和色度分离(Y/C 分离)不彻底和场扫描频率低,尤其是后者会引起大面积闪烁。当初之所以采用 625/525 行的扫描方式,是根据当时的技术水平决定的,是质量与造价的一种折中。只有把扫描线数提高到 2 000 行左右,电视的画质才可以媲美 35 mm 电影胶片的画面。要彻底改善清晰度,唯有走数字化的道路。数字电视简称 DTV,既可以用于标准清晰度电视(SDTV)广播,亦可用于高清晰度电视(HDTV)广播。1996 年底,美国联邦通信委员会(FCC)制定了相关的法规,规定所有在美国的 HDTV 电视机必须采用数字技术,但这并不意味着所有数字电视机都必须是高清晰度的,同时还有其他的可能性。

数字电视广播制式总共有五种。其中,标准清晰度电视广播有 480i 和 480p 两种,高清晰度电视广播有 720i、720p 和 1080i 三种。其中,数字表示有效扫描线数,i 和 p 表示扫描方式,i 为隔行扫描(interlace scan),p 为逐行扫描(progressive scan)。通过以上不同参数的组合来决定广播的方式,如 480p 即对扫描线数为 480 线的逐行扫描,480i 就是 480 线的隔行扫描。如果扫描线的数目相同,则逐行扫描的垂直清晰度约等于隔行扫描的 1.5 倍,480i 与当前的模拟电视广播相同,属于相当低的水平。以前由于电视机的画面不大,隔行扫描的画面还可以容忍。随着大屏幕电视机的普及,图像的闪烁问题变得更加明显,扫描线显得非常碍眼,必须采用逐行扫描方式加以改善。画面宽高比有 4:3 和 16:9 两种,其中只有 480i 和 480p 同时有 4:3 和 16:9 两种方式,其余均只有 16:9;480i 和 480p 属于 SDTV。只有 16:9 宽屏和高清晰度的系统才是真正的 HDTV。

目前还没有国际统一的 HDTV 通用标准。美国、加拿大、韩国、阿根廷等统一使用一种由 ATSC 工业集团建议的制式。欧洲国家和澳大利亚则使用一种称为 DVB-T 的系统。两者的信号传输方式和编码方式均不相同,相互之间是不兼容的。而日本又另起炉灶,他们自 1989 年以来已开始播放了一种完全不同的模拟 HDTV,但在 1997 年又决定实行数字化,日本的 HDTV 系统采用与 DVB-T 相似但却不完全一样的制式。

日本是最早开发 HDTV 电视的国家,早在 1964 年就开始研究 HDTV,1985 年已建立了 1125 线、60 帧的 MUSE 模拟制式,1988 年率先在汉城奥运会进行试播。1989 年,日本广播协会开始进行 HDTV 的广播演示,到 1991 年底,每天定时播放 8 h。索尼也于 1990 年底发行了第一卷 HDTV 录影带。遗憾的是,日本把所有的精力放在力求提高已经过时的模拟电视的清晰度上,走了一段很长的弯路。他们梦想建立一个全球性的高清晰度电视标准,却忽视了数字技术发展的大趋势,从而使日本的数字电视技术比欧美落后四五年。1993 年,日本才开始研究全新概念的电视广播 ISDH(综合业务数字广播),1994 年 11 月,在国际电联无线电通信部门会议上,日本决定采用 MPEG-2 作为数字电视广播的技术基础,正式开始迈向数字电视。1998 年 11 月 1 日,数字电视在美国和英国同时开播,开始了从模拟电视广播转入数字时代的进程。

为了能更顺利地从模拟电视过渡到数字化高清晰度电视,各国还采取了一些折中性的数字电视广播方案,其主要特色是采用数字压缩编码技术降低信号带宽,使清晰度介于模拟电视与 HDTV 电视之间,如美国 DIRECTV 系统、日本的 Perfect TV 系统和欧洲的 DVB-S 系统等。使用模拟电视机的用户如果暂时不想更换成数字电视机,可以购买一个机顶盒,将数字信号变成模拟信号。

2. 高清数字电视

对于大多数用户和大多数使用情况而言,HD 是指高清晰度电视(HDTV)。相对于传统的标准清晰度电视(SDTV)而言,其屏幕更大,清晰度更高。SDTV 的屏幕宽高比为 1.33(4:3),而 HDTV 则为 1.78(16:9),与大部分电影屏幕的宽高比非常接近,因此在电视屏幕上播放电影时,剪辑或遮幅就会少些,使细节更加清晰锐利,色彩更加鲜艳。高清晰度电视在水平和垂直方向上的清晰度是传统标清电视图像清晰度的两倍，其包含的信息量大约是常规电视的五倍，显然用原有的电视节目传输方法传送高清晰度电视节目是不能胜任的。因此，使用数字处理技术的模拟传输方案，成为混合（数字/模拟）传输方式。当数字视频压缩技术能够把图像的信息量压缩 20～50 倍时，就出现了数字电视。

简而言之，数字电视就是指从演播室到发射、传输、接收的所有环节都是使用数字电视信号或对该系统所有的信号传播都是通过由 0、1 数字串所构成的数字流来传播的，数字信号的传播速率是 19.39 MB/s，如此大的数据流的传递保证了数字电视的高清晰度，克服了模拟电视的先天不足。同时还由于数字电视可以允许几种制式信号的同时存在，每个数字频道下又可分为几个子频道，从而既可以用一个大数据流——19.39 MB/s，还可将其分为几个分流，例如四个，每个的速率就是 4.85 MB/s，这样虽然图像的清晰度要大打折扣，却可大大增加信息的种类，满足不同的需求。例如，在转播一场体育比赛时，观众需要高清晰度的图像，电视台就应采用 19.39 MB/s 的传播；而在进行新闻广播时，观众注意的是新闻内容而不是播音员的形象，所以没必要采用那么高的清晰度，这时只需 3 MB/s 的速率就可以了，剩下 16.39 MB/s 可用来传输其他的内容。

由于数字电视的概念容易混淆，一些相关报道及文章介绍中出现似是而非的概念，诸如“数码电视”、“全数字电视”、“全媒体电视”和“多媒体电视”等。其实，“数字电视”的含义并不是指一般家中的电视机，而是指电视信号的处理、传输、发射和接收过程中使用数字信号的电视系统或电视设备。其具体传输过程是：由电视台送出的图像及声音信号，经数字压缩和数字调制后，形成数字电视信号，经过卫星、地面无线广播或有线电缆等方式传送，由数字电视机接收后，通过数字解调和数字视音频解码处理还原出原来的图像及伴音。因为全过程均采用数字技术处理，因此，信号损失小，接收效果好。

3. 数字电视的用途

在数字电视中，采用了双向信息传输技术，增加了交互能力，赋予了电视许多全新的功能，使人们可以按照自己的需求获取各种网络服务，包括视频点播、网上购物、远程教学、远程医疗等新业务，使电视机成为名副其实的信息家电。

数字电视提供的最重要的服务就是视频点播（VOD）。VOD 是一种全新的电视收视方式，它不像传统电视那样，用户只能被动地收看电视台播放的节目，它提供了更大的自由度、更多的选择权、更强的交互能力，传用户之所需，看用户之所点，有效地提高了节目的参与性、互动性、针对性。

4. 数字电视的基本原理

将电视的视音频信号数字化后，其数据量是很大的，非常不利于传输，因此数据压缩技术成为关键。实现数据压缩技术的方法有两种：一是在信源编码过程中进行压缩，IEEE 的 MPEG 专家组已发展制定了 ISO/IEC 13818（MPEG-2）国际标准，MPEG-2 采用不同的层和级组合即可满足从家庭质量到广播级质量以及高清晰度电视质量不同的要求，其应用面很广，它支持标准分辨率 16:9 宽屏及高清晰度电视等多种格式，从进入家庭的 DVD 到卫星电视、广播电视微波传输都采用了这一标准。二是改进信道编码，发展新的数字调制技术，提高单位频宽数据传送速率。例如，在欧洲 DVB 数字电视系统中，数字卫星电视系统（DVB-S）采用正交相移键控调制(OPSK);数字有线电视系统(DVB-C)采用正交调幅调制(QAM);数字地面开路电视系统(DVB-T)采用更为复杂的编码正交频分复用调制(COFDM)。

5. 数字电视的特点

与模拟电视相比,数字电视有以下几个优点:

(1)收视效果好,图像清晰度高,音频质量高,满足人们感官的需求。

(2)抗干扰能力强。数字电视不易受外界的干扰,避免了串台、串音、噪声等影响。

(3)传输效率高。利用有线电视网中的模拟频道可以传送8~10套标准清晰度数字电视节目。

(4)兼容现有模拟电视机。通过在普通电视机前加装数字机顶盒即可收看数字电视节目。

(5)提供全新的业务。借助双向网络,数字电视不但可以实现用户自点播节目、自由选取网上的各种信息,而且可以提供多种数据增值业务。

(6)易于实现。用户只需加装一台机顶盒即可接收画面清晰度高,音频效果好、抗干扰能力强的节目,频道数量会大量增加,可支撑500套数字频道,可开展多功能业务,如电视网站、交互电视等。

1.2 彩色电视信号

电视是视觉电子设备,其工作原理是根据人眼的视觉特性,利用电信号的方式实现彩色图像的分解、变换、传送和再现。所以在学习彩色电视信号之前,要对彩色的基本概念、三基色信号等有所认识,以便更好地理解彩色电视信号。

1.2.1 彩色的基本概念

对于黑白图像,表示其特性的三个基本要素是:亮度、对比度和灰度。亮度是指人眼所感觉到的光的背景明暗程度;对比度是指图像最大亮度与最小亮度之比;灰度是指图像黑白亮度的层次。图像从最亮到最暗的亮度层次越多,图像就越清晰,通常7~8级灰度能显示明暗清晰的图像。

对于彩色图像,表示其特性的三个基本要素是:亮度、色调和色饱和度。亮度(与黑白一样)是指光的明暗程度,即光线的强弱,与光功率有关。色调是指光的颜色,即彩色的光谱成分,与光的波长有关。色饱和度是指光的深浅程度,即掺入的白光越多,光越浅,色饱和度越低。色饱和度与掺入白光的多少有关。如白光色饱和度是0%(全是白光),纯色光色饱和度是100%(未掺入白光);白光与纯色光混合色饱和度是50%(掺入一半的白光)。一般色调与色饱和度合称为色度,或彩色对比度,即色调+色饱和度=色度=彩色对比度。色度既说明了彩色光颜色的类别,又说明了颜色的深浅程度。在彩色电视系统中,传输彩色图像,实质上是传输图像像素的亮度和色度。

1.2.2 三基色信号

自然界的彩色光是由赤橙黄绿青蓝紫七色光合成的,在电视中若用七色光组成彩色图像,可以真实再现自然光图像，但在电视设备中需要配备七个信号通道，使电视设备非常复杂。利用三基色原理可以简化信号量，满足电视设备的要求。

1. 三基色原理

人们在进行混色实验时发现，可以用几种单色光混色，来仿造自然界中大多数的彩色，而不必用全部七色光。进一步发现：只要选取三种不同颜色的单色光按一定比例混合就可得到自然界中绝大多数色彩，具有这种特性的三个单色光称为基色光，对应的三种颜色称为三基色。这是因为人眼视网膜上光敏细胞决定彩色视觉，它只对几种彩色敏感，分为红敏、绿敏、蓝敏三种光敏细胞。根据人眼的这种视觉特性，产生了三基色原理。三基色原理内容如下：

(1)三基色必须是相互独立产生。即其中任一种基色都不能由另外两种基色混合而得到。

(2)自然界中的大多数颜色，都可以用三基色按一定比例混合得到。

(3)三基色的混合比例，决定了混合色的色调和色饱和度。

(4)混合色的亮度等于构成该混合色的各个基色的亮度之和。

需要说明的是，三基色不是唯一的。一般光合成选用红、绿、蓝三基色。主要是人眼对这三种颜色比较敏感，可以用红、绿、蓝混合出较多的颜色。

三基色原理是对颜色进行分解与合成的重要原理，它为彩色电视技术奠定了理论基础，简化了电视信号传送处理。彩色电视要传送图像亮度不同、色调和色饱和度千差万别的彩色信息，有了三基色原理，只需要将要传送的颜色分解为三基色（红、绿、蓝），再分别以对应的一种电信号进行传送处理。

下面用简单的方式描述三基色原理。红、绿、蓝信号一般也表示为RGB信号，红、绿、蓝三基色可以合成大多数的自然光，而大多数的自然光又可以分解为三基色，如图1-3所示。

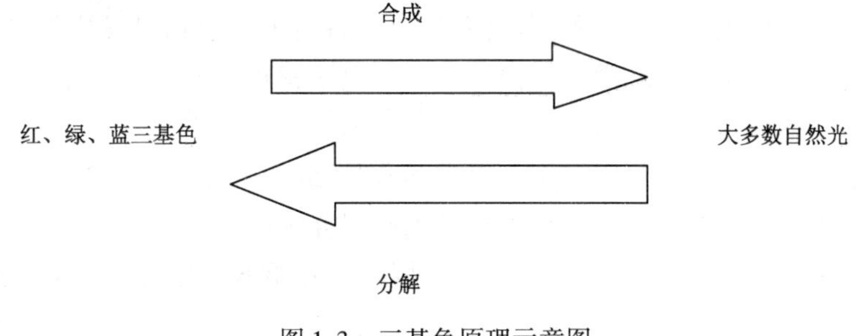

图1-3　三基色原理示意图

2. 混色方法

单色光的颜色可以由几种颜色的光混合来等效，这一现象称为混色。利用混色的方法，可以用几种颜色的光仿造出自然界中大多数的彩色。彩色电视中所采用的三基色分别是红色（R）、绿色（G）、蓝色（B），几乎所有彩色光都可由不同比例的红、绿、蓝三基色光混合得到。

将三基色按照不同的比例混合获得彩色的方法称为混色法。彩色混色法分为两种：相加混色、相减混色，如图1-4所示。

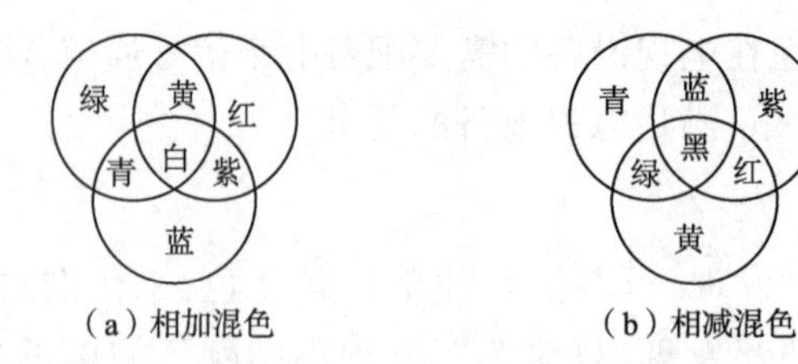

图 1-4　混色方法

由于彩色电视图像采用的是光合成，即相加混色，故下面重点对相加混色进行介绍。相加混色主要有三种方法：

1）空间混色法

将三种基色光在同一平面的对应位置充分靠近，只要三个基色光点足够小且充分近，人眼在离开一定距离处将会感到是三种基色光混合后所具有的颜色。这种空间混色的方法是同时制彩色电视的基础。

2）时间混色法

利用人眼的视觉惰性，顺序地让三种基色光出现在同一表面的同一处，当相隔的时间间隔足够小时，人眼会感到这三种基色光是同时出现的，具有三种基色相加后所得颜色的效果。这种相加混色方法是顺序制彩色电视的基础。

3）生理混色法

人的两眼同时分别观看不同颜色的同一彩色景象时，使之同时获得两种彩色印象，两种彩色印象在大脑中产生相加混色的效果。

相加混色规律：红 + 绿 = 黄、红 + 蓝 = 紫（品）、绿 + 蓝 = 青、红 + 绿 + 蓝 = 白，即 R + G = 黄、R + B = 紫（品）、G + B = 青、R + G + B = 白。

3. 三基色与标准彩条信号

标准彩条信号是彩色电视的一种测试信号，由电视台或彩色信号发生器产生。由八种颜色组成：白、黄、青、绿、紫、红、蓝、黑。显像管的三个电子枪可输出三基色信号，经相加混色可得到标准彩条信号的八种颜色。

电视台发射的标准彩条信号由三基色组成，分别供给显像管红、绿、蓝三个电子枪的阴极，由阴极发射出电子，轰击彩色荧光粉，根据三基色原理合成彩色图像。

设“1”表示白电平，“0” 表示黑电平，根据相加混色规律，则八个彩条对应三基色电平如下：

白：$R = G = B = 1$。

黄 =（红 + 绿）：$R = 1, G = 1, B = 0$。

青 =（绿 + 蓝）：$R = 0, G = 1, B = 1$。

绿：$R = 0, G = 1, B = 0$。

紫 =（红 + 蓝）：$R = 1, G = 0, B = 1$。

红：$R = 1, G = 0, B = 0$。

蓝：$R = 0, G = 0, B = 1$。

黑：$R = 0, G = 0, B = 0$。

与彩条相对应的三基色波形如图 1-5 所示。

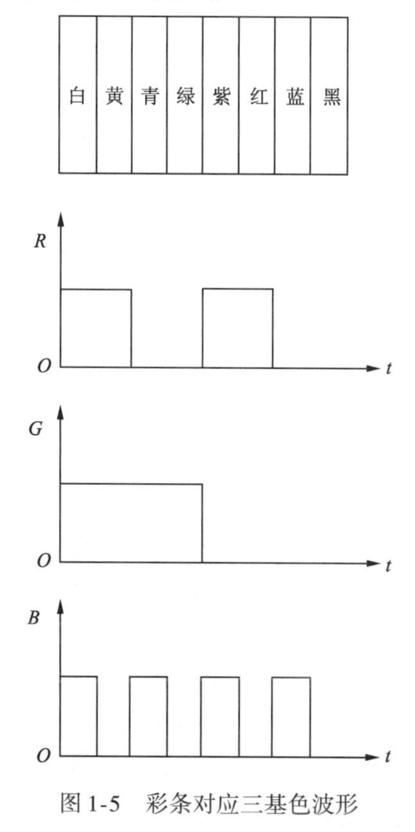

图 1-5　彩条对应三基色波形

1.2.3　亮度方程

彩色光的亮度与彩色光的颜色有关。当彩色光中绿色较多时，光线比较明亮；而当蓝色较多时，光线比较暗，这说明彩色光的明暗与光的成分有关。描述三基色与亮度关系的方程称为亮度方程。

若彩色光总亮度 $Y=100\%$ 的白光，则绿光对亮度的贡献为 59%，红光对亮度的贡献为 30%，蓝光对亮度的贡献为 11%，即

总亮度 $Y=100\%$ 的白光：绿光亮度 =59%，红光亮度 =30%，蓝光亮度 =11%。

亮度方程可表示为

$$Y=0.3R+0.59G+0.11B$$

式中，Y 表示彩色混合光的亮度；R、G、B 表示三基色光的亮度值。

亮度方程描述了三基色与彩色混合光亮度的关系，即彩色混合光的明暗程度。值得注意的是，这里的亮度 Y，虽然与三基色光有关，但它反映的是光的明暗程度，是一个黑白信号，最早的黑白图像信号只有亮度这一个参数，只有明暗之分。

$R=G=B=1$，白光的亮度最大，$Y=1$，为白色。

$R=G=B<1$，白光的亮度小，$Y<1$，为灰色。

$R=G=B=0$，白光的亮度为 0，$Y=0$，为黑色。

当 R、G、B 取值不同时，混合色颜色不同，Y 为该颜色的亮度，即明暗程度。

1.2.4 色差信号

1. 色差信号的产生

在实际的彩色图像信号中,颜色是用色差信号表示的。色差信号是指基色与亮度之差,分为红差 $R-Y$、绿差 $G-Y$、蓝差 $B-Y$。选用色差信号作为彩色图像信号,可减少亮度信号与基色信号的互相干扰。

由亮度方程 $Y=0.3R+0.59G+0.11B$ 可知,当三基色 RGB 不同时,图像的颜色成分会影响图像背景的亮度。如果直接使用三基色作为彩色图像,会造成彩色图像的明暗总随图像颜色变化,会给人的视觉带来不舒服的感觉,即形成亮色干扰。将亮度方程两边同时减去 Y 可得

$$\begin{aligned} Y-Y&=0.3R+0.59G+0.11B-Y \\ &=0.3R+0.59G+0.11B-(0.3+0.59+0.11)Y \\ &=0.3(R-Y)+0.59(G-Y)+0.11(B-Y) \\ 0&=0.3(R-Y)+0.59(G-Y)+0.11(B-Y) \end{aligned} \tag{1-1}$$

式(1-1)中,当右边的色差变化,式子左边恒等于零,即亮度 Y 不会随颜色发生变化,故选用色差作为彩色图像信号,色差变化不会干扰亮度,这样消除了亮色干扰的现象。

色差信号与三基色的关系如下:

$$R-Y=R-(0.3R+0.59G+0.11B)=0.7R-0.59G-0.11B \tag{1-2}$$

$$B-Y=B-(0.3R+0.59G+0.11B)=-0.3R-0.59G+0.89B \tag{1-3}$$

$$G-Y=G-(0.3R+0.59G+0.11B)=-0.3R+0.41G-0.11B \tag{1-4}$$

2. 包含色差信号的彩色图像信号

为了传送彩色图像,从兼容的角度出发,彩色电视系统中应传送一个反映图像亮度的亮度信号,以 Y 表示,其特性应与黑白电视信号相同。同时,还需传送反映色度的信号,常以 F 表示。

彩色图像信号的组成:必须含有亮度成分 Y,为了减少亮色干扰,又将三基色变成三个色差 $R-Y$、$G-Y$、$B-Y$,一共有四个信号:Y、$R-Y$、$G-Y$、$B-Y$。但由于存在亮度方程,在 Y、$R-Y$、$G-Y$、$B-Y$ 四个变量中,应该其中三个是独立的,即可以考虑减少一个信号。考虑到兼容性,亮度 Y 是必须要传送的,三个色差信号中的任意两个被传送即可,另一个信号可由式(1-1)合成。三个信号组成彩色图像信号,减少一个信号通道数量,可以降低设备成本。

在彩色电视系统中,选用一个亮度信号和两个色差信号作为彩色图像信号。下面分析一下,在三个色差信号中选用哪两个更合适。根据 $0=0.3(R-Y)+0.59(G-Y)+0.11(B-Y)$,色差之间的关系可用下式表示:

$$R-Y=-\frac{0.59}{0.3}(G-Y)-\frac{0.11}{0.3}(B-Y) \tag{1-5}$$

$$G-Y=-\frac{0.3}{0.59}(R-Y)-\frac{0.11}{0.59}(B-Y) \tag{1-6}$$

$$B-Y=-\frac{0.3}{0.11}(R-Y)-\frac{0.59}{0.11}(G-Y) \tag{1-7}$$

从三个色差信号方程中分析,绿差 $G-Y$ 的系数比 $R-Y$ 和 $(B-Y)$ 数值要小,则在传输过

程中容易受到干扰,对改善信噪比是不利的。所以,考虑选用红差 $R-Y$、蓝差 $B-Y$ 作为彩色图像信号,而绿差在接收端用 $R-Y$、$B-Y$ 合成。

1.2.5　色度和色同步信号

1. 色度信号

为了实现频谱交错,将色差信号调制到副载波上。色差信号有两个 $R-Y$ 和 $B-Y$,色差信号经过调制在副载波 4.43 MHz(ω_{sc})上,红差 $R-Y$ 变成红色度 F_{R-Y},蓝差 $B-Y$ 变成蓝色度 F_{B-Y}。F_{R-Y} 与 F_{B-Y} 合成称为色度信号 F。下面分析色度信号的形成。

将两个色差信号 $R-Y$、$B-Y$ 分别用平衡调幅波调制在两个频率相同、相位相差 90°(正交)的副载波上,然后再将这两个调幅信号进行矢量相加,这一调制方式称为正交平衡调幅。具体正交平衡调幅过程如下:

$B-Y$ 用 0°副载波平衡调幅:

$$F_{B-Y}=(B-Y)\sin\omega_{sc}t \qquad \text{蓝色度} \tag{1-8}$$

$R-Y$ 用 90°副载波平衡调幅:

$$F_{R-Y}=(R-Y)\cos\omega_{sc}t \qquad \text{红色度} \tag{1-9}$$

色度信号 F 为

$$\begin{aligned} F &= F_{B-Y}+F_{R-Y} \\ &= (B-Y)\sin\omega_{sc}t+(R-Y)\cos\omega_{sc}t \\ &= |F|\sin(\omega_{sc}+\varphi)t \end{aligned} \tag{1-10}$$

式中,$|F|$ 表示色度的幅值;φ 表示色度的相角。

色度的幅度为

$$|F|=\sqrt{(R-Y)^2+(B-Y)^2} \qquad \text{表示彩色的饱和度} \tag{1-11}$$

色度的相角为

$$\varphi=\arctan\frac{R-Y}{B-Y} \qquad \text{表示彩色的色调} \tag{1-12}$$

色度信号矢量为

$$\boldsymbol{F}=\boldsymbol{F}_{R-Y}+\boldsymbol{F}_{B-Y} \tag{1-13}$$

图 1-6 反映了色度信号 F 的幅度和相位。当色度信号的相位发生变化时,会引起色调变化,即颜色的变化;当色度信号的振幅发生变化时,会引起饱和度变化,即深浅的变化。两个平衡调幅信号频率相等,相位差 90°,保持正交关系,两者相加得到正交平衡调幅的色度信号。

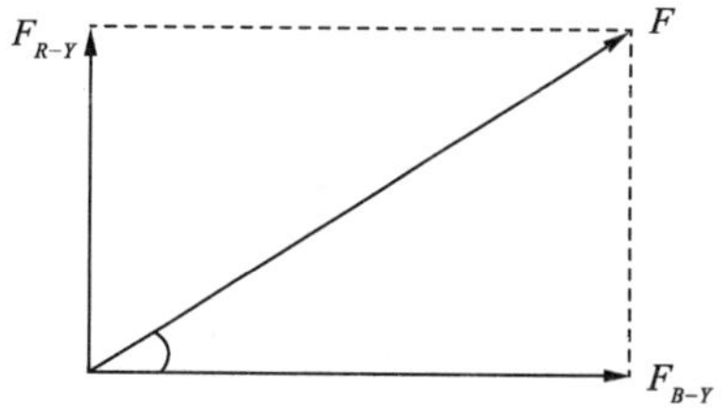

图 1-6　幅度未压缩时色度矢量图

将色度 F 和亮度 Y 混合后,用一个通道传送,实现了亮色频谱交错,且两个色度分量正交,仍可占有 6 MHz 的频带,又各自独立,接收机解调时,采用同步解调很容易分离出红差与蓝差分量。

2. 色同步信号

由于红色度与蓝色度都是采用的平衡调幅,不含载波成分。平衡调幅波的解调,不能用一般的包络检波器,必须采用同步检波的方法。

实现同步检波的关键是接收端恢复副载波与发送端的副载波同频同相。在传送彩色信号时,发送色同步信号,作为接收端恢复副载波的基准。

1.2.6 彩色全电视信号

彩色图像信号加上同步信号、消隐信号、色同步信号就可得到彩色全电视信号。

本节以标准彩条信号为对象,分析彩色全电视信号的组成、波形等。

1. 彩条图像的亮度与色差信号

根据1.2.2节中介绍过的八个彩条对应三基色电平,依据亮度方程和色差方程,计算彩条的亮度与色差如下:

白:$Y=1$　　$R-Y=1-1=0$　　$B-Y=1-1=0$

　$G-Y=1-1=0$

黄:$Y=0.3\times1+0.59\times1=0.89$　　$R-Y=1-0.89=0.11$　　$B-Y=0-0.89=-0.89$

　$G-Y=1-0.89=0.11$

青:$Y=0.59\times1+0.11\times1=0.7$　　$R-Y=0-0.70=-0.70$　　$B-Y=1-0.70=0.30$

　$G-Y=1-0.70=0.30$

绿:$Y=0.59$　　$R-Y=0-0.59=-0.59$　　$B-Y=0-0.59=-0.59$

　$G-Y=1-0.59=0.41$

紫:$Y=0.3\times1+0.11\times1=0.41$　　$R-Y=1-0.41=0.59$　　$B-Y=1-0.41=0.59$

　$G-Y=0-0.41=-0.41$

红:$Y=0.3$　　$R-Y=1-0.3=0.7$　　$B-Y=0-0.3=-0.3$

　$G-Y=0-0.3=-0.3$

蓝:$Y=0.11$　　$R-Y=0-0.11=-0.11$　　$B-Y=1-0.11=0.89$

　$G-Y=0-0.11=-0.11$

黑:$Y=0$　　$R-Y=0-0=0$　　$B-Y=0-0=0$

　$G-Y=0-0=0$

以上数据用表1-2表示。

表1-2　100%幅度、100%饱和度(100-0-100-0)彩条三基色、亮度、色差电平值

色别	白	黄	青	绿	紫	红	蓝	黑
R	1	1	0	0	1	1	0	0
G	1	1	1	1	0	0	0	0
B	1	0	1	0	1	0	1	0
Y	1	0.89	0.70	0.59	0.41	0.30	0.11	0
$R-Y$	0	0.11	-0.70	-0.59	0.59	0.70	-0.11	0

续表

色　别	白	黄	青	绿	紫	红	蓝	黑
$B-Y$	0	−0.89	0.30	−0.59	0.59	−0.30	0.89	0
$G-Y$	0	0.11	0.30	0.41	−0.41	−0.30	−0.11	0

通常景物很少出现 100% 色饱和度的情况,我国规定使用:75% 幅度、100% 饱和度信号作为标准测试信号,因为这种信号更接近实际图像。标准彩条信号一般用四个数码命名法:如 100-0-100-0、100-0-75-0。第一、二位数字表示组成无色条(黑白条)的 R、G、B 最大和最小值。第三、四位数字表示组成彩条的 R、G、B 的最大和最小值。实际采用的 100-0-75-0 彩条信号波形,如图 1-7 所示。

用表 1-2 所示数据,画出白、黄、青、绿、紫、红、蓝、黑所对应的三基色信号、亮度信号、色差信号的波形如图 1-8 所示。

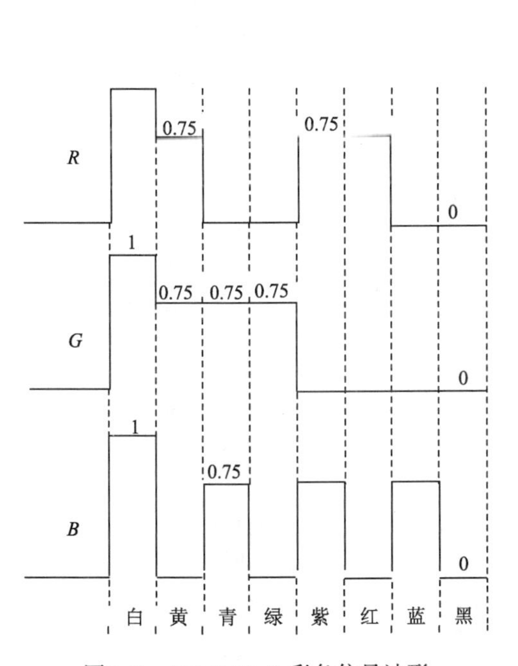

图 1-7　100-0-75-0 彩条信号波形

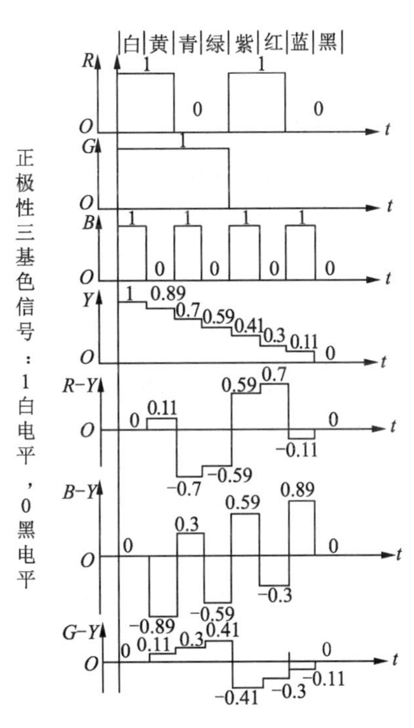

图 1-8　标准彩条三基色信号、亮度信号和色差信号的波形

2. 彩条图像的全电视信号

彩色图像的全电视信号的形成,关键是对色度信号的调制。下面分析标准彩条色度信号调制。

1)彩条已调色度信号波形

色度信号是利用平衡调幅将 $R-Y$、$B-Y$ 调制到副载波 4.43 MHz 上的。

平衡调幅波的特点:以调制信号为上下包络,过零时载波 180°倒相。以彩条的红差 $R-Y$ 作为调制信号,首先画出红差 $R-Y$ 的上包络线,再对称画出下包络线,如图 1-9 所示彩条 $R-Y$

上下包络线。

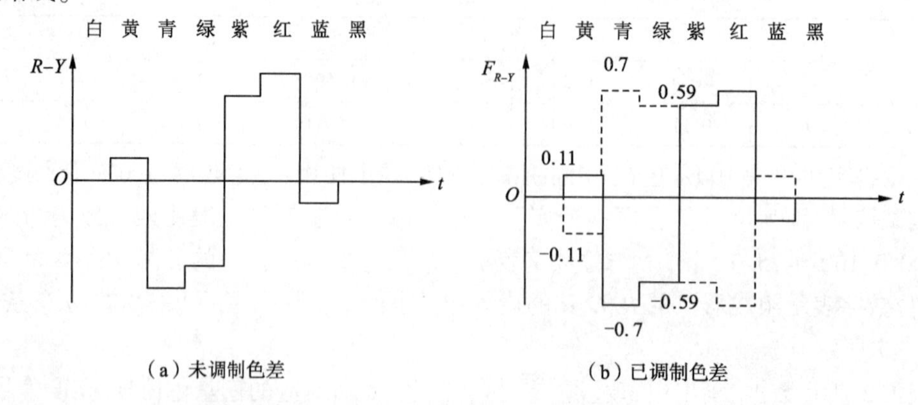

图 1-9 彩条 $R-Y$ 上下包络

2)彩条图像的彩色全电视信号

将亮度 Y、色度 F、复合消隐、复合同步及色同步信号叠加在一起,组成彩色全电视信号,也称 FBAS 信号,如图 1-10 所示。图 1-10(b)、(c)色度幅度未压缩,可以看出色度已比最高的同步头还要高,将来在放大器中会超出动态范围造成失真。将色度信号幅度压缩后,可以看出已在同步头之下,没有超出范围,如图 1-10(d)、(e)所示。

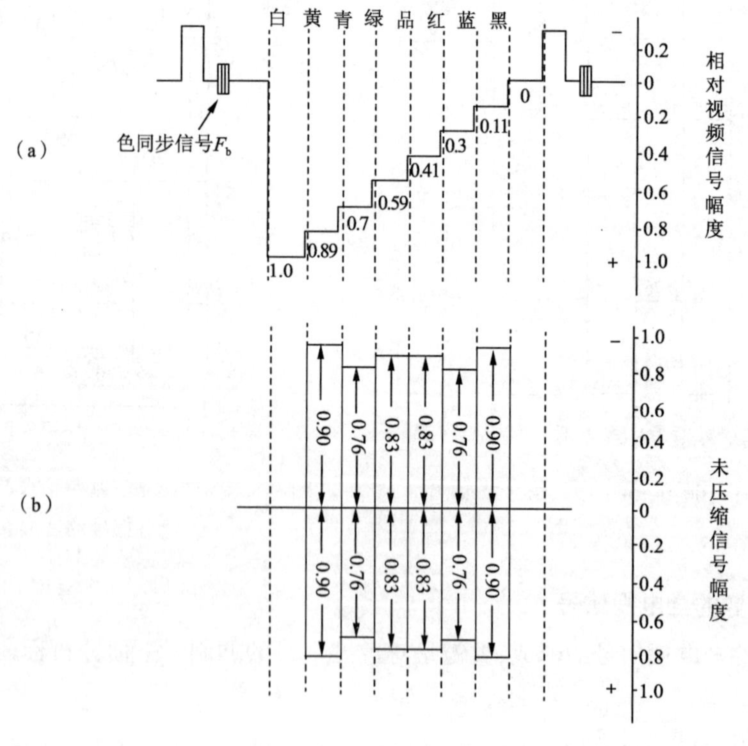

图 1-10 彩色全电视信号

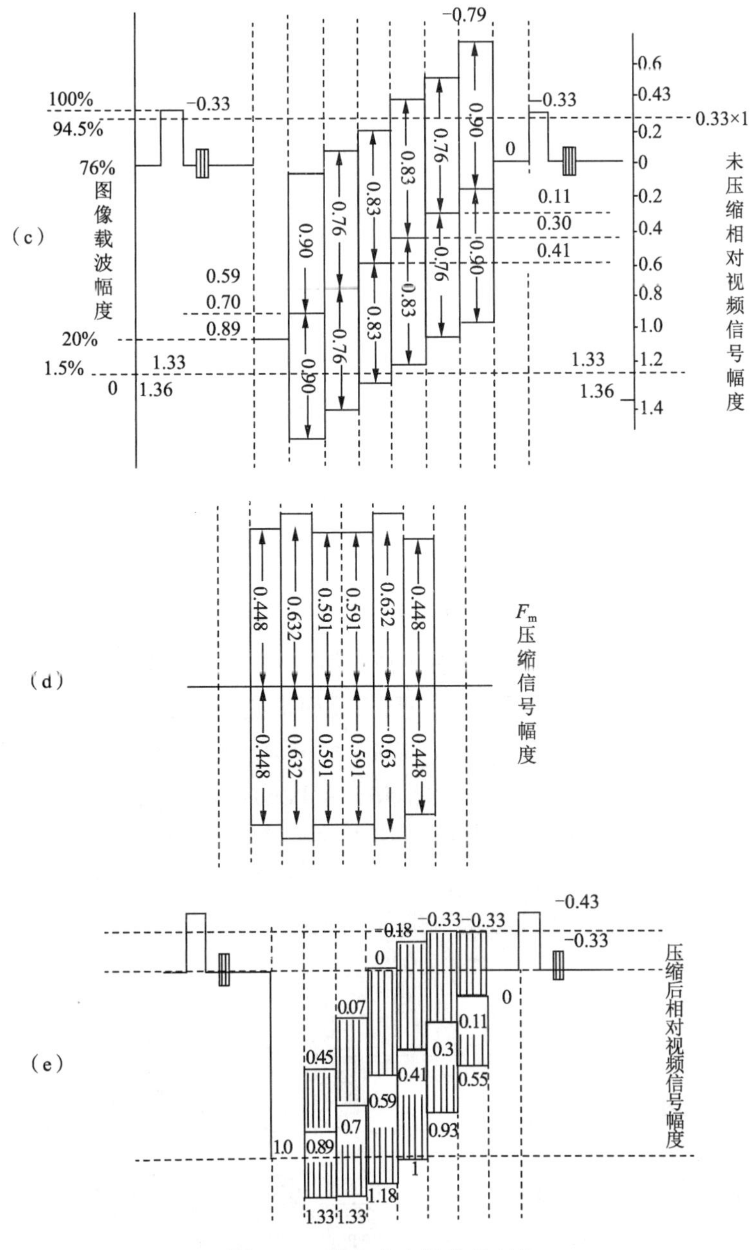

图1-10　彩色全电视信号(续)

1.3　电子显示技术

由于人们对视觉效果的不断提高,显示技术在现代电视技术中的地位越来越重要。伴随着现代信号处理技术和大规模集成电路技术的飞速发展,显示技术正在发生一场革命,低功耗、小型化、数字化、便携式成为主流。从CRT(cathode ray tube,阴极射线管)到LCD(liquid crystal displayer,液晶显示器)、PDP(plasma display panel,等离子显示板)、OLED(organic light-emitting diode,有机电激光显示)、FED(field emission display,场致发射显示)、SED(surface-conduction electron-emitter display，表面传导电子发射显示），各种显示技术都在不断发展。以LCD、PDP、DLP（digital light processor，数字光学处理器）、LCOS（liquid crystal on silicon，硅基液晶显示器）等技术为代表的新兴显示技术，代表了数字电视时代电视机技术发展的方向，注定成为显像管电视机的替代品。每种显示技术都有其存在的优势，也都有其不足之处。下面对主要显示技术进行介绍。

1.3.1 液晶显示技术

1. 液晶显示原理

液晶是一种介于固态和液态之间的物质，是具有规则性分子排列的有机化合物，如果把它加热会呈现透明状的液体状态，把它冷却则会出现结晶颗粒的混浊固体状态，正是由于它的这种特性，所以称之为液晶（liquid crystal）。用于液晶显示器的液晶分子结构排列类似细火柴棒，又称Nematic（向列型）液晶，采用此类液晶制造的显示器称为液晶显示器（liquid crystal display，LCD）。液晶显示器的显示原理，是将液晶置于两片导电玻璃之间，靠两个电极间电场的驱动，引起液晶分子的扭曲，以控制光源透射或遮蔽功能，在电源关开之间产生明暗而将影像显示出来。若加上彩色滤光片，则可显示彩色影像。在两片玻璃基板上装有配向膜，所以液晶会沿着沟槽配向，由于玻璃基板配向膜沟槽偏离90°，所以液晶分子成为扭转型，当玻璃基板没有加入电场时，光线透过偏光板跟着液晶做90°扭转，通过下方偏光板，液晶面板能够显示，如图1-11(a)所示；当玻璃基板加入电场时，液晶分子产生配列变化，光线通过液晶分子空隙维持原方向，被下方偏光板遮蔽，光线被吸收无法透出，液晶面板无法显示，如图1-11(b)所示。液晶显示器便是根据此电压有无，使面板达到显示效果。液晶由于晶体各向异性而具有电光效应，尤其是扭曲向列效应和超扭曲效应，所以能制成不同类型的显示器件。液晶显示器的原理是利用液晶的物理特性：在通电导通后排列有序，使光线容易通过；不通电时排列混乱，阻止光线通过，如图1-11所示。

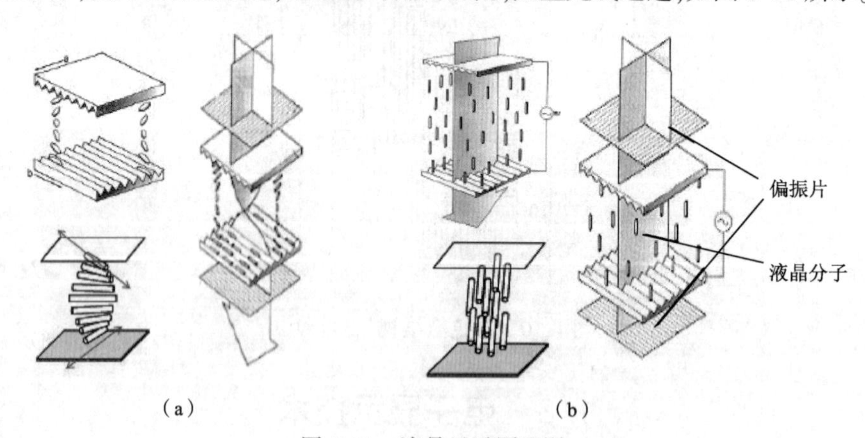

图1-11 液晶显示原理图

2. 液晶显示器结构

液晶显示器主要由以下几部分组成：

(1) 主板：用于外部RGB信号的输入处理，并控制液晶模组工作。

(2) 电源适配器（adapter）：用于将90～240 V的交流电压转变为直流电压供给液晶显示

器工作。

(3)液晶模组(LCM):该部分为液晶显示用模块,它是液晶显示器的核心部件。

一个完整的模组又由金属框架、液晶屏、背光源组件和屏蔽盖板组成,结构图如图 1-12 所示。随着液晶显示技术的不断发展成熟,用户越来越追求美观和轻薄化,而背光源作为影响液晶显示器质量和厚度的关键因素,首当其冲需要进行改良,于是就由最初的 CCFL(冷阴极荧光灯)背光源发展到了现在的 LED 背光源,这也就是现在所说的 LCD 电视和 LED 电视最本质的区别。

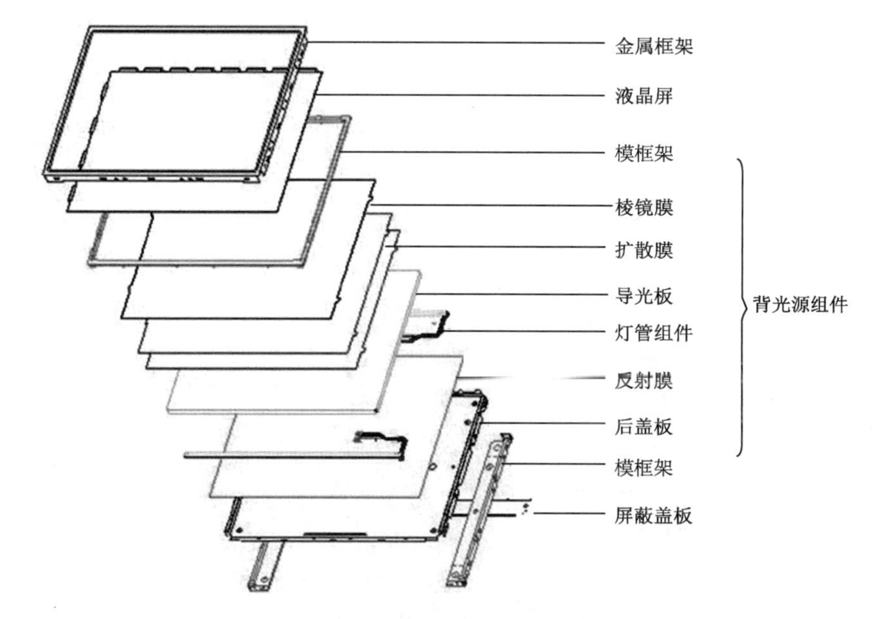

图 1-12　LCM 结构图

模组中最核心的液晶屏,以目前主流的 TFT-LCD 为例,又可分为上下偏振片、上下玻璃基板、彩膜、透明电极、TFT(薄膜晶体管)和液晶这几部分,如图 1-13 所示。

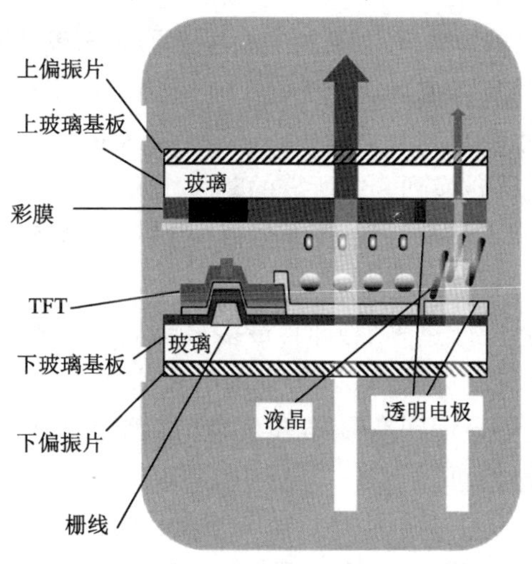

图 1-13　液晶面板结构图

3. 液晶显示器的主要技术参数

1)尺寸标示和可视角度

液晶显示器跟阴极射线管显示器除显示方式不同以外,最大的区别就是尺寸的标示方法不一样。举例而言,阴极射线管显示器在规格中标示为17英寸(1英寸=2.54 cm),但实际可视尺寸却绝对达不到17英寸,大约只有15英寸;而就液晶显示器而言,若标示为15.1英寸显示器,那么可视尺寸就是15.1英寸。综合上面的说法,阴极射线管显示器的尺寸标示,是以外壳的对角线长度作为标示的依据;而在液晶显示器上面,则只以可视范围的对角线长度作为标示的依据。

液晶显示器可视角度都是左右对称的,也就是从左边或者右边可以看见荧幕上图像的角度是一样的,而上下可视角度通常都小于左右可视角度。从用户的立场来说,当然可视角度越大越好。当我们说可视角度是左右80°时,表示站在始于显示器法线(显示器正中间的假想线),垂直于法线左方或者右方80°的位置时,仍可清晰看见显示器上的影像。由于每个人的视力不同,因此以对比度为准。在最大可视角度时,所量到的对比度越大就越好。

2)亮度与对比度

液晶面板本身不会发光,那么液晶显示器的亮度除了受其本身的开口率和透过率影响外,最主要由背光源的亮度来决定。通常所说的亮度指的是显示器工作在全白画面下,面板表面的亮度。而对比度指的是全白画面下亮度与全黑画面下亮度的比值。亮度过低就会感觉荧幕比较暗,当然亮一点会更好。但是,如果荧幕过亮,人的双眼观看荧幕过久同样会有疲倦感产生。因此对绝大多数用户而言,亮度过高并没有什么实际意义,一般的显示器亮度都在200 cd/m^2左右,而电视因为观看的距离较远,则需要更高一点的亮度(一般300 cd/m^2以上)。亮度和对比度对于液晶显示器影像的呈现,比对阴极射线管显示器有更大的影响。高亮度的液晶显示器对于用户而言,感觉会比较好,但是也要提供足够高的对比度来显示亮度,才能确保色彩的真实度和色阶准确度。

3)响应时间

所谓"响应时间"又称"响应速度",就是液晶显示器对于输入信号的反应速度,也就是液晶由暗转亮或者由亮转暗的反应时间。基本上,"响应时间"指标越小越好。响应时间越小,则用户在看移动的画面时不会出现有类似残影或者是拖曳的感觉。业内现有关于液晶响应时间的定义,以液晶分子由全黑转换到全白所需的时间作为面板的响应时间,由于液晶分子由黑到白和由白到黑的转换时间不完全一致,现基本以"黑→白→黑"全程转换时间为标准。

4)显示色彩

早期的彩色液晶显示器在颜色表现方面,最多只能显示高彩。因此许多厂商使用所谓的FRC(frame rate control,帧频控制)技术,以仿真的方式来表现出全彩的画面。由于技术的进步,液晶显示器最起码也能够显示到高彩16位元色(红色2^5、绿色2^6、蓝色2^5),色彩表现在24位元色的模式也是轻而易举的事。

5)屏幕刷新频率

对于液晶显示器来说,刷新频率高低并不会使画面闪烁。刷新频率在60 Hz时,液晶显示器就能获得很好的画面。在液晶显示器中,每个像素都持续发光,直到不发光的信号被送到控制器中,所以液晶显示器不会有因不断充放电而引起的闪烁现象。

6)分辨率

液晶显示器的分辨率是由面板的像素(pixel)数量决定的,每一个像素又由三个R、G、B的亚像素组成。以17英寸液晶显示器常见的分辨率1 280×1 024为例,指的是屏幕的每一行有1 280个像素,屏幕一共由1 024行这样的像素组成有效显示区域。液晶显示器只有在最大的分辨率下才能表现最佳影像效果。影像分辨率低于或高于最大分辨率时,影像还是可以被呈现,只是所显示的影像效果无法得到优化,所以在使用液晶显示器时,切记将分辨率设置成最高,这样画面所呈现的影像将会更清晰,使用起来感觉会更好。

4. 液晶显示器的分类和特点

1)按物理结构分类

(1)扭曲向列型(twisted nematic,TN);

(2)超扭曲向列型(super twisted nematic,STN);

(3)双层超扭曲向列型(dual scan tortuosity nomograph,DSTN);

(4)薄膜晶体管型(thin film transistor,TFT)。

其中TN型液晶显示器、STN型液晶显示器和DSTN型液晶显示器的基本显示原理都相同,只是液晶分子的扭曲角度不同而已。STN型液晶显示器的液晶分子扭曲角度为180°,甚至270°。而TFT型液晶显示器则采用与TN型液晶显示器截然不同的显示方式。

2)液晶显示器的特点

(1)扭曲向列型(TN型):TN型采用的是液晶显示器中最基本的显示技术,而之后其他种类的液晶显示器是以TN型为基础进行改良的。而且它的运作原理也较其他技术简单。TN型液晶显示器的简易构造图如图1-14所示,包括了垂直方向与水平方向的偏光板、具有细纹沟槽的配向膜、液晶材料以及导电的玻璃基板。

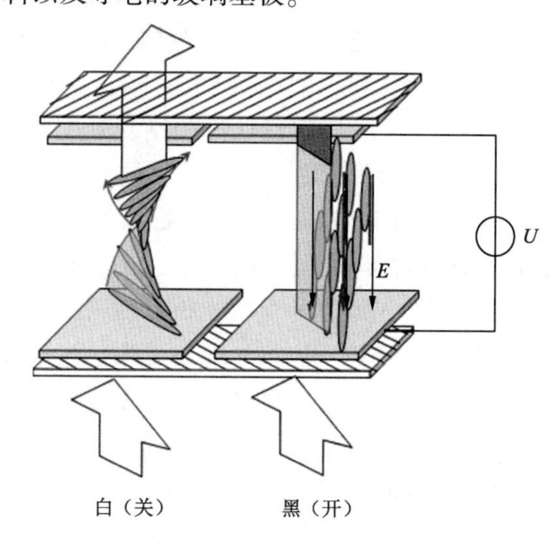

图1-14 TN型液晶显示器的简易构造图

在不加电场的情况下,入射光经过偏光板后通过液晶层,偏光被分子扭转排列的液晶层旋转90°。在离开液晶层时,其偏光方向恰与另一偏光板的方向一致,所以光线能顺利通过,使整个电极面呈光亮。

当加入电场的情况下,每个液晶分子的光轴转向与电场方向一致。液晶层也因此失去了旋光的能力,结果来自入射偏振片的偏光,其方向与另一偏振片的偏光方向成垂直的关系,并无法通过,这样电极面就呈现黑暗的状态。

(2)超扭曲向列型(STN型):STN型的显示原理与TN型相类似。不同的是,TN型的液晶分子是将入射光旋转90°,而STN型是将入射光旋转180°~270°。必须在这里指出的是,单纯的TN型液晶显示器本身只有明暗两种情形(或称黑白),并没有办法做到色彩的变化。而STN型液晶显示器由于液晶材料的关系,以及光线的干涉现象,显示的色调都以淡绿色与橘色为主。但如果在传统单色STN型液晶显示器中加上一彩色滤光片(color filter),并将单色显示矩阵的任一像素(pixel)分成三个亚像素(sub-pixel),分别通过彩色滤光片显示红、绿、蓝三原色,再经由三原色按比例调和,也可以显示出全彩模式的色彩。另外,TN型液晶显示器显示屏幕越大,其屏幕对比度就会显得越差,不过借由STN的改良技术,亦可以在一定程度上弥补对比度不足的情况。

(3)双层超扭曲向列型(DSTN型):DSTN是通过双扫描方式来扫描扭曲向列型液晶显示屏,从而达到显示目的。DSTN是由STN型液晶显示器发展而来的。由于DSTN采用双扫描技术,因此显示效果相对STN来说,有大幅度提高。从液晶显示原理来看,STN的原理是通过电场改变原为180°以上扭曲的液晶分子的排列,达到改变旋光状态的目的。外加电场改变电压的过程中,每一点的恢复过程都较慢,这样就会产生余辉(拖尾)现象。用户能感觉到余辉现象,也就是一般俗称的“伪彩”。由于DSTN液晶显示器上每个像素点的亮度和对比度都不能独立控制,造成其显示效果欠佳。由这种液晶体所构成的液晶显示器对比度和亮度都比较差、屏幕观察范围也较小、色彩不够丰富,特别是反应速度慢,不适于高速全动图像、视频播放等应用。一般只用于文字、表格和静态图像处理,但是它结构简单并且价格相对低廉。

DSTN型液晶显示器也不是真正的彩色显示器,它只能显示一定的颜色深度。与CRT的颜色显示特性相距较远,因而又称“伪彩显”。DSTN的工作特点:扫描屏幕被分为上下两部分,CPU同时并行对这两部分进行刷新(双扫描),这样的刷新频率要比单扫描(STN)重绘整个屏幕快一倍,提高了占空比,改善了显示效果。

(4)薄膜晶体管型(TFT型):TFT型液晶显示器较为复杂,主要是由背光源、偏光板、滤光板、玻璃基板、配向膜、液晶材料、薄膜晶体管等构成。首先,液晶显示器必须先利用背光源,也就是荧光灯管投射出光源,这些光源会先经过一个偏光板然后再经过液晶。这时液晶分子的排列方式就会改变穿透液晶的光线角度,然后这些光线还必须经过前方彩色的滤光膜与另一块偏光板。因此,只要改变驱动液晶的电压值就可以控制最后出现的光线强度与色彩,这样就能在液晶面板上变化出有不同色调的颜色组合了。

TFT型液晶显示器的每个像素点都是由集成在自身上的薄膜晶体管来控制的,它们是有源像素点。因此,不但响应速度可以极大地加快,对比度和亮度也大大提高了,同时分辨率也得到了空前的提升。因为它具有更高的对比度和更丰富的色彩,荧屏更新频率也更快,所以称之为“真彩”。

与DSTN相比,TFT的主要特点是在每个像素配置一个半导体开关器件,其加工工艺类似于大规模集成电路。由于每个像素都可通过点脉冲直接控制,使得每个节点相对独立,并可以连续控制。这样不仅提高了响应速度,同时在灰度控制上也可以做到非常精确,这就是 TFT 色彩较 DSTN 更为逼真的原因。TFT 型液晶显示器具有屏幕响应速度快、对比度和亮度都较高、屏幕可视角度大、色彩丰富、分辨率高等特点,广泛用于桌面型液晶显示器、笔记本计算机液晶显示屏和液晶电视机。

5. 液晶显示器的宽视角技术介绍

液晶显示器的宽视角技术通常有以下几种:

(1)TN + Film(twisted nematic + film,普通 TN + 视角扩大膜)。

(2)IPS(in-plane switching,板内切换)。

(3)VA(vertical alignment,垂直排列)。

(4)FFS(fringe-field switching,边缘场切换),属 IPS 系。

(5)CPA(continuous pinwheel alignment,连续焰火状排列),属 VA 系。

一般来说,液晶显示器的宽视角技术分为两大类:一类是 TN + Film,另一类就是各种宽视角模式技术。而宽视角模式里面主要有两大系,即 IPS 系和 VA 系。因 FFS(属 IPS 系)和 CPA(属 VA 系)技术目前应用比较多而且技术相对先进,所以上面特意列出来了。

1)TN + Film

这个是最早期的宽视角技术。因液晶显示器是靠液晶分子旋转控制光线的,造成先天性视角狭小的缺点,尤其是在大尺寸屏幕上,视角狭小的问题更加显著。早期,最简单的方法就是在普通 TN 上贴视角扩大膜,但由于这种膜材是由富士通独家提供,成本相对较高。另外,即使加了视角扩大膜,视角也有限,而且色彩还原能力欠佳,侧面一定角度观看时失真明显。

2)IPS 和 FFS

IPS 是由日立公司最先开发出来的技术。IPS 与 TN + Film 技术不同的是,液晶分子的方向平行于基板,而且是在平行于玻璃基板的平面旋转。这样的工艺,最大的好处就是增加了视角范围,也是 IPS 最引人注目的优点。但是这项技术也有缺点,因为液晶分子的排列方向,使得电极必须做成梳子状,安放在下层玻璃基板上,而不能像 TN 模式一样,安置在两层玻璃基板上(电极不透明,降低了透过率)。这样做会降低对比度,因此必须加大背光源来达到要求的亮度,相对增加了功耗。最初 IPS 技术的对比度及响应时间与普通的 TN 相比并无多大改善,但视角上的改善是质的飞跃。

为了改善 IPS 的透过率,FFS 技术很快被推出。FFS 相对于 IPS,最大的特点在于使用了透明的电极,极大地增加了透过率,并更改了电极的排列结构,在视角和色彩方面更有进步。因此,FFS 技术是 IPS 技术很典型的发展和延伸。这两项技术,很多时候共同使用。在此基础上,IPS 系不断发展,在工艺和结构上不断改进(有 S-IPS、AFFS、HFFS 等),FFS 再延伸出太阳光下可视的 AFFS +(advanced FFS +),以及将同一技术应用在手机等小尺寸面板上的 HFFS(high aperture FFS)技术。

目前视角方面,上下左右基本可以做到 180°。一般市面上宣传的某液晶显示器视角可达 180°,一般都是用的此类 IPS 技术(FFS)。因为 IPS 技术视角优秀、色彩较好,被众多厂商使用,目前广视角的 LCD,IPS 技术占有率是最高的。

3)VA 和 CPA

VA 技术由富士通公司于 1996 年最先推出。与 IPS 技术的液晶分子平行于玻璃基板的排列不同,VA 技术的液晶分子是垂直于玻璃基板排列的。最初的 VA 技术,侧视角会有明显的色偏问题,为了改进这一缺点,一年后富士通公司开发出了 MVA(multi-domain vertical alignment,多畴垂直取向)技术。在 MVA 技术的基础上,三星又通过改良,开发出了 PVA(patterned vertical alignment,图像垂直调整)技术。改良后的 PVA 技术,视角可达 178°,并且响应速度很快。PVA 技术后,通过改良和发展,三星又开发出了 S-PVA(super-PVA)技术,极大地增加了透过率,响应速度和色彩还原度也有所提升,画面更加细腻。

CPA 技术是夏普公司独创的一项技术,严格说起来,是属于 VA 系的。这种技术,各液晶分子朝着中心电极呈放射的焰火状排列。由于像素电极上的电场是连续变化的,所以这种广视角模式称为"连续焰火状排列"模式。因液晶分子焰火状地对称排列,在各个方向均有相应的液晶分子作补偿,所以在视角表现上除了水平和垂直两方向外,在其他倾斜角也有不错的表现,比如斜对角。可以说,CPA 技术的宽视角是全方位的,而且全方位的色彩均表现优秀。

6. 液晶显示器的特点

相比传统的阴极射线管显示器,液晶显示器克服了阴极射线管显示器体积庞大、耗电和闪烁的缺点,但也同时带来了工作温度范围窄、视角不广以及响应速度慢等问题。但是从技术上来说,液晶显示器的优势依然很明显,具体表现在以下几方面:

1)体积小、质量小

传统阴极射线管显示器必须通过电子枪发射电子束到屏幕,因而显像管的管颈不能做得很短,当屏幕尺寸增加时也必然增大整个显示器的体积。液晶显示器通过显示屏上的电极控制液晶分子状态来达到显示目的,即使屏幕加大,它的体积也不会成正比增加,只增加尺寸不增加厚度,所以不少产品提供了壁挂功能,可以让使用者更节省空间,而且在质量上比相同显示面积的传统阴极射线管显示器要轻得多,液晶电视的质量大约是传统电视的 1/3,正是液晶显示器的出现,才令笔记本计算机的发明成为可能。

2)显示面积大

传统的阴极射线管显示器由于受到显示技术的限制,其所标示的尺寸要比荧光屏的显示面积要小,但液晶显示器由于成像原理的不同,其所标示的尺寸即实际的显示面积。在显示器件尺寸方面,目前液晶显示器单屏最大尺寸已突破 100 英寸,而用多个显示器拼接而成的组合屏幕,更可以达到传统显示器无法企及的尺寸。

3)零辐射、无闪烁

液晶显示器由于采用液晶材料,运作时无须采用电子光束,因此没有静电与辐射这两个影响视力的问题存在。另外,阴极射线管显示器一幅画面是经过水平扫描而形成的,只有在扫描频率达到一定数值时,才没有闪烁现象,而液晶显示器不需要扫描过程,一幅画面几乎是同时形成的,即使刷新频率很低,也不会出现闪烁现象。

4)功耗低、使用寿命长

阴极射线管显示器除了电路及显像,还有显示屏的功耗,而液晶显示器主要是背光源和电路功耗,其显示屏的功耗可以忽略不计。按照行业标准,按使用时间为每天4.5 h的年耗电量换算,用32英寸液晶电视机替代32英寸阴极射线管电视机,每年每台可节约电能71 kW · h。液晶电视机的使用寿命一般为5万h,比阴极射线管电视机的寿命长得多。

5)画面质量高

液晶显示器采用的是直接数码寻址的显示方式,它能够将视频信号一一对应的在屏幕上的液晶像素上显示出来。而阴极射线管显示器是靠偏转线圈产生电磁场来控制电子束在屏幕上周期性的扫描来达到显示图像的目的的。由于电子束的运动轨迹容易受到环境磁场或者地磁的影响,无法做到电子束在屏幕上的绝对定位,所以阴极射线管显示器容易出现画面的几何失真、线性失真等无法完全消除的现象。而液晶显示器则不存在这一可能。液晶显示器可以把画面完美地在屏幕上呈现出来,而不会出现任何几何失真、线性失真。

6)调节智能化

液晶显示器的直接寻址显示方式,使得液晶显示器的屏幕调节不需要太多的几何调节、线性调节以及显示内容的位置调节。液晶显示器可以很方便地通过芯片自动将屏幕调节到最佳显示位置,省却了阴极射线管显示器那些烦琐的调节。只需要手动调节一下屏幕的亮度和对比度,就可以使机器工作在最佳状态了。

1.3.2　OLED显示技术

有机电致发光显示又称有机发光二极管(organic light emitting diode, OLED)或有机发光显示,是自20世纪中期发展起来的一种新型显示技术。因其具有自发光性、广视角、高对比度、低耗电、高反应速率、全彩化、制程简单等优点,被称为是继液晶显示技术之后的下一代显示技术。

1987年,美籍华裔教授邓青云和实验室成员采用三芳胺类衍生物作为空穴传输层,成膜性好的8-羟基喹啉铝(AlQ_3)为电子传输和发光层,导电玻璃氧化铟锡(ITO)为阳极,具有较低功函数的镁银合金为阴极,用真空蒸镀超薄膜技术制备的器件在10 V驱动电压下得到了亮度为1 000 cd/m^2的绿光发射,发光效率达到了1.5 lm/W,寿命超过了1 000 h。这种双层结构设计极大地提高了有机电致发光器件的效率和寿命。1994年,邓青云首次报道了使用寿命已达到10 000 h的双层结构有机电致发光器件。从此,有机电致发光器件作为一种可商业化和性能优异的平板显示技术引起了人们的重视,开始了实用化发展的征程。

1. OLED的结构和显示原理

OLED的基本结构是由一薄而透明具半导体特性的氧化铟锡(ITO)作为阳极,再加上另一个金属阴极,包成如三明治的结构,如图1-15所示。整个结构层中包括了:空穴注入层(HIL)、空穴传输层(HTL)、发光层(EML)、电子传输层(ETL)与电子注入层(EIL)。其原理是通过加入一外加偏压,使空穴和电子分别经过空穴传输层与电子传输层后,进入具有发光特性的有机物质,在其内部发生再结合时,形成一“激发子”(exciton)后,再将能量释放出来而回到基态(ground state),而这些释放出来的能量当中,通常由于发光材料的选择及电子自旋的特性(spin state characteristics),只有25%(singlet to ground state,单重态到基态)的能量可以用来当作OLED的发光,其余的75%(triplet to ground state,三重态到基态)是以磷光或热的形式回归到基态,如图 1-16 所示。由于所选择的发光材料能阶(band gap)的不同,可使这 25% 的能量以不同颜色的光的形式释放出来,而形成 OLED 的发光现象。

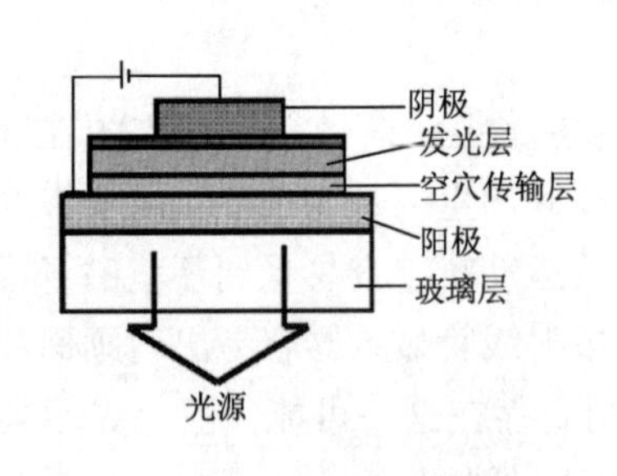

图 1-15 OLED 的基本结构

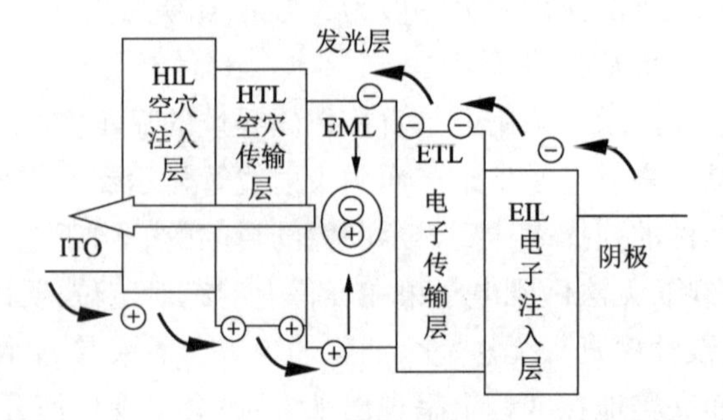

图 1-16 OLED 的显示原理

OLED 的发光过程通常由五个阶段来完成:

(1)在外加电场的作用下载流子的注入:电子和空穴分别从阴极和阳极向夹在电极之间的有机薄膜层注入。

(2)载流子迁移:注入的电子和空穴分别从电子输送层和空穴输送层向发光层迁移。

(3)载流子复合:电子和空穴复合产生激发子。

(4)激发子迁移:激发子在电场作用下迁移,能量传递给发光分子,并激发电子从基态跃迁到激发态。

(5)电致发光:激发态能量通过辐射跃迁产生光子。

2. OLED 彩色化技术

显示器全彩色是检验显示器是否在市场上具有竞争力的重要标志,因此许多全彩色化技术也应用到了 OLED 显示器上,按面板的类型通常有下面三种:RGB 像素独立发光如图 1-17 所示,光色转换如图 1-18 所示,彩色滤光膜如图 1-19 所示。下面对这三种技术分别进行简单介绍。

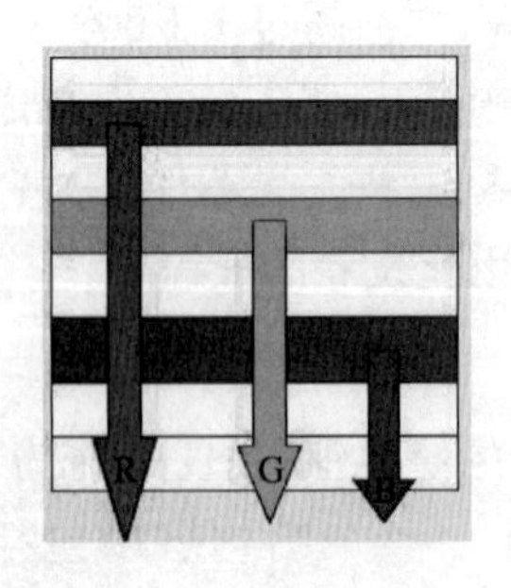

图 1-17 RGB 像素独立发光

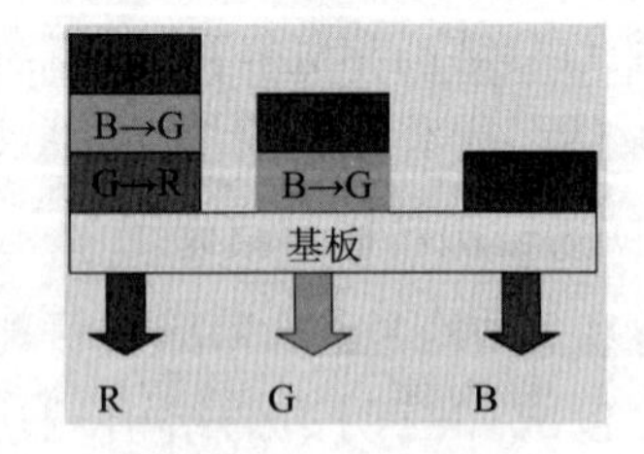

图 1-18 光色转换

1)RGB 像素独立发光

利用发光材料独立发光是目前采用最多的彩色模式。它是利用精密的金属荫罩与 CCD(电荷耦合器件)像素对位技术,首先制备红、绿、蓝三基色发光中心,然后调节三种颜色组合的混色比,产生真彩色,使三色 OLED 元件独立发光构成一个像素。该项技术的关键在于提高发光材料的色纯度和发光效率,同时金属荫罩刻蚀技术也至关重要。

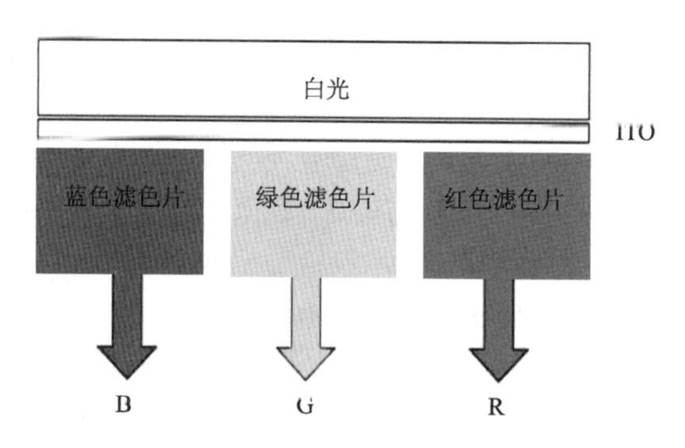

图1-19 彩色滤光膜

目前,有机小分子发光材料8-羟基喹啉铝是很好的绿光发光小分子材料,它的绿光色纯度、发光效率和稳定性都很好。OLED最好的红光发光小分子材料的发光效率为31 lm/W,寿命为1万h。蓝色发光小分子材料的发展是很慢和很困难的。有机小分子发光材料面临的最大瓶颈在于红色和蓝色材料的纯度、效率与寿命。人们通过给主体发光材料掺杂,已得到了色纯度、发光效率和稳定性都比较好的红光和蓝光。

高分子发光材料的优点是可以通过化学修饰调节其发光波长,现已得到了从蓝到绿到红的覆盖整个可见光范围的各种颜色,但其寿命只有有机小分子发光材料的十分之一,所以对高分子聚合物,发光材料的发光效率和寿命都有待提高。

2)光色转换

光色转换是以蓝光OLED结合光色转换膜阵列,首先制备发蓝光OLED的器件,然后利用其蓝光激发光色转换材料得到红光和绿光,从而获得全彩色。该项技术的关键在于提高光色转换材料的色纯度及效率。这种技术不需要金属荫罩对位技术,只需蒸镀蓝光OLED元件,是未来大尺寸全彩色OLED显示器极具潜力的全彩色化技术之一。它的缺点是光色转换材料容易吸收环境中的蓝光,造成图像对比度下降,同时光导也会造成画面质量降低的问题。

3)彩色滤光膜

彩色滤光膜技术是利用白光OLED结合彩色滤光膜,首先制备发白光OLED的器件,然后通过彩色滤光膜得到三基色,再组合三基色实现彩色显示。该项技术的关键在于提高发白光OLED器件的发光效率并获得高纯度的白光。它的制作过程不需要金属荫罩对位技术,可采用成熟的液晶显示器的彩色滤光膜制作技术。所以,是未来大尺寸全彩色OLED显示器具有潜力的全彩色化技术之一,但采用此技术使透过彩色滤光膜所造成的光损失高达三分之二。

3. OLED驱动方式

1)无源驱动(PM OLED)

无源驱动分为静态驱动方式和动态驱动方式。

(1)静态驱动方式。在静态驱动的OLED上,一般各OLED的阴极是连在一起引出的,各像素的阳极是分立引出的,这就是共阴的连接方式。若要一个像素发光,只要让恒流源的电压与阴极的电压之差大于像素发光值,像素将在恒流源的驱动下发光;若要一个像素不发光,就将它的阳极接在一个负电压上,就可将它反向截止。但是在图像变化比较多时,可能出现交叉效应。为了避免这种情况必须采用交流的形式。静态驱动电路一般用于段式显示屏的驱动上。

如图 1-20 所示，器件的阴极连在一起引出接到某一电压源 U_1，比如 0 V，阳极 A_i 通过一个可控中间接线端 M_i 与另一电源电压 U_2，比如 -5 V，或者与可调幅值的恒流源 D_i 相接。

控制所要显示的像素阳极（比如 A_2）对应的中间接线端（比如 M_2）与对应的可调幅值恒流源 D_2 相连，在恒流源电压与阴极电压之差大于像素发光阈值的前提下，像素 2 将在恒流源的驱动下发光处于显示状态。对于不发光的像素，控制所要显示的像素阳极对应的中间接线端，与 -5 V 电源相连，由于像素的阳极与阴极之间的电压差为 -5 V，发光二极管反向截止，像素 3 不发光，处于不显示状态。总体上看，每一个像素上将轮换加载正电压和负电压，是一种交流电压效果。

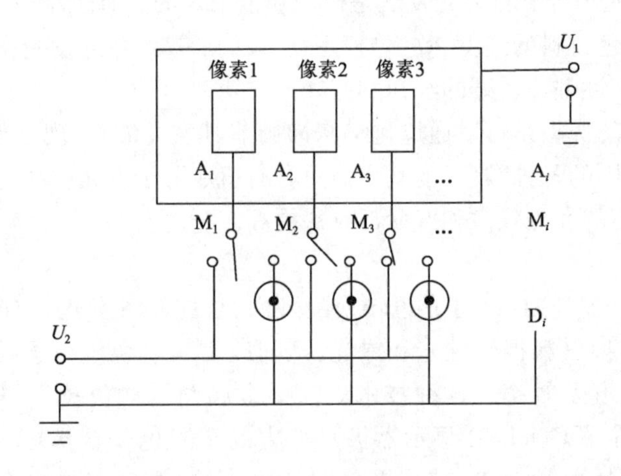

图 1-20 静态方式驱动电路图

这种驱动方式的特点是在一幅完整的图像显示过程中，每一个像素上加的电压值（对不发光像素）或电流值（对发光像素）是不变化的，因此称为静态驱动。

（2）动态驱动方式。在动态驱动的 OLED 上，人们把像素的两个电极做成了矩阵型结构，即水平一组显示像素的相同性质的电极是共用的，纵向一组显示像素的相同性质的另一电极是共用的。如果像素可分为 N 行和 M 列，就可有 N 个行电极和 M 个列电极，行和列分别对应发光像素的两个电极，即阴极和阳极。在实际电路驱动的过程中，要逐行点亮或者逐列点亮像素，通常采用逐行扫描的方式。行扫描，列电极为数据电极。实现方式是：循环地给每行电极施加脉冲，同时所有列电极给出该行像素的驱动电流脉冲，从而实现一行所有像素的显示。该行不在同一行或同一列的像素就加上反向电压使其不显示，以避免交叉效应，这种扫描是逐行顺序进行的，扫描所有行所需时间称为帧周期。

CPU 控制电路产生总控制信号，行控制电路和列驱动电路在总控制信号下，结合各自内部功能，产生基本行信号和基本列信号，行驱动电路和列驱动电路在总控制信号、基本行信号和基本列信号下，结合各自内部功能，产生行扫描信号和列数据信号，如图 1-21 所示。

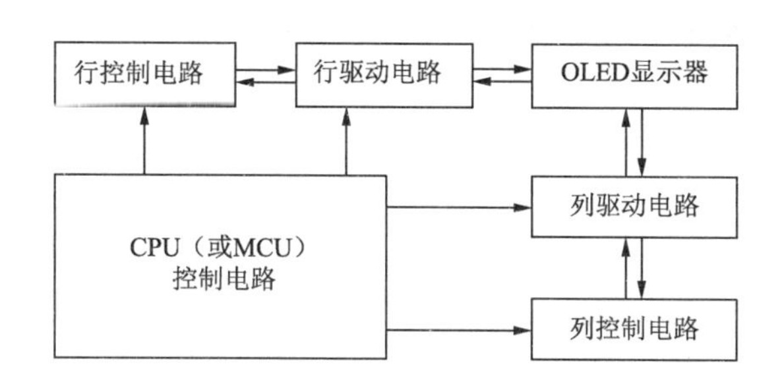

图 1-21　动态驱动方式原理图

在一帧中，每一行的选择时间是均等的。假设一帧的扫描行数为 N，扫描一帧的时间为 i，那么一行所占有的选择时间为一帧时间的 i/N，该值被称为占空比系数。在同等电压下，扫描行数增多，将使占空比系数下降，从而引起有机电致发光像素上的变电场电压的有效值下降，降低了显示质量。因此随着显示像素的增多，为了保证显示质量，就需要适度地提高驱动电压或采用双屏电极结构以提高占空比系数。

除了由于电极的公用形成交叉效应外，OLED 中正负电荷载流子复合形成发光的机理使任何两个发光像素之间可能有相互串扰的现象，只要组成它们结构的任何一种功能膜是直接连接在一起的，即一个像素发光，另一个像素也可能发出微弱的光。这种现象主要是因为有机功能薄膜厚度均匀性差，薄膜的横向绝缘性差造成的。从驱动的角度，为了减缓这种不利的串扰，采取反向截止法也是一种行之有效的方法。

2）有源驱动（AM OLED）

有源驱动技术已经成为当前平板显示技术的主流。OLED 有源驱动技术与 LCD 有源驱动相似，不同的是 LCD 采用电压驱动，而 OLED 采用电流驱动。图 1-22 所示为 OLED 有源驱动示意图，其中 M_1 是开关管，M_2 是驱动管，C_s 是存储电容，保证像素在整个帧周期内一直处于点亮状态；V_{scan} 是行扫描线上的扫描电压，V_{data} 是列数据线上的数据电压。当 V_{scan} 是高电平时，M_1 导通，此时数据电压 V_{data} 通过 M_1 给存储电容 C_s 充电，当 C_s 两端电压大于 M_2 阈值电压时，M_2 导通，OLED 发光；当 V_{scan} 是低电平时，M_1 关断，这时存储电容 C_s 上的电压维持 M_2 的栅极电压恒定，驱动 M_2 输出恒定的电流，从而使 OLED 像素在整个帧周期内一直发光。

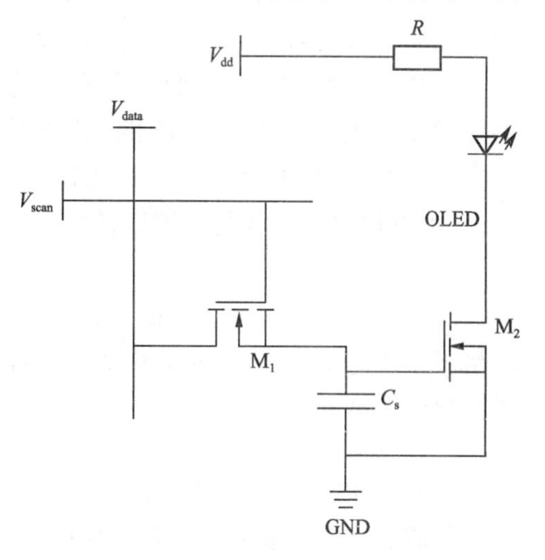

图 1-22　OLED 有源驱动示意图

有源驱动属于静态驱动方式，具有存储效应，可进行 100% 负载驱动，这种驱动不受扫描电极数的限制，可以对各像素独立进行选择性调节。此外，有源驱动无占空比问题，驱动不受扫描电极数的限制，易于实现高亮度和高分辨率。有源矩阵的驱动电路藏于显示屏内，更易于实现集成度和小型化。另外，由于解决了外围驱动电路与屏的连接问题，这在一定程度上提高了成品率和可靠性。表 1-3 列出了 AM OLED 和 PM OLED 一些参数的对比。

表 1-3 AM OLED 和 PM OLED 一些参数的对比

项　目	AM OLED	PM OLED
驱动方式	电流驱动 TFT 电路，电容存储信号，像素独立连续发光	行列交错扫描驱动，瞬间注入电流，像素不连续发光
结构	需要 TFT 阵列，结构复杂	不需要 TFT 阵列，结构简单
像素扫描模式	利用 TFT 阵列间接驱动各个像素	各像素的驱动电压直接接到各个像素上
发光模式	连续发光	瞬间高密度发光
电压要求	低	高
显示分辨率	高	低
响应时间	短	长
设计制造	发光组件寿命长、制造复杂	发光组件寿命短、制造简单
应用领域	笔记本计算机、平板计算机、彩色电视机等	车载显示面板、MP3 播放器等

4. OLED 技术参数

通常，OLED 发光材料及器件的性能可以从发光性能和电学性能两个方面来评价。发光性能主要包括发射光谱、发光亮度、发光效率、发光色度和发光寿命；而电学性能则包括电流-电压关系、亮度-电压关系等，这些都是衡量 OLED 材料和器件性能的主要参数。

1）发射光谱

发射光谱指的是在所发射的荧光中各种波长组分的相对强度，又称荧光的相对强度随波长的分布。发射光谱一般用各种型号的荧光测量仪来测量，其测量方法是：荧光通过单色发射器照射于检测器上，扫描单色发射器并检测各种波长下相对应的荧光强度，然后通过记录仪记录荧光强度对发射波长的关系曲线，就得到了发射光谱。

OLED 的发射光谱有两种，即光致发光（PL）光谱和电致发光（EL）光谱。PL 光谱需要光能的激发，并使激发光的波长和强度保持不变；EL 光谱需要电能的激发，可以测量在不同电压或电流密度下的 EL 光谱。通过比较器件的 EL 光谱与不同载流子传输材料和发光材料的 PL 光谱，可以得出复合区的位置以及实际发光物质的有用信息。

2）发光亮度

发光亮度的单位是 cd/m^2，表示每平方米的发光强度。发光亮度一般用亮度计来测量。最早制作的 OLED 器件的亮度已经超过了 1 000 cd/m^2，而目前最亮的 OLED 亮度可以超过 140 000 cd/m^2。

3）发光效率

OLED 的发光效率可以用量子效率、功率效率和流明效率来表示。量子效率 η_q 是指输出的光子数 N_f 与注入的电子-空穴对数 N_x 之比。激发光光子的能量总是大于发射光光子的能量，当激发光波长比发射光波长短很多时，这种能量损失就很大，而量子效率不能反映出这种能量损失，需要用功率效率来反映。功率效率 η_p 又称能量效率，是指输出的光功率 P_f 与输入的电功率 P_x 之比。衡量一个发光器件的功能时，多用流明效率 η_l 这个参量。流明效率又称光度效率，是发射的光通量 L（以 lm 为单位）与输入的电功率 P_x 之比。

4）发光色度

发光色度用色坐标（x,y,z）来表示，x 表示红色值，y 表示绿色值，z 表示蓝色值，通常 x,y

两个色坐标就可以表示颜色。

5)发光寿命

发光寿命是指亮度降低到初始亮度的 50% 所需的时间。对商品化的 OLED 器件要求连续使用寿命达到 10 000 h 以上,存储寿命达到 5 年。在研究中发现,影响 OLED 器件寿命的因素之一是水和氧分子的存在,因此在器件封装时一定要隔绝水和氧分子。

6)电流-电压关系

在 OLED 器件中,电流密度随电压的变化曲线反映了器件的电学性质,它与发光二极管的电流-电压的关系类似。在低电压时,电流密度随着电压的增加而缓慢增加,当超过一定的电压值时,电流密度会急剧上升。

7)亮度-电压关系

亮度-电压关系曲线反映的是 OLED 器件的光学性质,与器件的电流-电压关系曲线相似,即在低驱动电压下,电流密度缓慢增加,亮度也缓慢增加。在高电压驱动时,亮度伴随着电流密度的急剧增加而快速增加。从亮度-电压关系曲线中,还可以得到启动电压的信息。启动电压指的是亮度为 1 cd/m^2 的电压。

5. OLED 显示器件的特点

OLED 为自发光材料,用简单的驱动电路即可实现发光、制程简单,可制作成挠曲式面板,符合轻薄短小的原则,主要应用于中小尺寸面板。

显示方面:主动发光、视角范围大;响应速度快,图像稳定;亮度高、色彩丰富、分辨率高。

工作条件:驱动电压低、能耗低,可与太阳能电池、集成电路等相匹配。

适应性广:采用玻璃衬底可实现大面积平板显示;如用柔性材料做衬底,能制成可折叠的显示器。由于 OLED 是全固态、非真空器件,具有抗震荡、耐低温(-40 ℃)等特性,在军事方面也有十分重要的应用,如用作坦克、飞机等现代化武器的显示终端。

由于上述优点,在商业领域,OLED 显示屏可用于 POS 机、ATM 机、复印机、游戏机等;在通信领域,则可用于手机、移动网络终端等;在计算机领域,则可大量应用在 PDA、商用 PC 和家用 PC、笔记本计算机上;在消费类电子产品领域,则可用于音响设备、数字照相机、便携式 DVD;在工业应用领域,则适用于仪器仪表等;在交通领域,则用在 GPS、飞机仪表上等,如图 1-23 ~ 图 1-26 所示。

图 1-23　OLED 电视样品

图 1-24　OLED 柔性显示面板

图 1-25　OLED 手机

图 1-26　OLED 笔记本计算机

总的来说，OLED 与 LCD 为代表的第二代显示器相比，有着突出的技术优点：

（1）低成本特性。工艺简单，使用原材料少。

（2）自发光特性。不需要背光源。

（3）低压驱动和低功耗特性。直流驱动电压在 10 V 以下，易于用在便携式移动显示终端上。

（4）全固态特性。无真空腔，无液态成分，机械性能好，抗震动性强，可实现软屏显示。

（5）快速响应特性。响应时间为微秒级，比普通液晶显示器响应时间快 1 000 倍，适于播放动态图像；具有宽视角特性，上下、左右的视角接近 180°。

（6）高效发光特性。可作为新型环保光源。

（7）宽温度范围特性。在 -40 ~ +85 ℃范围内都可正常工作。

（8）高亮度特性。显示效果鲜艳、细腻。

小　　结

电视技术就是根据人眼的视觉特性，经过电子扫描，用光电转换的方法来传送活动图像的技术。电视技术与电影技术最大的区别在于，电影技术采用的是图片投影成像，而电视技术的成像是逐个对像素扫描成像。电视技术的发展经历了尼普科夫圆盘、机械电视、电子电视的历程，电子电视又分为黑白电视和彩色电视；随着数字化技术的提高，数字电视成了现今电视市场的主流产品。

彩色电视图像信号有三基色信号、亮度色差信号、亮度色度信号和全电视信号几种，核心内容是三基色原理和亮度方程，这是分析彩色图像信号的基础。对于同样的传输内容，不同类别的信号的波形不同，需要的接口线不同。

目前主流的电子显示器件是液晶显示器。液晶是一种介于固态和液态之间的物质，是具有规则性分子排列的有机化合物。如果把它加热，会呈现透明状的液体状态；把它冷却，则会出现结晶颗粒的混浊固体状态。液晶显示器的主要技术参数有尺寸标示和可视角度、亮度与对比度、响应时间、显示色彩、屏幕刷新频率和分辨率等。

有机电致发光显示又称有机发光二极管（OLED）或有机发光显示，因其具有自发光性、广视角、低耗电、高反应速率、全彩化、制程简单等优点，被称为是继液晶显示技术之后的下一代显示技术。

习 题

1-1 简述电视技术的发展进程。

1-2 电视技术分为哪两大类？各自的特点是什么？

1-3 什么是图像的亮度、对比度、灰度、色度？

1-4 简述三基色原理，说明常用的有哪两种混色方法及每种混色方法的应用。

1-5 说明相加混色规律，画出相加混色图。

1-6 假如电视机显像管的红色电子枪发生故障，画出屏幕上显示的彩条。

1-7 简述亮度方程的意义。分析亮度 Y 是彩色信号，还是黑白信号。若已知红基色 $R=0.7$、绿基色 $G=0.5$、蓝基色 $B=0.3$，试计算彩色亮度信号 Y，并判断是白、黑或灰色？

1-8 什么是色差信号？色差信号是如何消除亮色干扰的？

1-9 已知三基色信号 $R=0.3$、$B=0.6$、$G=0.8$，试计算色差信号 $R-Y$、$B-Y$ 和 $G-Y$。

1-10 100-0-100-0 标准彩条，三基色信号波形如图 1-27所示。试画出相应的 Y、$R-Y$、$B-Y$ 波形，并标出相应的电平值。

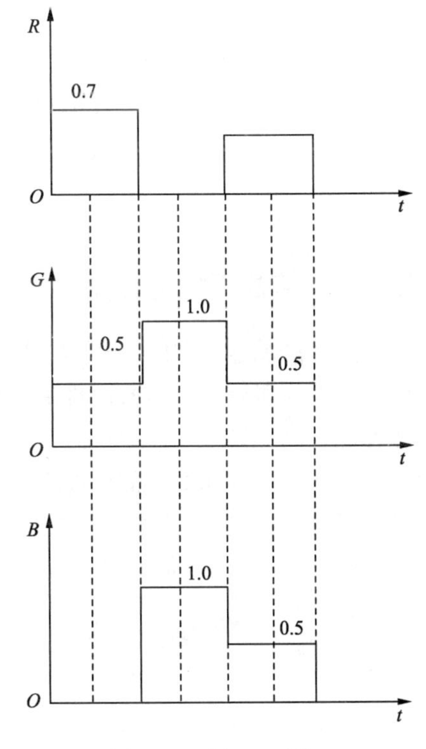

图 1-27 题 1-10 图

1-11 目前电视显示技术分为几大类？

1-12 简述液晶显示原理。

1-13 简述液晶显示器组成结构。

1-14 简述液晶显示器的技术指标。

1-15 简述液晶显示器如何实现彩色显示。

1-16 简述影响 OLED 发光效率的主要因素。

1-17 OLED 如何实现彩色显示？

1-18 简述 OLED 的彩色化技术。

1-19 简述 OLED 的发光特点及原理。

1-20 比较 LCD 和 OLED 显示器的特点。

第 2 章　液晶显示屏基础知识

本章主要介绍液晶面板的基础知识,包括液晶面板的分类、各类面板的特点、液晶面板的技术参数;使用测试软件测试液晶显示屏质量的方法;液晶显示屏的组成及各部分的作用。

学习目标

(1)掌握液晶面板的类别和技术参数,能够正确挑选液晶面板。

(2)能够使用测试软件对液晶显示屏的质量进行测试。

(3)掌握液晶显示屏的基本组成。

(4)掌握背光模组的组成及各部分的作用。

(5)能够完成 CCFL 背光点亮。

(6)能够完成 LED 背光点亮。

2.1　液晶面板的认知

2.1.1　液晶面板的分类

选择液晶显示器时关注的参数有屏幕尺寸、亮度、对比度、色彩还原能力、可视角度等。这些都与液晶显示器的核心部件液晶面板有关。液晶面板质量的好坏直接关系到液晶显示器整体性能的高低。

目前生产液晶面板的厂商主要有三星、LG、飞利浦、友达、奇美、京东方等,由于各厂商技术水平的差异,生产的液晶面板大致分为几种不同的类型。如图 2-1 所示,液晶面板从中低端到高端主要包含 TN 面板、VA 面板、IPS 面板、OLED 面板等种类。

图 2-1　液晶显示器的品牌

前文介绍了液晶显示器的主要技术参数有尺寸标示和可视角度、亮度与对比度、响应时间、显示色彩、屏幕刷新频率和分辨率等。图 2-2 所示为三星、LG、飞利浦三个不同品牌的技术参数说明，从中可以看到，不同品牌、不同面板的技术参数中都对色数、可视角度、对比度、响应时间、刷新率进行了说明，这些是选择液晶面板的主要依据。

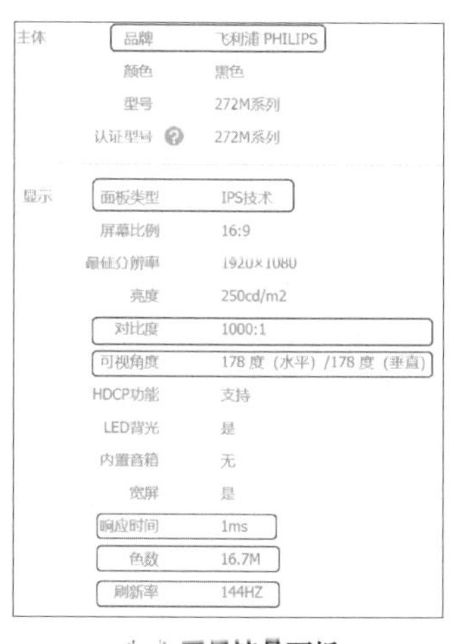

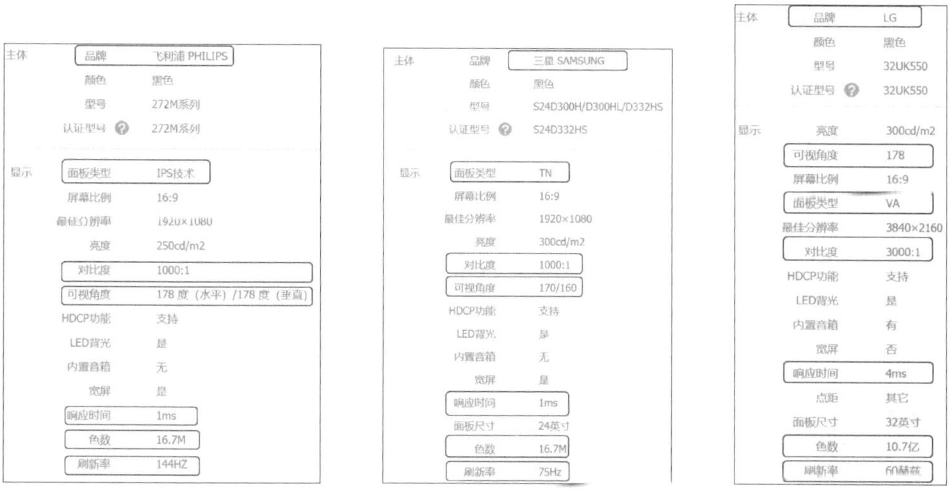

主体	品牌	飞利浦 PHILIPS
	颜色	黑色
	型号	272M系列
	认证型号	272M系列
显示	面板类型	IPS技术
	屏幕比例	16:9
	最佳分辨率	1920×1080
	亮度	250cd/m2
	对比度	1000:1
	可视角度	178 度（水平）/178 度（垂直）
	HDCP功能	支持
	LED背光	是
	内置音箱	无
	宽屏	是
	响应时间	1ms
	色数	16.7M
	刷新率	144HZ

（a）三星液晶面板

主体	品牌	三星 SAMSUNG
	颜色	黑色
	型号	S24D300H/D300HL/D332HS
	认证型号	S24D332HS
显示	面板类型	TN
	屏幕比例	16:9
	最佳分辨率	1920×1080
	亮度	300cd/m2
	对比度	1000:1
	可视角度	170/160
	HDCP功能	支持
	LED背光	是
	内置音箱	无
	宽屏	是
	响应时间	1ms
	面板尺寸	24英寸
	色数	16.7M
	刷新率	75Hz

（b）LG液晶面板

主体	品牌	LG
	颜色	黑色
	型号	32UK550
	认证型号	32UK550
显示	亮度	300cd/m2
	可视角度	178
	屏幕比例	16:9
	面板类型	VA
	最佳分辨率	3840×2160
	对比度	3000:1
	HDCP功能	支持
	LED背光	是
	内置音箱	有
	宽屏	否
	响应时间	4ms
	点距	其它
	面板尺寸	32英寸
	色数	10.7亿
	刷新率	60赫兹

（c）飞利浦液晶面板

图 2-2　不同类型液晶面板的技术参数

1. TN 面板

TN 面板全称为 twisted nematic（扭曲向列型）面板。TN 面板采用的是液晶显示器中最基本的显示技术，后来出现的其他种类的液晶显示器都是以 TN 面板为基础进行改良的。TN 面板包括垂直方向与水平方向的偏光板 P_1、P_2，具有细纹沟槽的配向膜 E_1、E_2，液晶 LC 以及导电的玻璃基板 G。液晶分子沿着上下配向膜排列成扭曲的形式，从最上层到最下层的排列方向恰好是 90°的 3D 螺旋状，这样螺旋状的液晶分子将光线引导通过，如图 2-3（a）所示。

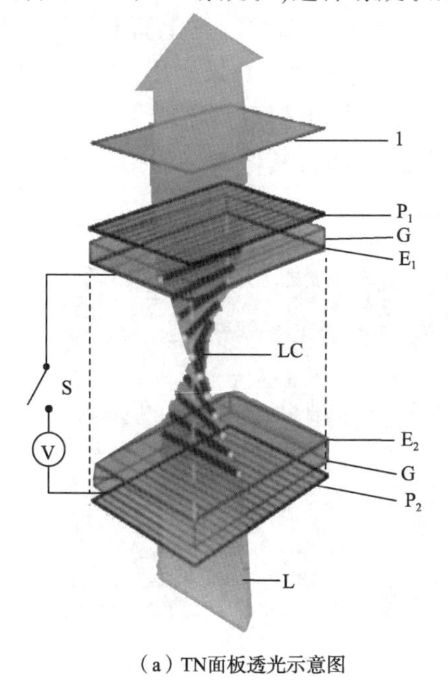

（a）TN面板透光示意图

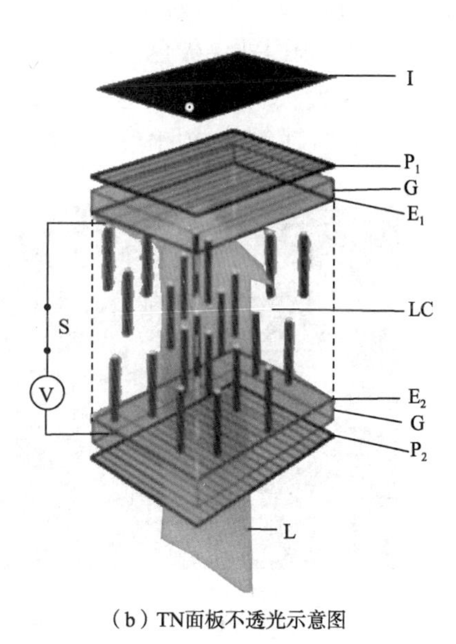

（b）TN面板不透光示意图

图 2-3　TN 面板的简易构造

在不加电场的情况下，如图 2-3(a)所示，入射光经过偏光板 P_2后通过液晶层，偏光被分子扭转排列的液晶层旋转 90°，在离开液晶层时，其偏光方向恰与另一偏光板 P_1 的方向一致，所以光线能顺利通过，使整个电极面呈光亮。

当加入电场的情况下，如图 2-3(b)所示，每个液晶分子的光轴转向与电场方向一致。液晶层也因此失去了旋光的能力，结果来自入射偏光板 P_2的偏光与另一偏光板 P_1的偏光方向成垂直的关系，无法通过，这样电极面就呈现黑暗的状态。

1)TN 面板的优点

(1)响应速度快。由于其输出灰阶级数较少，液晶分子偏转速度快，因此其响应速度非常快。可以达到 1 ms 的响应时间，对于同一个动作，1 ms 的响应时间要比 5 ms 的响应时间有更多的动作细节，在高速的变化场景中表现出来的就是图像更清晰，不会出现残影，画面更加流畅。

(2)刷新频率高。刷新频率是指电子束对屏幕上的图像重复扫描的次数。刷新频率越高，所显示的图像(画面)稳定性就越好。TN 面板的刷新频率高，可达 240 Hz，不会出现残影。

1 s 时间，当刷新频率为 60 Hz 时，相邻两帧之间的间隔为 16.7 ms；当刷新频率为 144 Hz 时，相邻两帧之间的间隔为 6.9 ms；当刷新频率为 240 Hz 时，相邻两帧之间的间隔为 4.1 ms。相邻两帧之间的时间间隔越短，在人眼残留的图像间隔就越短，同时两帧之间的变化量就越小，看起来画面就更连续，也就更清晰。

(3)价格低廉。

2)TN 面板的缺点

(1)色彩单薄、还原能力差、色彩偏白。

(2)输出灰阶少、过渡不自然。

(3)可视角度窄。可视角度是指用户可以从不同的方向清晰地观察屏幕上所有内容的角度。可视角度的大小决定了用户可视范围的大小以及最佳观赏角度。如果太小，用户稍微偏离屏幕正面，画面就会失色。一般用户可以以 120°的可视角度作为选择标准。

(4)TN 面板属于软屏，容易出现水纹。当 TN 面板不被按压时，其像素点的排列如图 2-4 所示；当被按压时会出现水纹，其像素点的排列如图 2-5 所示。

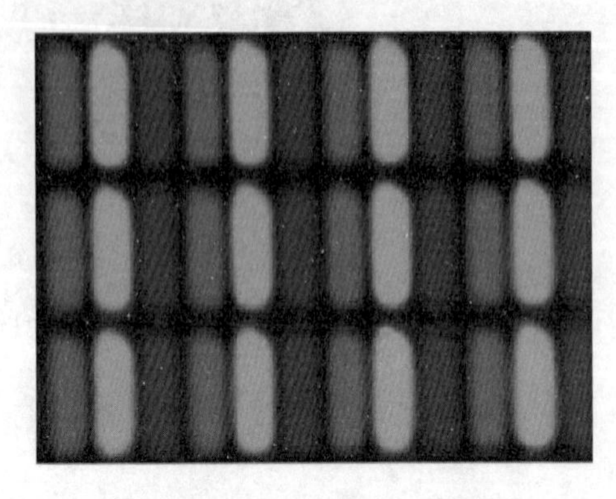

图 2-4　TN 面板不被按压像素点

图 2-5　TN 面板出现水纹像素点

2. VA 面板

VA 面板全称 vertical alignment(垂直排列)面板。VA 面板又可分为由富士通开发的 MVA 面板和由三星开发的 PVA 面板,其中后者是前者的继承和改良。

VA 面板目前是液晶显示器产品中使用比较广泛的一种面板,在中高端液晶显示器中应用比较多。

MVA 技术的原理是增加突出物来形成多个可视区域。如图 2-6 所示,液晶分子在静态的时候并不是完全垂直排列,在施加电压后液晶分子成水平排列,这样光便可以通过各层。MVA 技术将可视角度提高到 160°以上。改良后的 P- MVA 面板可视角度可达接近水平的 178°,并且灰阶响应时间可以达到 8 ms 以下。MVA 面板像素排列如图 2-7 所示。

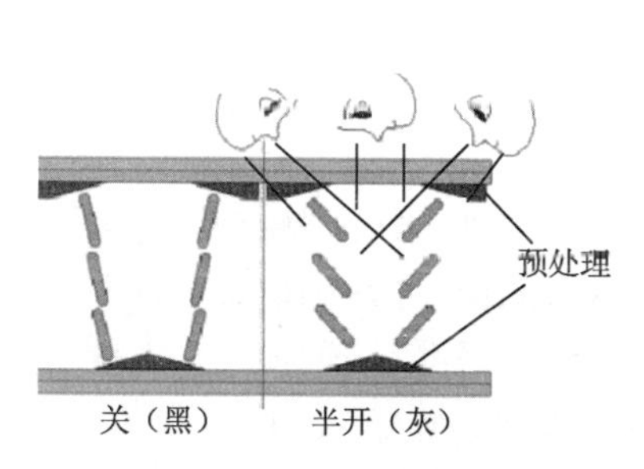

图 2-6　MVA 面板内部液晶排列结构

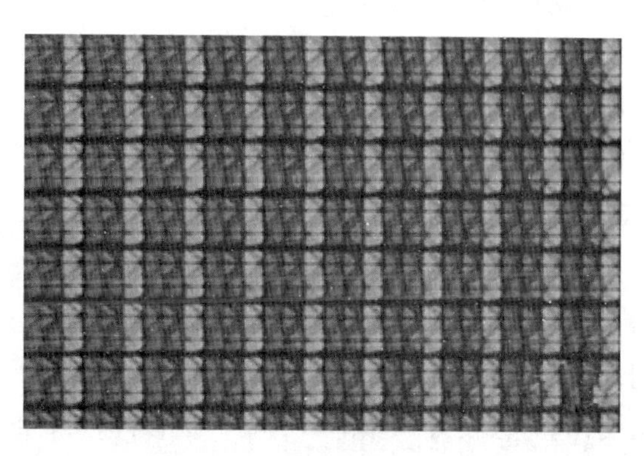

图 2-7　MVA 面板像素排列

PVA 技术同样属于 VA 技术的范畴。该技术直接改变液晶单元结构,让显示效能大幅提升,可以获得优于 MVA 的亮度输出和对比度,如图 2-8 所示。PVA 采用透明的 ITO 电极代替 MVA 中的液晶层突出物,透明电极可以获得更好的开口率,最大限度减少背光源的浪费。PVA 技术广泛应用于中高端液晶显示器或者液晶电视机中。

PVA 也属于 NB(常暗)模式液晶,在 TFT 受损坏而未能受电时,该像素呈现暗态。这种模式大大降低了液晶面板出现“亮点”的可能性。PVA 面板像素排列如图 2-9 所示。

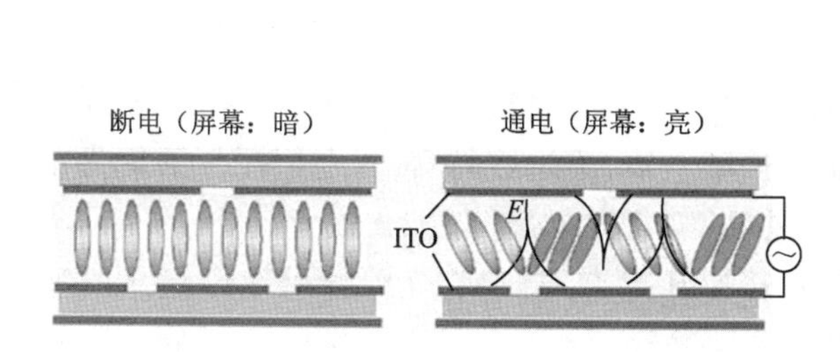

图 2-8　PVA 面板内部液晶排列结构

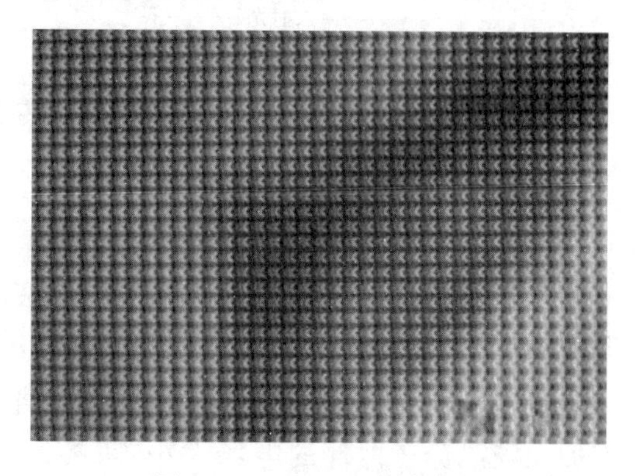

图 2-9　PVA 面板像素排列

为了形成倾斜的电场,PVA 面板使用半导体透明导电膜代替屋脊形的电场,如图 2-9 所示。PVA面板上的ITO不再是一个完整的薄膜,而是被光刻了一道道的缝,上下两层的缝并不对应,从剖面上看,上下两端的电极正好依次错开,平行的电极之间也恰好形成一个倾斜的电场来调制光线。

1)VA面板的优点

(1)色彩艳丽,还原准确,显示效果好,8 bit的面板可以提供16.7M色彩。

(2)大可视角度,可达到178°,画面表现柔和。

(3)黑白对比度非常高。

2)VA面板的缺点

(1)VA面板的正面(正视)对比度最高,但是屏幕的均匀度不够好,往往会发生颜色漂移。

(2)功耗相对比较高。

(3)响应时间比较长。

(4)VA面板属于软屏,容易出现梅花纹。

(5)价格相对TN面板昂贵。

3. IPS面板

IPS面板全称in-plane switching(平面转换)面板,又称Super TFT。图2-10所示为它的内部结构,它的两个电极都在同一个面上,不像TN、VA面板液晶模式的电极是在上下两面,立体排列。由于电极在同一平面上,不管在何种状态下液晶分子始终都与屏幕平行,这样增大了可视角度,同时会使开口率降低,减少透光率。IPS面板像素排列如图2-11所示。

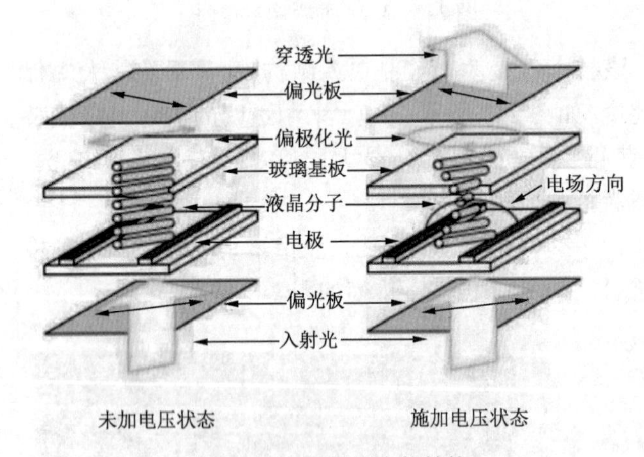

图2-10 IPS面板内部结构

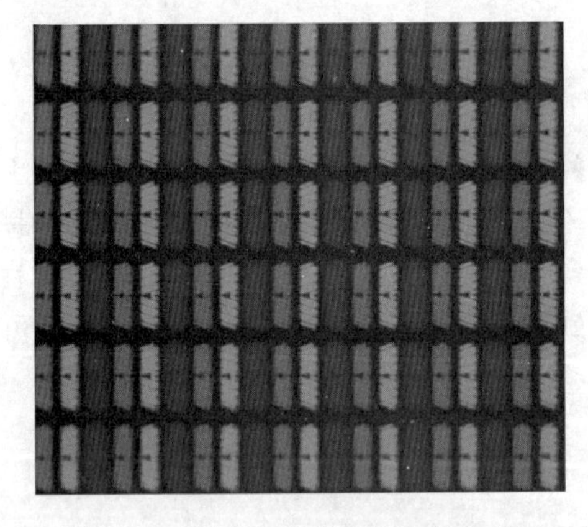

图2-11 IPS面板像素排列

当不施加电压时,液晶完全不会旋转,上下两个偏振片呈90°垂直,背光源发出的光经过下偏光板变成线性偏振光,其偏振方向与液晶的长轴一致,透过液晶后,与上偏振片的偏光轴方向垂直,光线被吸收无法通过,显示比较纯的黑色。

施加电压后,液晶分子旋转,使水平偏振光转换到垂直偏振光,光线便可以通过。改变施加在液晶分子两侧的电场大小,来控制转换偏振光线多少,达到控制光线的目的。不管是否加电压,IPS的液晶分子始终平躺着旋转,这是IPS面板与其他面板最大的不同。在液晶分子的扭转方向上,IPS技术下的液晶分子始终保持与屏幕平行,在平面内扭转而非三维空间上,这样做能够明显提升画面的色彩表现力和静态对比度,并且能够轻松达到广视角要求。

1)IPS 面板的优点

(1)可视角度广,水平、垂直可视角度均能达到178°。

(2)色彩还原准确,IPS 面板能够方便做到 10 bit 面板甚至是 12 bit 面板,显示 10.7 亿种颜色,这样显示色彩更准确,画面更自然,颜色过渡更加平滑,避免色阶色带,可以为高要求的专业人员提供更精准、更逼真的视觉体验。

(3)IPS 面板属于“硬屏”,不容易出现水纹样变形。

2)IPS 面板的缺点

(1)透光率小,屏幕漏光。由于 IPS 面板采用横向液晶分子排列,在增加了可视角度的同时也减少了光线的穿透性,为了能达到跟其他面板一样的显示效果,就要增加 LED 背光的亮度,增加了背光的亮度在同样显示黑色时就会比其他面板更亮,也就是漏光现象更严重,这在 IPS 面板中是非常普遍的。

(2)响应速度较慢,功耗较高。当把电压加到电极上后,离电极近的液晶分子会获得较大的动力,迅速扭转到90°是没有问题的,但是远离电极的液晶分子无法获得一样的动力,运动比较慢,只有增加驱动电压,才可能让离电极较远的液晶分子也获得不小的动力,所以 IPS 面板的驱动电压会比较高,功耗较高。

2.1.2 液晶面板的技术参数

评价液晶面板优劣的技术参数包括:屏幕尺寸、屏幕比例、分辨率、像素数目、像素点距、亮度、对比度、最大显示色彩数、响应时间、刷新率、可视角度等。

1. 屏幕尺寸

液晶显示器(电视机)的屏幕尺寸是指液晶面板对角线的长度,单位为英寸(in)。

2. 屏幕比例

屏幕比例即屏幕宽度和高度的比例,又称纵横比或者长宽比。常见的有 4:3、16:9、16:10。

3. 分辨率

分辨率是指可以使液晶面板显示的像素个数,通常用水平像素数乘以垂直像素数表示。每个像素点都由 R、G、B 三个子像素组成,分别负责红、绿、蓝三基色的显示。

例如:一款显示器的分辨率为 1 920 × 1 080 像素,即表示该显示器的面板水平像素数 1 920 乘以垂直像素数 1 080,可以显示 1 920 列、1 080 行,一共可以显示 1 920 × 1 080 = 2 073 600 像素,包含 1 920 × 1 080 × 3 = 6 220 800 个 R、G、B 子像素。

单位面积内,像素越多,图像越清晰,而分辨率越高,显示屏可显示的像素就越多,所以在相同尺寸下,图像就会越清晰。

由于数字分辨率使用过于烦琐,液晶面板及相关产品的分辨率常用英文缩写来表示。不同的英文缩写对应了一种分辨率。表 2-1 是液晶显示器常用的分辨率英文缩写与数字分辨率的对应关系。

表 2-1 液晶显示器常用的分辨率英文缩写与数字分辨率的对应关系

项　目	英文缩写	分辨率/像素	有效值/像素
720p	HD	1 280×720	100 万
1080p	FHD	1 920×1 080	200 万
1440p	QHD	2 560×1 440	300 万
4K	UHD(4K)	3 840×2 160	400 万
8K	FUHD(8K)	7 680×4 320	800 万

4. 像素数目(PPI)

PPI(pixels per inch)所表示的是每英寸所拥有的像素数目。因此 PPI 数值越高,代表显示屏能够以越高的密度显示图像。当然,显示的密度越高,拟真度就越高。

PPI 的计算方法:如式(2-1)所示,是用长和高的像素数计算出对角方向的像素数,然后再用对角方向的像素数除以面板尺寸。$Pixels_H$代表横向像素数,$Pixels_V$代表纵向像素数,inch 代表面板尺寸。

$$PPI=\frac{\sqrt{Pixels_H^2+Pixels_V^2}}{inch} \tag{2-1}$$

5. 像素点距(PP)

PP(pixel pitch)像素点距是液晶面板相邻两个像素点之间的距离。人眼看到的显示画面实际是由许多的点所形成的,而画质的细腻程度就是由点距来决定的。像素点距可以通过式(2-2)得到。分子为物理面板长度,分母代表该长度上要显示的像素数目。PPI 和 PP 成反比关系,PPI 越大,PP 越小,可以更加精细地显示相同场景画面。

$$PP=\frac{length}{Pixels_{num}} \tag{2-2}$$

如图 2-12 所示,有两个像素,像素 A 和像素 B,像素点距就是像素中心点间连线的距离,这个距离与相邻两个同色子像素间的距离一致。

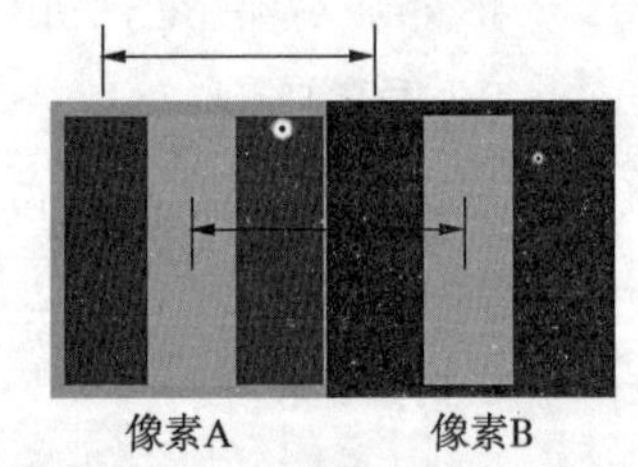

图 2-12　像素点距示意图

6. 亮度

亮度是指发光体(反光体)表面发光(反光)强弱的物理量。人眼从一个方向观察光源,在这个方向上的光强与人眼所“见到”的光源面积之比,定义为该光源单位的亮度,即单位投影面积上的发光强度。亮度一般以 cd/m^2 为单位,或以 nt 为单位,$1\ nt=1\ cd/m^2$。

亮度是液晶显示器非常重要的一个参数,液晶显示器中亮度定义为全白颜色下的亮度值。表征的是液晶显示屏显示的明亮程度。

日常使用中不是亮度越高越好,过高的亮度反而会给眼睛带来伤害。在绝大多数显示器中,出厂的设置基本为 100% 亮度,因为亮度更高让使用者对画面直观的感受会更好一些,然而长时间过高的亮度对人眼伤害是很大的。目前,行业认为亮度介于 $120\ cd/m^2$ 到 $150\ cd/m^2$,能在健康和视觉效果上得到一个折中点。

7. 对比度

对比度指的是一幅图像中明暗区域最亮的白和最暗的黑之间不同亮度层级的测量，差异范围越大代表对比度越大，差异范围越小代表对比度越小，好的对比度（120∶1）可容易地显示生动、丰富的色彩，当对比度高达300∶1时，便可支持各阶的颜色。

液晶面板的对比度是指面板上同一点最亮时（白色）与最暗时（黑色）的亮度比值，例如一个屏幕在全白屏状态时亮度为500 cd/m^2，全黑屏状态时亮度为0.5 cd/m^2，这样屏幕的对比度就是1 000∶1。

1）静态对比度

静态对比度是静态的真实的对比度指标，是指在暗室之中，白色画面下的平均亮度除以黑色画面下的平均亮度。静态对比度是真正的液晶显示器的对比度，通常在液晶显示器的产品说明中给出的对比度也是指的静态对比度。

静态对比度对显示效果的影响主要表现在图像清晰度、细节表现力、灰度层次表现力三个方面。在合理的亮度值下，对比度越高，其所能显示的色彩层次越丰富，明暗区分明显，更容易让使用者看清场景灰暗条件下的画面。

2）动态对比度

动态对比度是指液晶显示器在某些特定情况下测得的对比度数值。例如逐一测试屏幕的每一个区域，将对比度最大的区域的对比度作为该产品的对比度参数。

动态对比度就是在原有基础上加进了一个自动调整显示亮度的功能，这样就将原有对比度提高几倍甚至几十倍，但本质上真正的对比度没有改变，所以画面细节并不会显示得更清晰，但因为其自动调节亮度的功能而在很多游戏中有比较好的表现。

8. 最大显示色彩数

液晶面板的色彩数和液晶面板的像素量化深度有关。像素量化深度是指每个像素的量化位数，常见的有6 bit、8 bit和10 bit液晶面板。

6 bit液晶面板就是液晶面板上R、G、B三基色每个子像素都用6 bit的数据信号来表示。$2^6 \times 2^6 \times 2^6 = 262\ 144$，所以6 bit液晶面板最多能显示262 144种色彩。通过“抖动”技术（插值运算）可以近似显示到1 620万种，即色彩显示数信息是16.2M色。

8 bit液晶面板最多能显示16 777 216种色彩，即16.7M色，($2^8 \times 2^8 \times 2^8 = 256 \times 256 \times 256 = 16\ 777\ 216$)，这种液晶面板是当前市场的主流产品。

10 bit液晶面板最多能显示1 073 741 824种色彩，即10.7亿色($2^{10} \times 2^{10} \times 2^{10} = 1\ 073\ 741\ 824$)，即通常所说的30位真色彩。色彩数越多，色彩之间过渡越细腻，画面层次表现越丰富生动。

9. 响应时间

响应时间是各像素点对输入信号反应的速度，即像素由暗转亮或由亮转暗所需要的时间（其原理是在液晶分子内施加电压，使液晶分子扭转与恢复）。

从全黑到全白，液晶分子可以扭转最大的角度，此时可以施以较大的电压，所以液晶分子扭转速度较快。但在实际使用中，画面很少有全白和全黑的场景出现，所以黑白响应时间的重要性和参考价值会小一些。

使用显示器的时候，屏幕颜色不仅丰富多彩，而且深浅程度不同。根据前面的学习可以知道,液晶屏幕上的每一个点,即一个像素,都是由 R、G、B 三个子像素组成的,要实现画面色彩的变化,就必须对 R、G、B 三个子像素分别做出不同的明暗度的控制,以“调配”出不同的色彩。中间明暗度的层次越多,所能呈现的画面效果就越细腻。而明暗度就是在前文中讲到的黑白亮度。平时看到的图像也是各像素点不断进行不同明暗灰度变化的结果,在实际使用中,并不全是黑白切换,更多的是灰阶之间的切换。

灰阶响应时间(grey to grey,GTG)就是液晶面板从一个灰阶变换到另一个灰阶所需要的时间。它可以全面体现液晶面板各种色彩亮度变化的真实速度。256 级灰阶亮度示意图如图 2-13 所示。

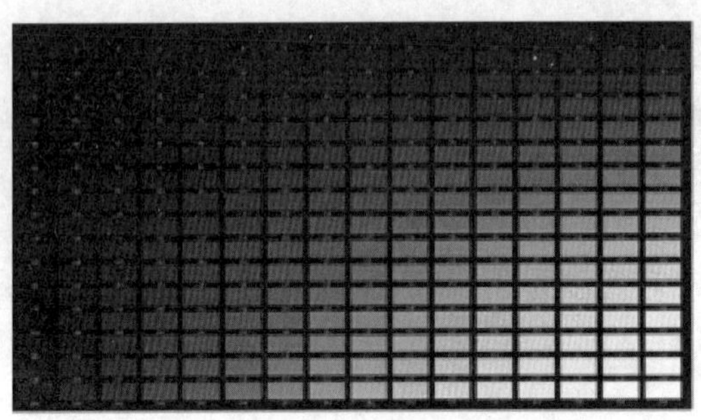

图 2-13　256 级灰阶亮度示意图

10. 刷新率

刷新率是屏幕画面每秒被刷新的次数,即屏幕刷新的速度。第 1 章中已经介绍过看电影和电视时看到的都是一幅一幅静止的画面,就像放幻灯片,利用人眼的视觉暂留效应,通过把多张静止的图像连贯播放出来形成动态影像。人眼观看目标时,光信号在视网膜上形成视觉影像,外界刺激停止后,视觉影像并不立即消失,仍能保持短暂的时间(一般为 1/5 ~ 1/30 s,常取 0. 1 s),因为人眼视觉暂留效应,前一幅画面留在大脑中的印象还没消失,紧接着后一幅画面就跟上来了,而且两幅画面间的差别很小,一个动作要用很多幅画面来显示,这样就感觉画面在动,一幅一幅地更换画面,就是在刷新。假设一个动作由 20 幅画面构成,看上去就有点像动画片,而这个动作增加到 30 幅,看上去就自然多了,这就是刷新率。

刷新率分为垂直刷新率和水平刷新率。一般提到的刷新率通常指垂直刷新率。垂直刷新率表示屏幕的图像每秒重绘多少次,也就是每秒屏幕刷新的次数,以 Hz 为单位。

帧:就是影像动画中最小单位的单幅影像画面,相当于电影胶片上的每一格镜头。

帧率:就是在 1 s 时间里传输的图片帧的数量。可以理解为图形处理器每秒能够刷新几次,通常用 fps(frames per second)表示。常见媒体的帧率见表 2-2。

表 2-2　常见媒体的帧率

常见媒体	帧率
电影	24 fps
电视(PAL)	25 fps
电视(NTSC)	30 fps

显示器播放图像时是一帧一帧播放的,假设一帧就是一幅图像,这样就可以认为显示器的刷新率表示的就是每秒能播放多少张图片,比如显卡 1 s 能画出 120 张图片,即 120 帧。可是

显示器是 60 Hz 的,1 s 只能播放 60 张图片,那么它只能播放显卡的 1,3,5,7,9,11,13,15,17 一直到 119 等图片,这样就会丢失一些信息,会对显示器的显示造成一定的影响。刷新率越高,播放的画面越流畅,图像越稳定,图像显示就越自然清晰,对眼睛的影响也越小。刷新率越低,图像闪烁和抖动的就越厉害,眼睛疲劳得就越快。液晶显示器的刷新率一般为 60 Hz,就能使显示画面流畅。75 Hz 已经足以应对日常生活中大多数的使用环境。

但是,随着技术的发展,为了让用户有更好的体验,特别是对于游戏玩家而言,较高的刷新率已经成为游戏玩家们在游戏中与对手决胜的关键,因此出现了各种不同高刷新率的显示器,如 120 Hz、144 Hz、165 Hz 和高达 240 Hz 的急速刷新率。

11. 可视角度

可视角度是指用户可以从不同的方向清晰地观察屏幕上所有内容的角度。由于提供液晶面板的光源经过偏光板输出时已有一定的方向性,在超出这一范围观看时就会产生色彩失真现象。目前市场上大多数产品的左右可视角度在 170°以上,部分产品达到了 178°以上。

2.2　液晶显示屏测试软件的使用

使用专业的测试软件能够判断液晶显示屏的质量。表 2-3 中列出了几种比较专业且好用的液晶显示屏测试软件。

表 2-3　液晶显示屏测试软件

软件名称	语言	授权	适用平台
DisplayX	中文	免费	Windows 全系列操作系统
Nokia Monitor Test v2.0	中文	免费	Windows 全系列操作系统(32 位)
Monitor Test Screens	英文	免费	Windows 全系列操作系统
Display-Test	中文	免费	Windows XP,Windows 2000,Windows 7,Windows 8,Vista
PassMark Monitor Test	中文	免费	Windows XP,Windows 7,Windows 8,Windows 10

DisplayX 中文版(显示器测试工具)软件可以有效地对液晶显示屏的性能以及是否有坏点进行测试。软件运行后,选择需要的功能,然后等待测试完成,可以轻松发现液晶显示屏的瑕疵。

测试步骤:

(1)直接双击图 2-14 所示 DisplayX 图标即可进入其操作界面。

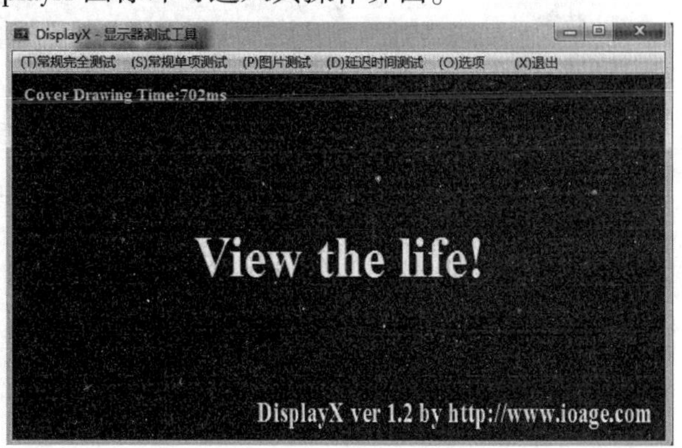

图 2-14　DisplayX 操作界面

(2)选择“常规单项测试”命令,出现如图2-15所示测试项目。

图2-15 测试项目

① 纯色:主要用来测试液晶显示屏的坏点。选择“常规单项测试”中的“纯色”命令,屏幕分别显示如图2-16所示单色时,始终出现白屏或黑屏的点,即为坏点。

图2-16 测试液晶显示屏的坏点

② 色彩:测试液晶显示屏显示色彩的能力。选择“常规单项测试”中的“色彩”命令,屏幕中出现如图2-17所示画面,色彩越艳丽,通透性越好。

图2-17 测试液晶显示屏显示色彩的能力

③ 会聚:测试液晶显示屏的聚焦能力。选择“常规单项测试”中的“会聚”命令,屏幕中出现如图2-18所示画面,各个位置的文字越清晰越好。

④ 几何形状:调节几何形状以确保不会出现变形。选择“常规单项测试”中的“几何形状”命令,屏幕中出现如图2-19所示画面,画面中四个角落和中心的圆圈、直线、方格不出现变形为好。

图2-18　测试液晶显示屏的聚焦能力

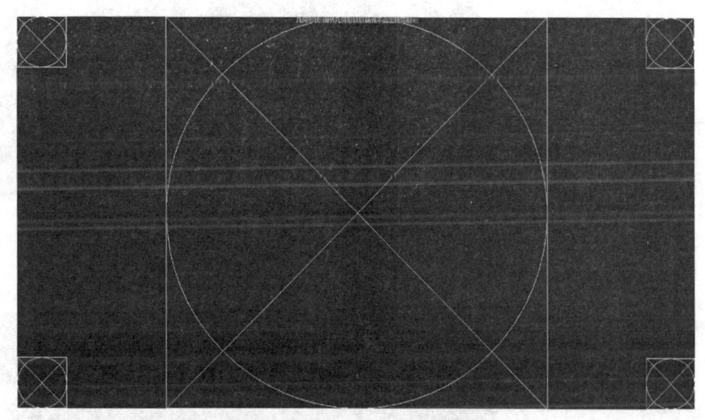

图2-19　几何形状测试

⑤ 256级灰度:测试液晶显示屏的灰度还原能力。选择“常规单项测试”中的“256级灰度”命令,屏幕中出现如图2-20所示画面,每个小方块代表一个灰度等级,256个小方块清晰显示,则液晶显示屏的灰度还原能力强。

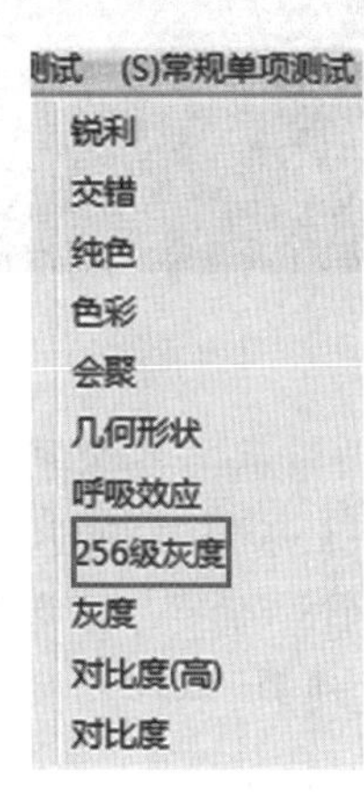

图2-20　256级灰度测试

⑥ 灰度:测试液晶显示屏的灰度还原能力。选择“常规单项测试”中的“灰度”命令,屏幕中出现如图 2-21 所示画面,看到的颜色过渡越平滑越好。

⑦ 对比度:选择“常规单项测试”中的“对比度”命令,屏幕中出现如图 2-22 所示画面,调节亮度,让色块都能显示出来并且亮度不同。注意:确保黑色不要变灰,每个色块都能显示出来的为好。

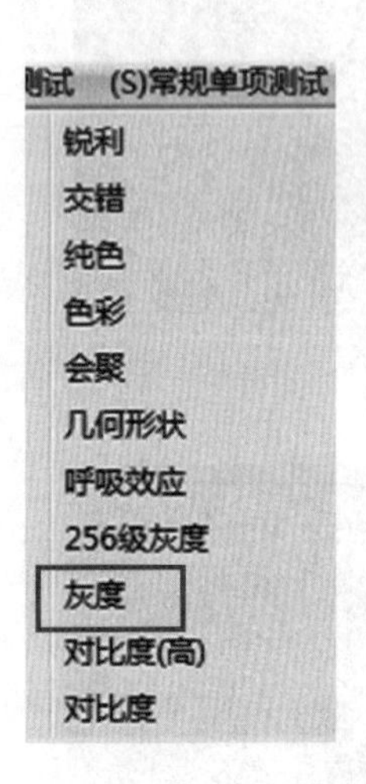

图 2-21 灰度还原能力测试

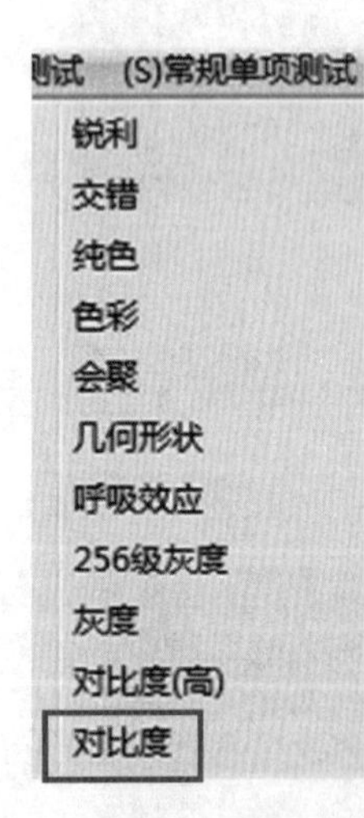

图 2-22 对比度测试

⑧ 延迟时间测试:测试的是黑白响应时间。黑白响应时间是液晶显示屏各像素点对输入信号反应的速度,即像素由暗转亮或由亮转暗所需要的时间。DisplayX 中的延迟时间测试可以准确测出液晶屏的响应时间。选择菜单选项中的“延迟时间测试”命令,屏幕中出现如图 2-23 所示画面,通过不同的速度,查看白色的方格是否存在拖尾现象,不存在拖尾现象的为好。

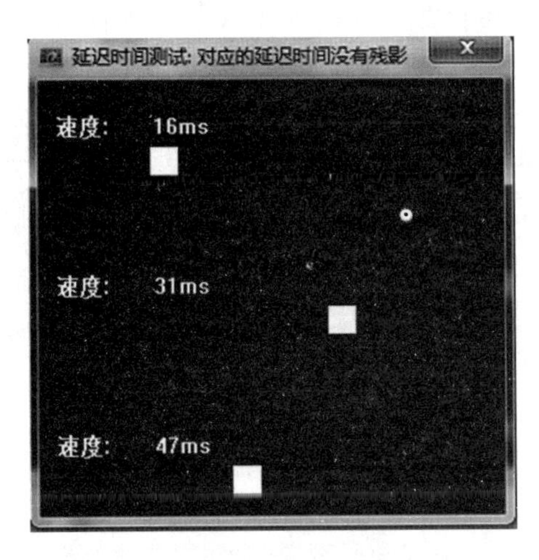

图 2-23　延迟时间测试

2.3　液晶显示屏的基本组成

如图 2-24 所示,液晶显示屏包括背光源、偏振片、后玻璃、液晶、前玻璃、彩色滤色片等几部分。因为液晶本身不发光,显示屏要显示图像就需要光源,可在显示屏的后面或者周围加背光源。为了将背光源发出的非偏振光变成偏振光,在背光源的前边要加垂直偏振片。因为液晶具有一定的移动性,需要两片玻璃夹住液晶。为了将电极加到液晶上,在后玻璃内侧放薄膜晶体管(TFT)。为了实现图像的显示,在前玻璃的上侧放置彩色滤色片。为了控制光线在屏幕上显示,在彩色滤色片的前方加上水平偏振片。水平偏振片的前方是用于显示图像的屏幕。

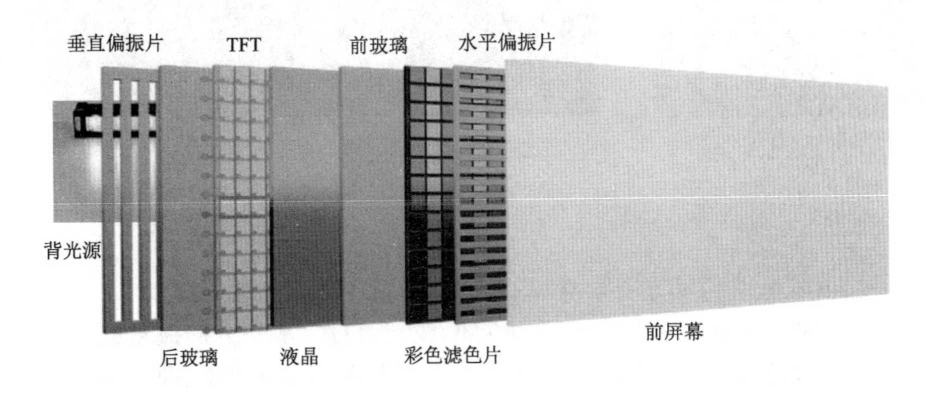

图 2-24　液晶显示屏的组成

2.3.1 背光源

如图 2-25 所示，位于液晶屏的背面或者侧面的光源，称为背光源。常用的背光源有 CCFL（冷阴极荧光灯）、EEFL（外置电极荧光灯）、LED（发光二极管）等。

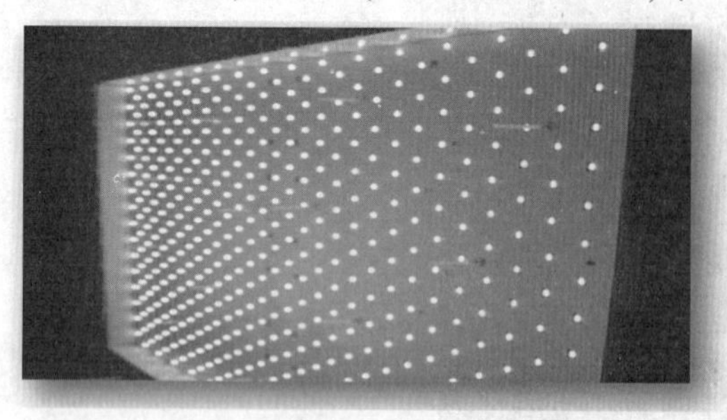

图 2-25 液晶显示屏的背光源

不是任意的光都可以作为通过液晶的光源使用。液晶通过扭转控制光线的通过，如果送来的光线在各个方向都有，液晶扭转了角度，光线的强度仍然不变，就起不到控制的作用。

光波是电磁波，它通过振动的方式向周围发射光能，光波分为偏振光和非偏振光。按照一个方向固定传播的光线称为偏振光，如图 2-26 中两种光始终向着一个固定方向传播，是偏振光。

如果光源发出的光向不同方向振动，就是非偏振光，如图 2-27 所示。LED 发出的光、激光、太阳光都是非偏振光。如果将非偏振光照射到液晶上，液晶扭转时就不能控制通过光线的强弱，在液晶显示屏上不能显示图像。当使用非偏振光作背光源时，要在前方加上偏振片，将非偏振光变成偏振光。

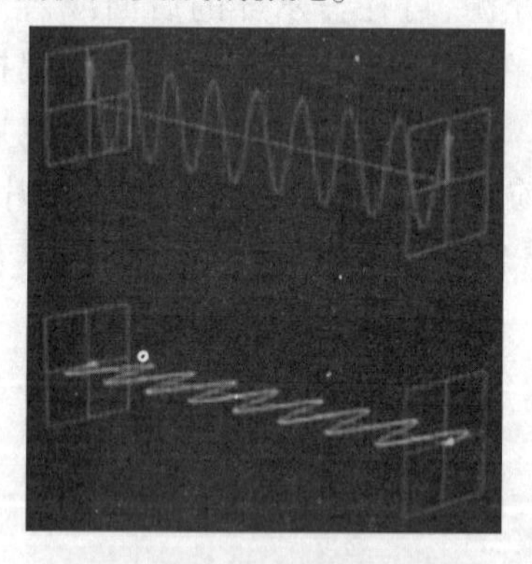

图 2-26 偏振光的传递图

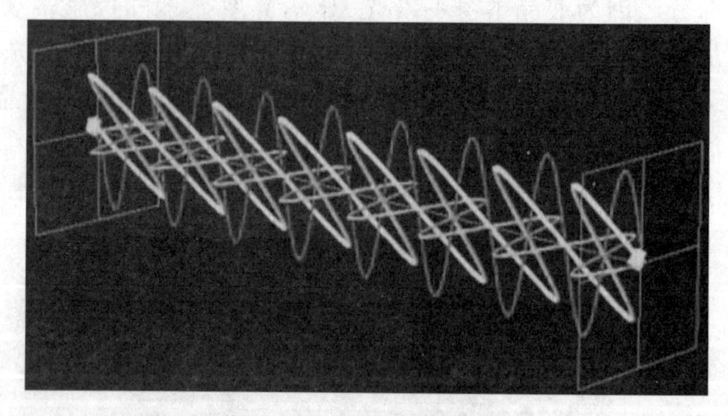

图 2-27 非偏振光的传递

2.3.2 偏振片

偏振片的作用是允许振动方向跟偏振片的透振方向一致的光波通过。

图 2-28 所示为垂直偏振片，它只允许垂直偏振光通过。水平方向振动的光为水平偏振光，垂直方向振动的光为垂直偏振光，当它们同时照射到垂直偏振片时，垂直方向振动的光通过了偏振片。

偏振片只允许和它偏振方向一致的光线通过。当使用偏振方向垂直的两个偏振片时，如图 2-29 所示，前边的为垂直偏振片，后边的为水平偏振片，光源发出的非偏振光照射到垂直偏振片,只有垂直偏振光通过,照射到水平偏振片上,水平偏振光不能通过垂直偏振片,此时看到的屏幕上对应点是黑的。

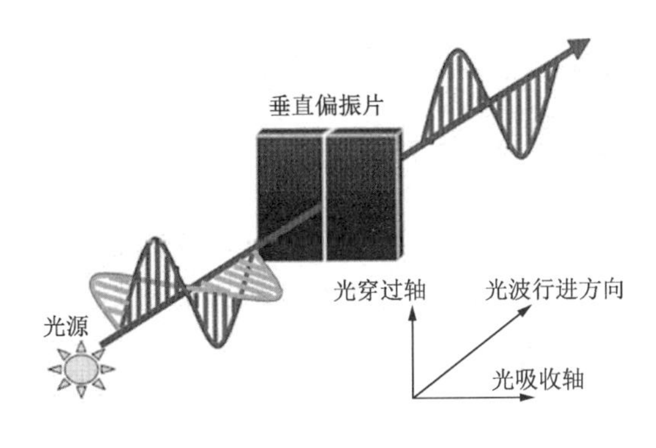

图2-28 非偏振光通过垂直偏振片

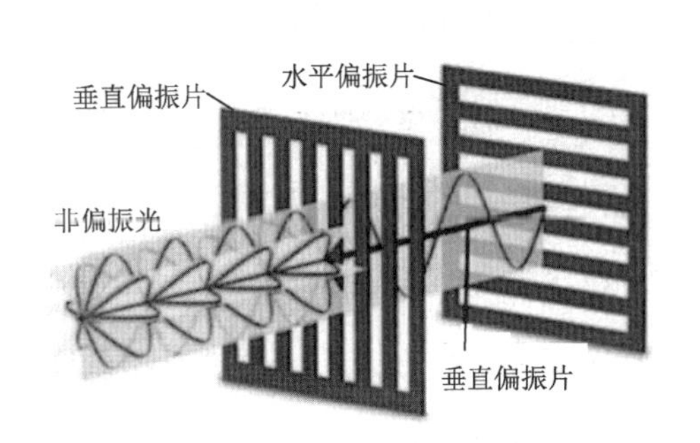

图2-29 相互垂直的垂直偏振片

2.3.3 液晶

当把液晶放在两片偏振片之间,并对其施加足够大的电压,如图2-30所示,光源发出各个方向的偏振光,垂直偏振光通过了垂直偏振片,当液晶加上电压以后,液晶分子长轴和电场方向平行,垂直偏振光直接通过液晶分子照到水平偏振片上,被阻挡住不能通过。

如果想让光线通过两片相互垂直的偏振片,可以利用液晶具有双折射特性。当液晶转动时,可以将垂直偏振光变成水平偏振光通过水平偏振片到达屏幕。如图2-31所示,因为液晶分子具有有序性,可以将液晶分子按螺状排列,因为液晶具有双折射特性,当光线通过螺旋状排列的液晶以后将垂直偏振光改变方向,变为水平偏振光,顺利通过水平偏振片。

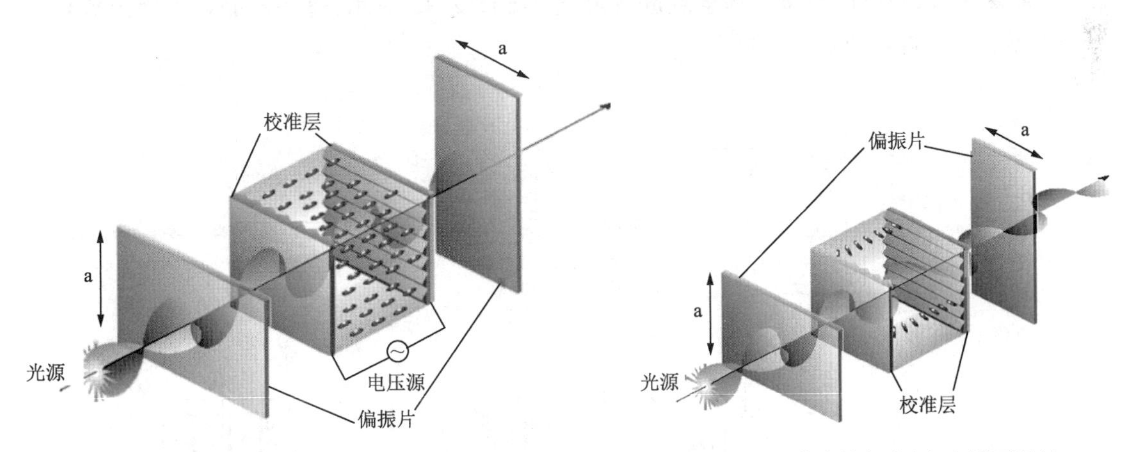

图2-30 当施加电压时,光线被完全阻挡

图2-31 若未施加电压,光线可通过

2.3.4 玻璃

液晶显示屏中的前、后玻璃不仅仅是两块玻璃那么简单,其内侧具有沟槽结构,并附着配向膜,可以让液晶分子沿着沟槽整齐排列。光线通过第一块玻璃进入夹层,被液晶旋转90°后通过第二片玻璃出现在玻璃的前方,如图2-32所示。

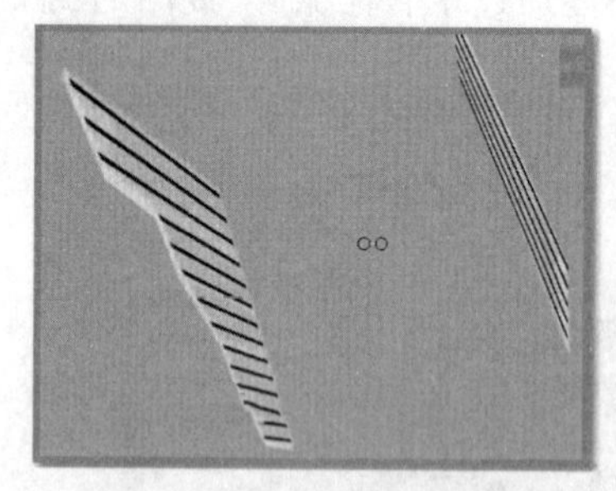
(a) 两块玻璃表面上相互成90°角形成凹槽

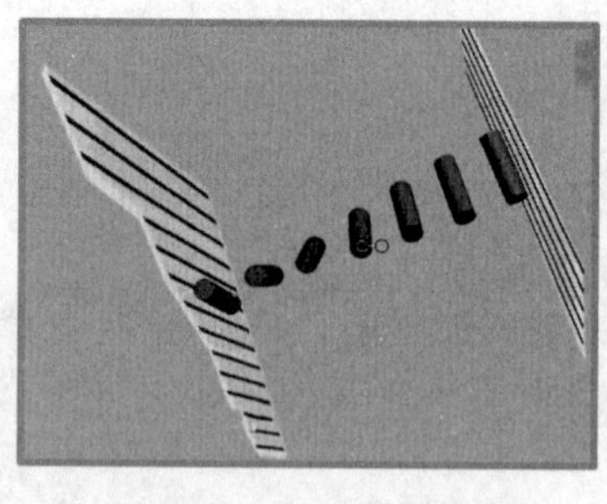
(b) 中间的分子排列成一个螺旋线

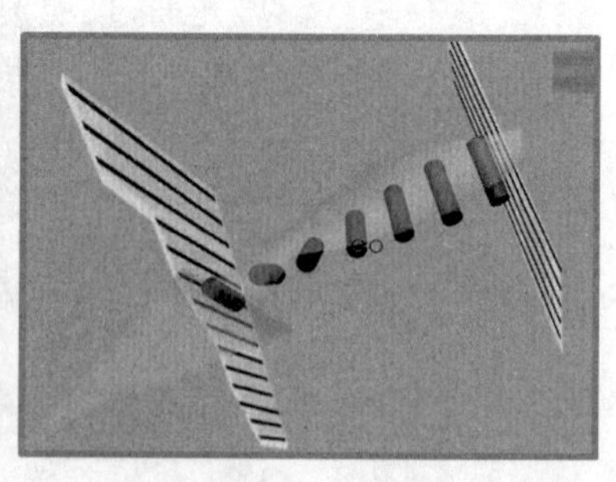
(c) 背光源的光通过第一偏光片并进入夹层

图 2-32　光线通过偏振片

2.3.5　彩色滤色片

调整加在液晶上的电压大小,液晶发生转动,透过的光线量会变化,在液晶显示屏上形成了黑白图像。如果显示彩色图像,需要添加彩色滤色片。彩色滤色片位于夹着液晶的玻璃上侧。它的作用是通过滤光的方式产生红、绿、蓝三基色,再通过三基色不同比例混合而产生各种色彩。

在每组液晶的前面添加一种颜色的滤色片,光照射红、绿、蓝滤色片时就会发出相应的颜色,从而在屏幕上显示彩色图像。

2.3.6　薄膜晶体管

薄膜晶体管(TFT)位于夹着液晶的下侧玻璃上。它的作用是控制每一个像素点图像信号的写入和保持,从而可以对每个像素点进行定址。如图 2-33 所示,每块液晶显示屏由数百万个 TFT 场效应管排列成矩阵区域。

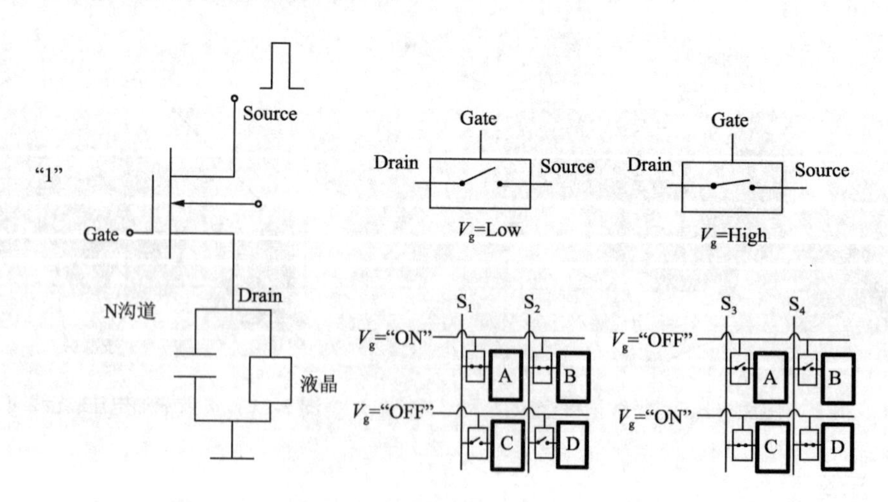

图 2-33　薄膜晶体管工作原理示意图(V_g 表示栅极电压)

图 2-33 所示为薄膜晶体管(又称 N 沟道场效应管)工作原理示意图,Gate 为栅极,Source 为源极,Drain 为漏极,当给栅极加上足够高的电压,源极和漏极导通,当给栅极加上低电平,源

极和漏极断开。控制栅极上电压的大小起到开关源极信号是否加到漏极上的作用。图中 A、B、C、D 表示 4 个液晶。打开开关,源极上的图像信号就会加到漏极的液晶上,液晶转动,控制通过的光线变化。

如图 2-34 所示,以 TFT 基板为例介绍。这个基板包含了 8 ×7 =56 个 TFT 组。每行有 8 个,一共 7 行。

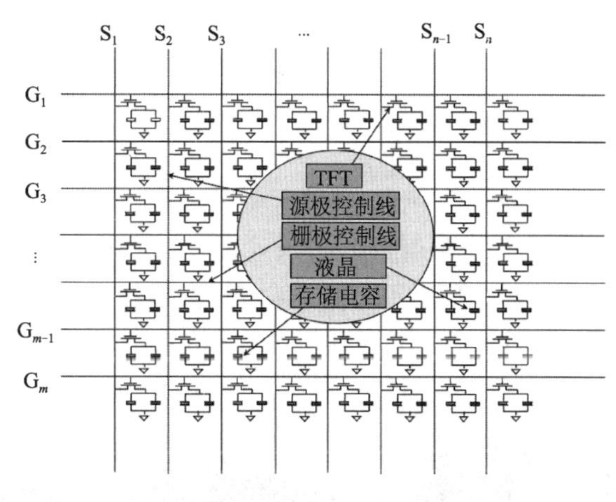

图 2-34　TFT 基板

每个 TFT 组包含:TFT、存储电容、液晶、栅极(Gate)控制线、源极(Source)控制线。图中每一行的 TFT 的栅极接到一起,每一列的源极接到一起,漏极接着存储电容和液晶。给任意一行加一个高电压,这一行的 TFT 同时导通,S_1 ~ S_n 的信号分别加到对应行的液晶上,液晶偏转,通过的光线改变,对应的液晶显示屏显示图像。存储电容不是单独加的元件,它是由像素电极和公共电极之间的走线形成的。

2.4　背光模组基础知识

为了使液晶显示屏整个屏幕光线均匀,画面清晰,不刺眼,需要在液晶显示屏后边加一套使光线均匀分布的装置,这套装置就是背光模组(backlight unit),背光模组就是指能够提供背面光源的装置。

在背光模组中,将光源放在模组侧面的为侧光式结构,主要用于手机、掌上电脑;将光源放在模组下侧的为直下式结构,主要用在液晶电视、液晶显示器中。

如图 2-35 所示,显示的是光线在液晶屏中的传递。从背光模组发出的光,会依序穿过水平偏振片、TFT 基板、液晶分子、彩色滤光片、垂直偏振片等。水平偏振片只允许偏振方向相同的光线通过,只有 39% 的光线通过水平偏振片送到 TFT 基板;TFT 基板中要有一小块放 TFT 的黑色矩阵,这部分不能透过光线,只有 20% ~24% 的光线通过 TFT 基板和液晶分子;彩色滤色片本身涂有色彩,只允许色彩相同的 7% ~9% 光线通过到达垂直偏振片,垂直偏振片自身的损耗使得真正到达屏幕只有 6% ~8% 的光线,所以屏幕表面的显示状况取决于背光模组。

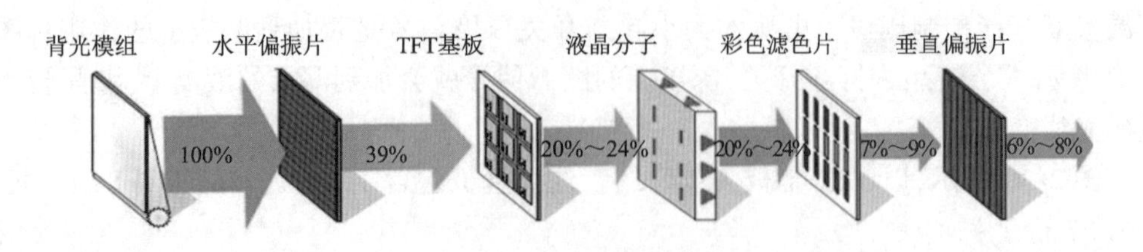

图 2-35　光线在液晶显示屏中的传递

2.4.1　背光模组的作用

图 2-36 所示为不同显示器发光的位置。投影机是在屏幕前边照射投出图像,属于前光照射;CRT 显示器因为电子束激发荧光粉发光,属于主动发光;等离子电视机是屏幕上小气室内的气体电离后发出紫外线,紫外线照射荧光粉发光,属于主动发光。液晶显示是被动发光元件,显示屏本身并不发光,而是由其背光系统照亮。背光源和液晶显示屏组合在一起构成了液晶显示模块。所谓背光源(backlight),是位于液晶显示屏背后的一种光源,它的发光效果将直接影响液晶显示的视觉效果。

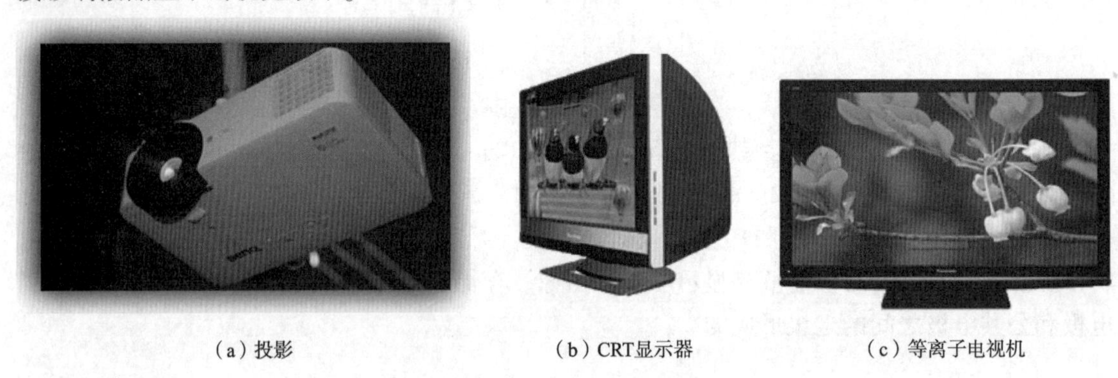

（a）投影　（b）CRT显示器　（c）等离子电视机

图 2-36　不同显示器发光的位置

图 2-37 所示为液晶电视机中的背光模组的外形,分别为未通电正面、背面、通电正面。

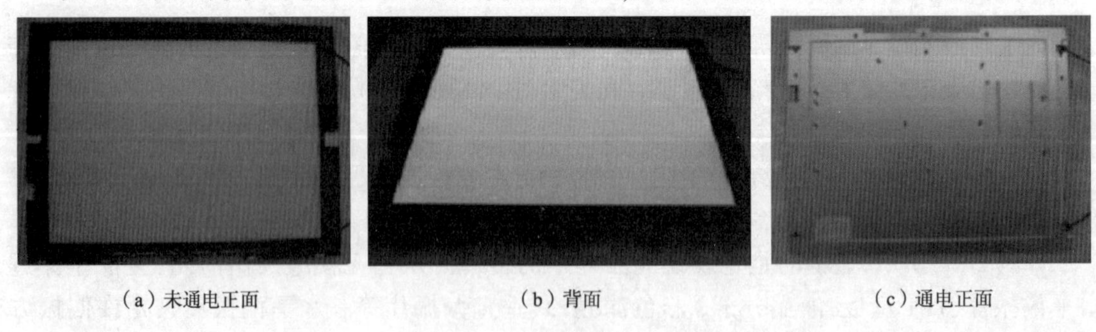

（a）未通电正面　（b）背面　（c）通电正面

图 2-37　背光模组的实物外形

图 2-38 所示为液晶显示屏的组成框图,点画线框内为背光模组部分,点画线框右侧为液晶面板部分。金属背板、反射片、背光源、导光板、下扩散片、棱镜片、上扩散片组成了背光模组;偏振片、TFT 基板、导电玻璃、液晶单元、滤色片、偏振片组成了液晶面板。

背光模组是液晶电视机/显示器的关键组成部件之一。功能在于供应充足的、亮度分布均匀的光源,使其能正常显示视频图像。

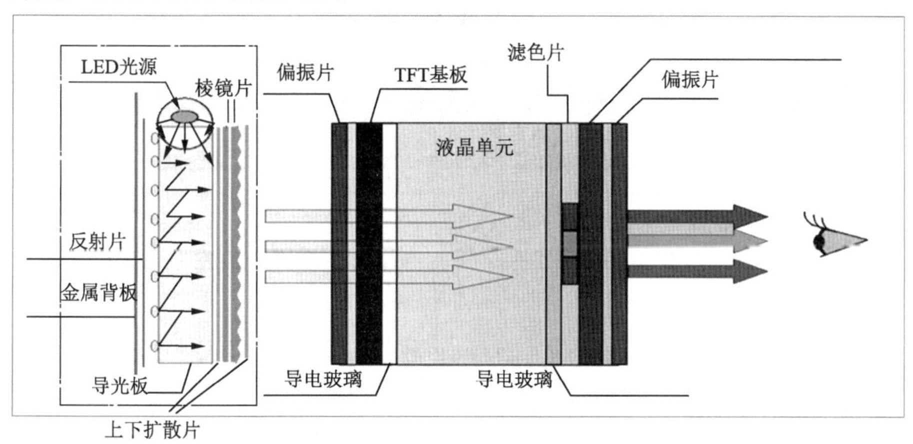

图2-38 液晶显示屏的组成框图

2.4.2 背光模组的分类

背光模组根据光源在系统中的摆放位置可分为直下式背光模组和侧入式背光模组。

直下式背光模组中,光源置于液晶面板下方,光线直接进入或间接反射到上方光学膜上,不需要导光板,可以获得均匀的亮度,优点是背光均匀性好、质量较小。缺点是因为灯管位于模块下方,造成整体厚度较厚、体积较大。它主要应用于大型面板,如LCD TV、LCD监视器等。

侧入式背光模组中,光源位于液晶屏的四周边缘,搭配导光板;使用光源较少,节省成本;光源在侧面,能够打造轻薄机身;整个屏幕亮度不均匀;四周的光线比中间亮。此系统适用于小型、轻薄的面板,如笔记本计算机、手机、数字照相机等。

2.4.3 背光模组的原理

图2-39所示为侧光式背光模组光路示意图,小箭头的长短代表光的强弱,箭头方向代表光的传播方向。侧面LED发出的光大部分通过导光板的引导向上射向反射片,小部分漏到下边的被反射板反射回导光板,扩散片将光线均匀传递到整个平面的上方,由上下棱镜片将光线增强后提供给液晶显示屏。

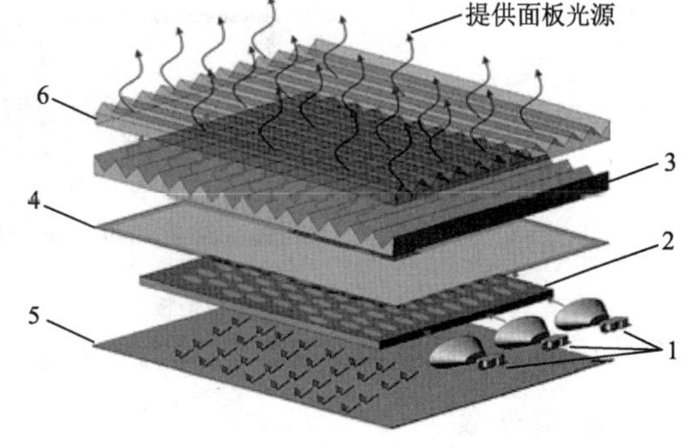

图2-39 侧光式背光模组光路示意图
1—LED;2—导光板;3—反射片;4—扩散片;
5—下棱镜片;6—上棱镜片

图2-40所示为背光模组的工作原理。灯管发光,光线由灯管罩反射,进入导光板改变光线方向和分布,射入下扩散片,将点光源扩散成面光源,再经由增光膜的增光聚光,然后由上扩散片,进一步将光线扩散。其最终结果是将光线在背光板的表面均匀化分布,以供给液晶显示屏使用。

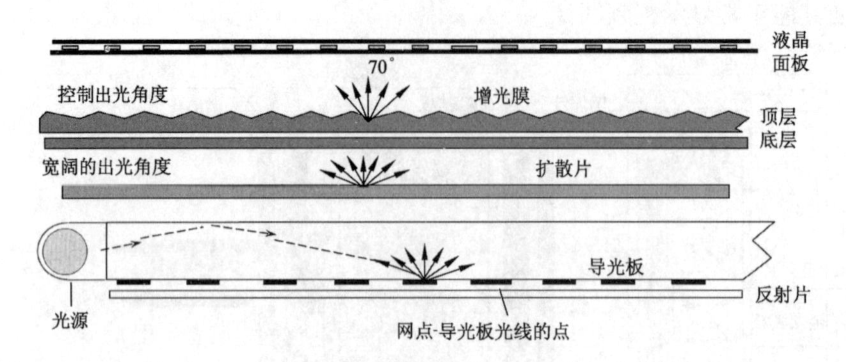

图 2-40　背光模组的工作原理

2.4.4　背光模组的组成

背光模组的组成如图 2-41 所示，包括灯管(lamp)、灯反射板(lamp reflector)、导光板(light guide pipe)、后金属盖(back cover)、反射板(reflector)、印刷点(dot pattern)、下扩散片(diffuser sheet)、下棱镜片(prism sheet)、上棱镜片(prism sheet)、上扩散片(diffuser sheet)及其他部件组成。

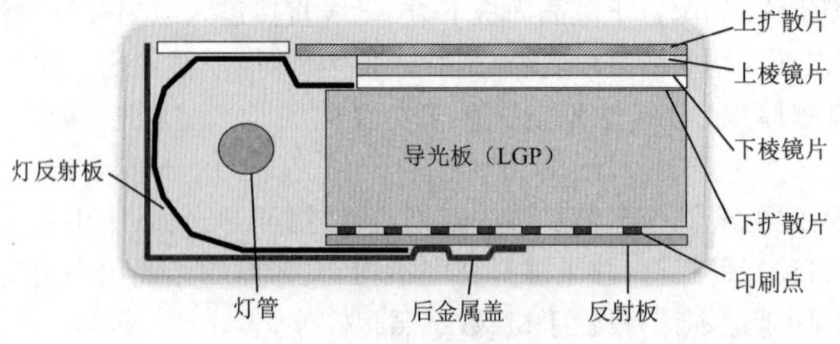

图 2-41　背光模组的组成

1. 灯反射板

灯反射板位于灯管的外侧，它的作用是将灯管发出的光线反射回导光板中，提高光线的使用率，如图 2-42 所示。灯反射板在使用安装过程中注意不要发生变形错位，否则容易引起漏光。

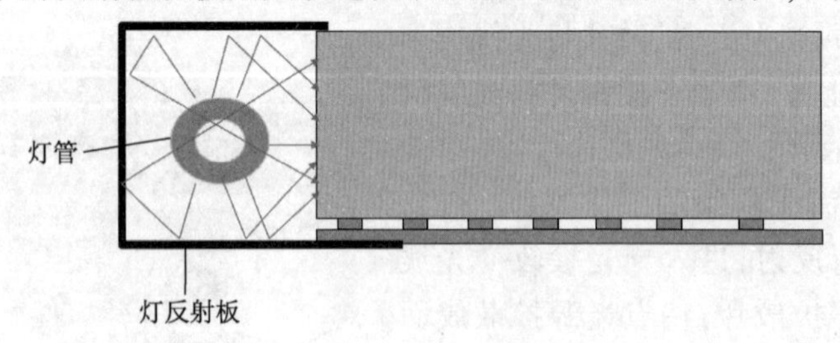

图 2-42　灯反射板

2. 导光板

导光板位于灯管旁边，它的作用是接收灯管发出的光，将线光源转化为面光源。

导光板的表面布满“调光网点”(pattern) 如图 2-43(a)所示，利用网点的形状、角度、分布对光路进行控制，便于光均匀照射。调光网点越密集，光线越强；越稀疏，光线越弱。将背光灯管位于导光板四周，如图 2-43(b)所示，灯管通电，发现灯管附近亮度大，板子中间亮度低，为了使光线均匀，印刷点的网格分布为中间密集，四周稀疏。

印刷点作用——导光，有印刷式和非印刷式两种，其上面的网点设计就是为了造成光的散射。光线被灯罩反射后，大部分直接进入导光板如图 2-43(c)标号为 1 的光线所示；一部分传导到印刷点经过反射再进入导光板，如图 2-43(c)标号为 2 的光线所示，另一部分的光线被反射出导光板表面如图 2-43(c)标号为 3 的光线所示，被反射板反射回导光板；从而形成一个个面光源，设计时是通过变更导光板网点大小、疏密和厚薄等方面来改变发光效果的。

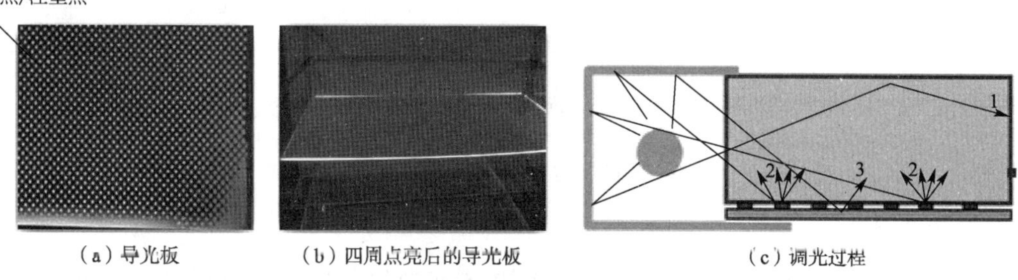

（a）导光板　（b）四周点亮后的导光板　（c）调光过程

图 2-43　导光板

导光板的工作原理是把点光源转换成面光源。图 2-44(a)所示单颗 LED 只能照射到附近形成点光源，将 LED 组成如图 2-44(b)所示的阵列，阵列区域都有光源形成面光源，导光板上的一个一个印刷点反射光线就相当于一个一个发光点，如图 2-44(c)所示，成功地将周围灯管发出的线光源转换成光线均匀的面光源。

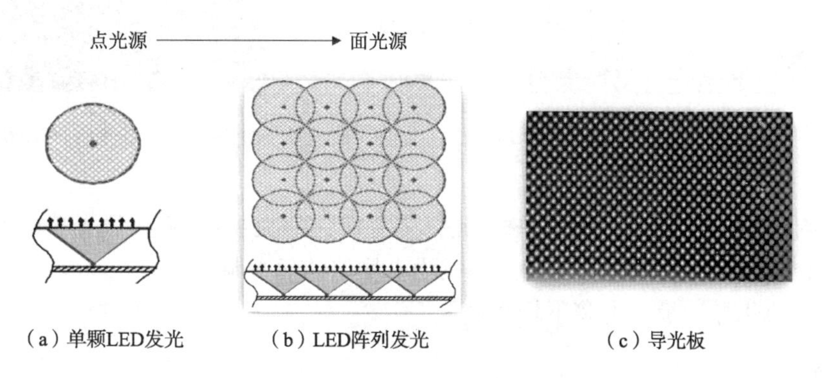

（a）单颗LED发光　（b）LED阵列发光　（c）导光板

图 2-44　导光板的工作原理

导光板按照形状分为平板状导光板和楔形导光板，如图 2-45 所示。

平板状导光板的厚度均匀，但是质量较大，常用于小尺寸的设计，工艺相对简单；楔形导光板的厚度成线性变化，因为质量较小，主要使用在笔记本计算机等较大尺寸 LCD 上，成本低、质量小，有光学调节性。

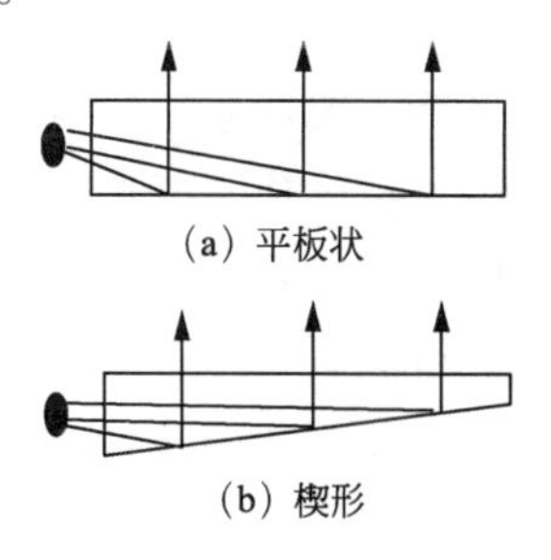

（a）平板状

（b）楔形

图 2-45　导光板的分类

3. 反射板

如图 2-46 所示，反射板位于导光板下侧，因为一部分光线穿透了导光板，照到了它的下侧，反射板的作用是将逃跑的穿透到导光板下面的光线，经过收集、折射回收回来，重新照到导光板上，提高光线的利用率。反射板收集光线过程如图 2-47 所示。当从导光板上逃跑的光线如直线箭头所示照到反射板上以后，被反射板折射或者反射回导光板如曲线箭头所示，完成光线的收集。

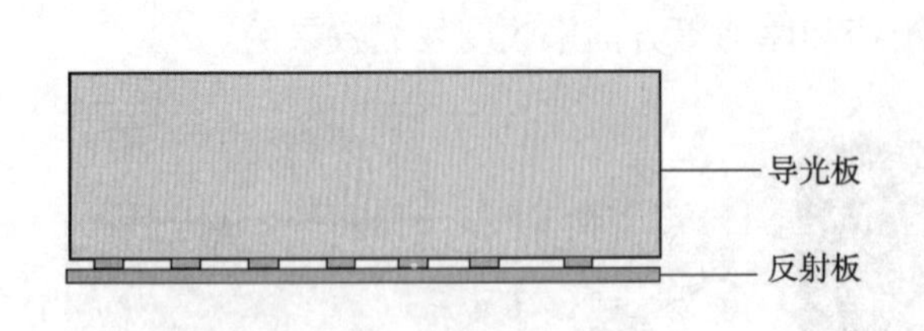

图 2-46 反射板在背光模组中的位置

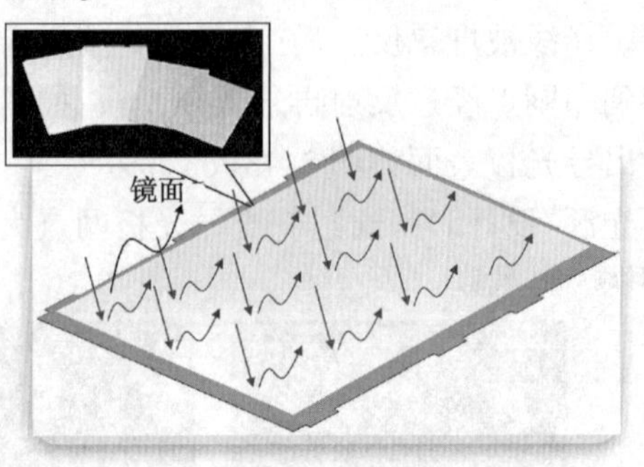

图 2-47 反射板收集光线过程

4. 扩散片

如图 2-48 所示，扩散片位于导光板的上侧，在扩散片内部有很多颗粒状的物体，如图 2-49 所示，可以将导光板收到的光进行扩散。从而使光向棱镜片及屏幕正面方向传播，以帮助面板加宽视角、平衡光源。

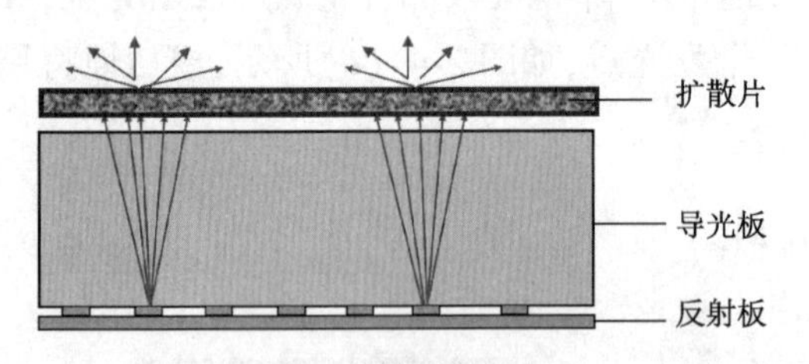

图 2-48 光线扩散的过程

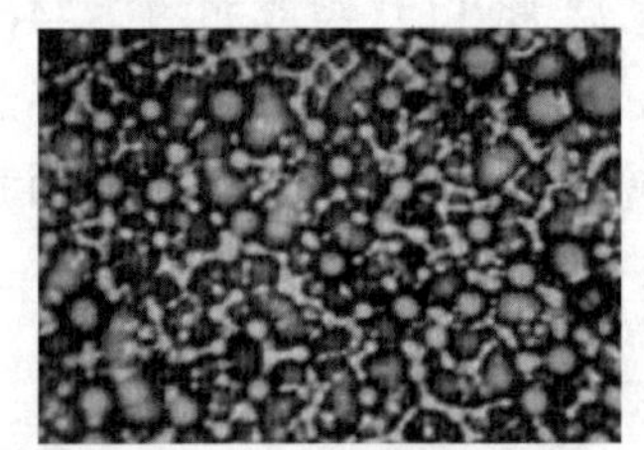

图 2-49 扩散片内部结构图

扩散的作用：

(1) 通过扩散物质的折射与反射修正光行进方向，将光线导向垂直导光板的方向，并将此光线加以打散，起到雾化的作用，使发光面成为一均匀的面光源。

(2) 覆盖、淡化导光板上亮暗不均现象。

5. 棱镜片

光线被扩散片扩散以后变得均匀，但是强度不够。如图 2-50 所示，在扩散片的上方加入棱镜片，它将扩散片射出的光源，利用不同的角度进行聚光，使光线集中，提高产品亮度，并尽可能达成理想化视角。搭配为上、下两片棱镜片。

棱镜片的调光过程如图 2-51 所示。从图中可以看到光在下棱镜的一侧反射后又经另一侧反射，然后折射进入上棱镜，进入上棱镜的光沿上棱镜的一侧反射后再经过另一侧的反射，经过表面纹路对光的反复折射和反射，棱镜片将光线变得垂直于面板，起到了增光效果，从而提升光的利用率，调整了光射出的角度。

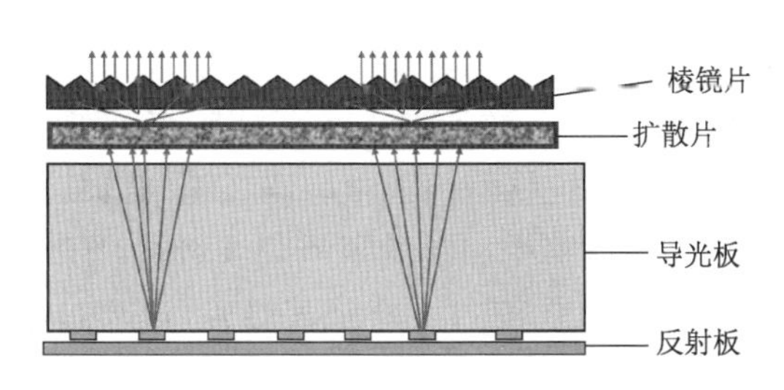

图 2-50　棱镜片对光线的聚焦过程

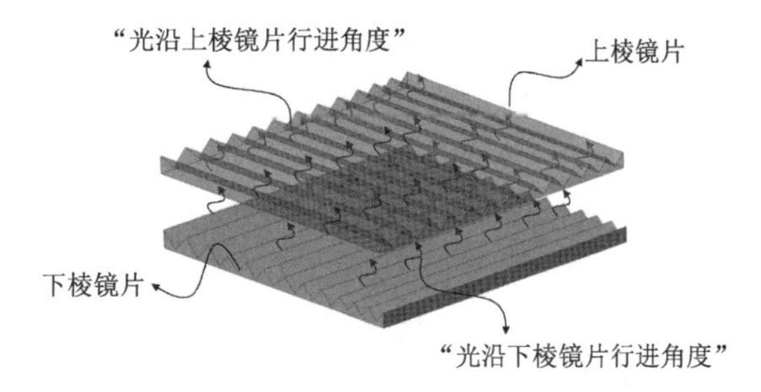

图 2-51　棱镜片的调光过程

2.4.5　背光源基础知识

1. 背光源的分类

按照背光源发光机理的不同,可分为 CCFL 背光、EEFL 背光以及 LED 背光三种类型。

1)CCFL 背光

CCFL(cold cathode fluorescent lamp,冷阴极荧光灯)是一种气体放电发光器件,其外形及内部构造与传统的荧光灯管相似,通过背光连接插头与高压板接口相连。

2)EEFL 背光

EEFL(external electrode fluorescent lamp,外置电极荧光灯)结构特点是灯管内部没有安放电极,由密封的玻璃管和玻璃管两端外部附着的金属电极组成,玻璃管内充有惰性气体及内表面涂有荧光粉层,这与一般的荧光灯是大不相同的,其外置电极间产生的电场形成灯管的发光体——等离子体。

3)LED 背光

LED(light emitting diode,发光二极管)背光是指用 LED 作为液晶显示屏的背光源。LED 与普通二极管具有相似的伏安特性,只是死区电压比普通二极管要高,约为 2 V。当给 LED 加上一定的电压后,就会有电流流过二极管,同时向外释放光子。

2. 背光源的发光原理

CCFL 不需加热就可发射电子。如图 2-52 所示,CCFL 玻璃管内部涂有荧光体,充有惰性气体(Ne-Ar 混合气)与微量的汞金属气体,两端是冷阴极,采用镍、钽和锆等金属制成,无须加热即可发射电子。

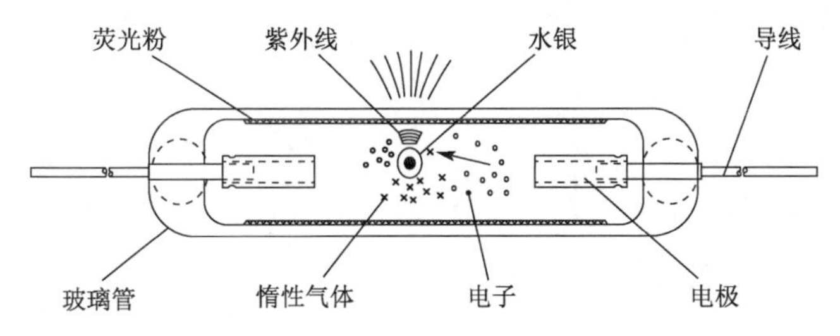

图 2-52　CCFL 内部结构图

当在灯管的两端加上频率为 40 ~ 80 kHz,幅度为 1 500 V 以上的高压电时,电极即可发射电子,电子在运动过程中和氩原子碰撞获得动能,汞原子受运动的电子碰撞激发出紫外光,灯管内侧的荧光粉吸收紫外光发出可见光，灯管点亮。

1）高压板输出电压的变化曲线

CCFL在开始启动时，当电压还没有达到启动电压1 500 V（有效值）以上时，灯管呈现很高的电阻（几兆欧），一旦达到触发值，灯管内部产生电离放电，灯管内的电阻降低至80 kΩ左右。为了保证工作电流的稳定，在灯管CCFL触发点亮后，电路中加装的限流装置将灯管工作电流限制在一个额定值上，并维持电压在600～800 V；否则，电流过大会烧坏灯管，电流过小又难以维持点亮。

点亮灯管的高压是由高压板来提供的，如图2-53所示。

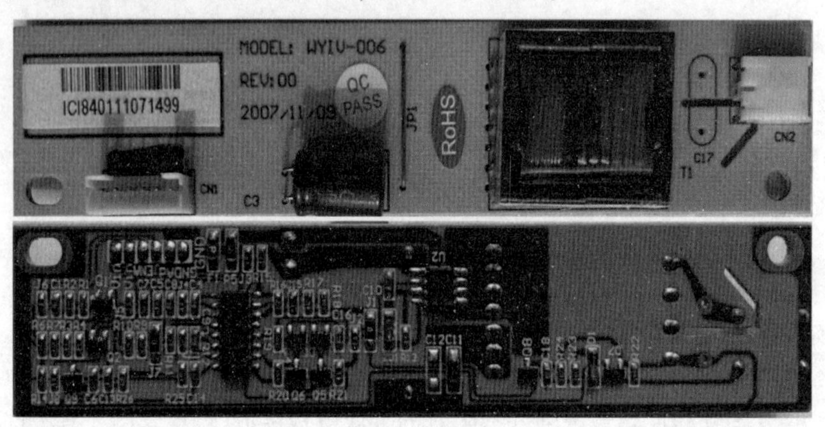

图2-53　高压板

图2-54所示为高压板输出电压的变化曲线。从图中可以看出：高压板电路在刚开始工作时，通过逆变电路将低压直流电+24 V转换为1 500 V以上高压交流电，并在1～2 s内迅速降至600～800 V。图2-55所示为CCFL伏安特性曲线，从图中可以看出：垂直虚线左边为启动阶段，灯管启动初期，电流极其微弱，随着灯管两端电极之间电压的增大，灯管内的汞离子加速并定向运动，灯管的电流逐步增大，当电压升至一定值时，灯管启动。启动阶段，灯管的电流受电压制约，电压越大，电流越大。灯管启动之后，呈现电阻特性，并且具有负的稳压特性，即电流越大，灯管两端的电压越小。灯管两端的电流越大，亮度越高，电压受制于电流值。在此阶段，灯管的电流值实际上决定了灯管的发光亮度，但是增大电流的作用是有限的，并且过大的电流会使灯管的电极受到损害，进而导致使用寿命缩短。正常工作以后，工作电压为600～800 V，工作电流为5～9 mA。

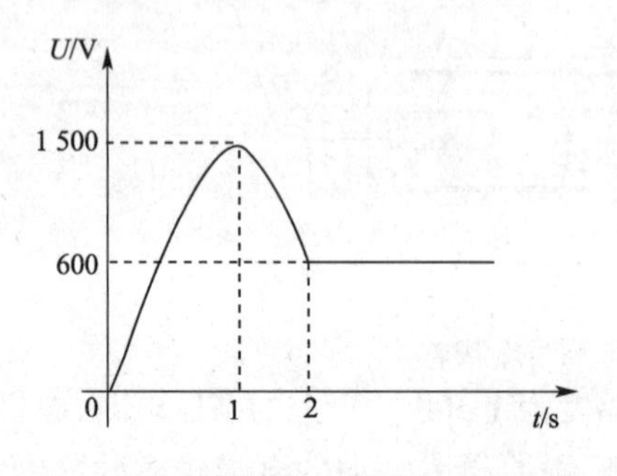

2-54　高压板输出电压的变化曲线

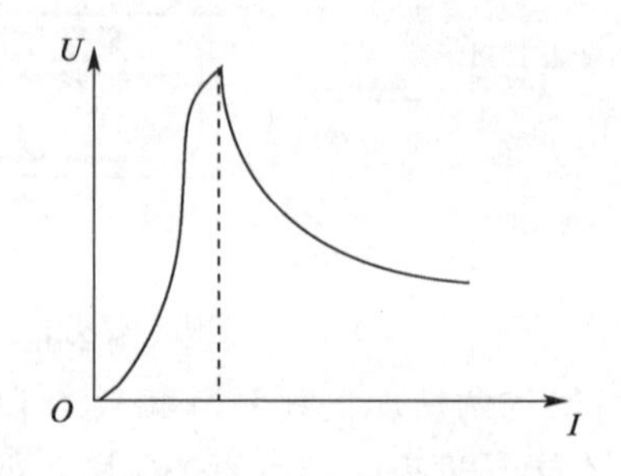

图2-55　CCFL伏安特性曲线

2) CCFL 背光板的工作过程

CCFL 工作时需要的 1 500 ~ 1 800 V 交流启动电压、600 ~ 800 V 的工作电压是由背光板提供的,背光板又称逆变器、高压板,可以将 +24 V 直流电压升压到交流 1 500 V 以上,并在正常工作时提供 600 ~ 800 V 工作电压和 5 ~ 9 mA 工作电流。

如图 2-56 所示,当液晶显示器由待机状态转为正常工作状态后,主板向振荡器送出启动工作信号(高/低电平变化信号)BL-ON;振荡器接收到该信号后开始工作,产生频率 40 ~ 80 kHz 的振荡信号送入调制器;在调制器内部与主板送来的 PWM 亮度调整信号进行调制后,输出 PWM(脉冲宽度调制)激励脉冲信号,送往功率放大器,经功率放大和升压变压器升压耦合,输出高频交流高压,点亮背光灯管。

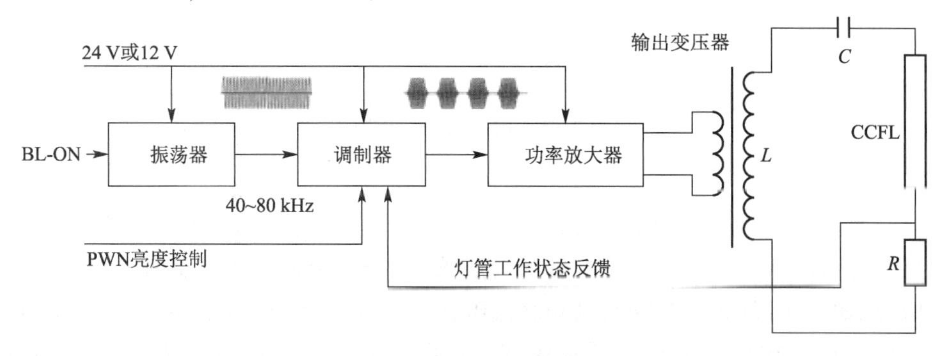

图 2-56　高压板原理框图

CCFL 和高压板并联连接、两端都接在高压板的输出端,如图 2-57 所示,图中 HV 表示高压。因为高压板输出的是交流高频信号,所以输出端没有正负极。

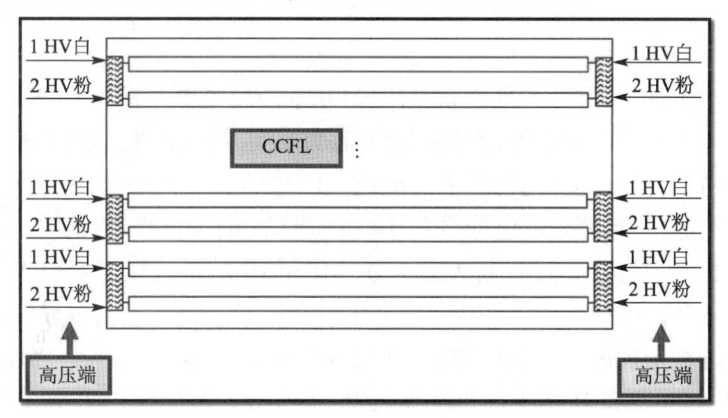

图 2-57　CCFL 连接图

CCFL 背光源的峰值光谱中存在着许多不需要的光谱,它会引起亮度恶化,影响 LCD 的颜色再现。CCFL 的白光属于冷色,照射在物体上产生的色彩不如太阳光照射的鲜艳,显色性比较差。CCFL 属于管状光源,要将所发出的光均匀散布到面板的每一个区域就需要相当复杂的辅助组件。CCFL 还有发光效率低、放电电压高、低温下放电特性差、加热达到稳定灰度时间长等缺点,并且 CCFL 中含有有害金属,不符合环保要求。随着技术的发展,现在大多 CCFL 背光源已被 LED 背光源取代。

2.4.6 EEFL 背光源

1. EEFL 的基本结构

EEFL 内部结构图如图 2-58 所示，其内部没有安放电极，玻璃管内装有惰性气体（Ne-Ar 混合气）与微量的汞金属气体，玻璃管的内表面涂有荧光粉。在玻璃管的外表面的两端包有一层导电层，形成外置电极。

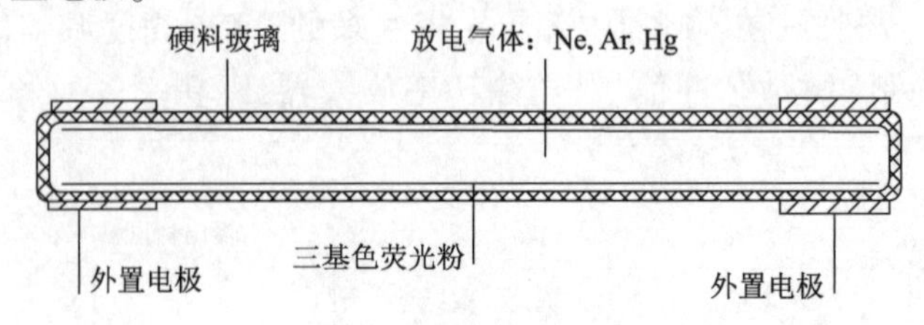

图 2-58 EEFL 内部结构图

2. EEFL 的发光原理

EEFL 是利用电极将外部的电能转化为灯内气体放电所需要的能量。基于电磁感应的原理，利用灯管外面的一对金属电极在灯管内形成感应电流，金属电极犹如变压器的一次线圈，闭合的灯管犹如变压器的二次线圈，高频交流电在放电区产生变化的磁场，根据法拉第电磁感应定律，变化的磁场在灯管内产生感应电流，使汞蒸汽产生放电，辐射出紫外线，使荧光粉发光。

EEFL 背光灯管结构简单、容易点亮、方便直接并联使用。

2.4.7 LED 背光源

LED 的亮度均匀性好，是一种平面状光源，最基本的发光单元是 3 ~ 5 mm 边长的正方形，极容易组合在一起成为既定面积的面光源，具有很好的亮度均匀性。LED 所需的辅助光学组件可以做得非常简单，屏幕亮度均匀性更为出色。LED 的显色性好，具有更好的色域，色彩表现力强于 CCFL 背光源，可对显示色彩数量不足的液晶技术起到很好的弥补作用，色彩还原好。LED 的寿命长，可长达 10 万 h，即便每天连续使用 10 h，也可以连续用 27 年，大大延长了液晶电视的使用寿命。LED 可以使用 5 ~ 24 V 的低压驱动，十分安全，驱动电路模块的设计也较为简单。LED 的稳定性好，平面状结构让其拥有稳固的内部结构，抗震性能很出色。LED 属于绿色环保光源，不存在对环境有害的金属汞，更加安全环保。

1. 伏安特性曲线

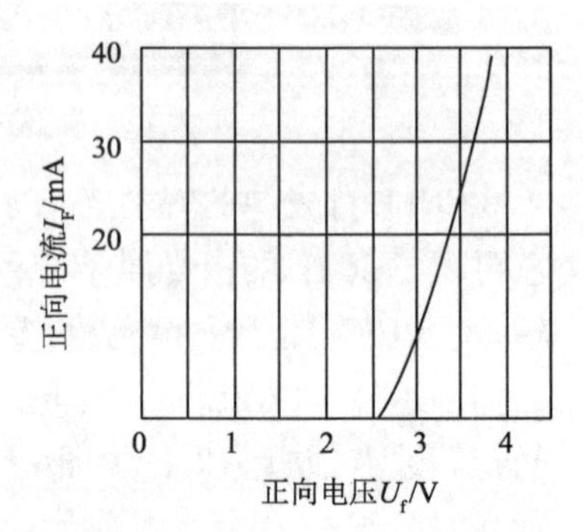

图 2-59 LED 的伏安特性曲线

图 2-59 所示为 LED 的伏安特性曲线，横坐标代表 LED 上的正向电压，纵坐标代表流过 LED 中的正向电流，从图 2-59 中可以看到，它的截止电压为 2.5 V，正向电压在 2.6 V 到 3.7 V 之间时，电压和电流成线性关系。

LED 中流过的电流和亮度的关系：电流在 3 ~ 10 mA 时，其亮度与电流基本成正比；但当电流超过 25 mA 后，随电流的增加,亮度几乎不再加强;超过 30 mA 后,就有可能把 LED 烧坏。

2. LED 背光灯的驱动电路

恒流板是 LED 背光灯的驱动电路,如图 2-60 所示,它能够输出恒定的电流,以保证屏幕亮度稳定,不会有忽明忽暗的现象。调高亮度,其输出电流就大一些;调低亮度,其输出电流就小一些。

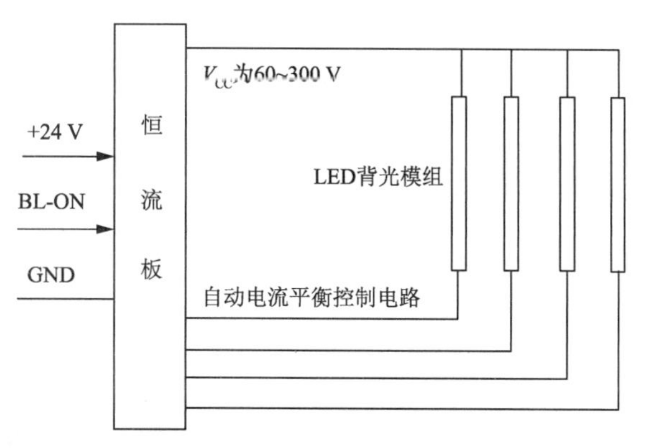

图 2-60　LED 驱动电路框图

图 2-61 所示为 LED 驱动板。图 2-62 为 LED 驱动电路原理图,它主要由 PT4115 和电感(L)、电流采样电阻(RS)形成一个自振荡的连续电感电流模式的降压恒流 LED 控制器。

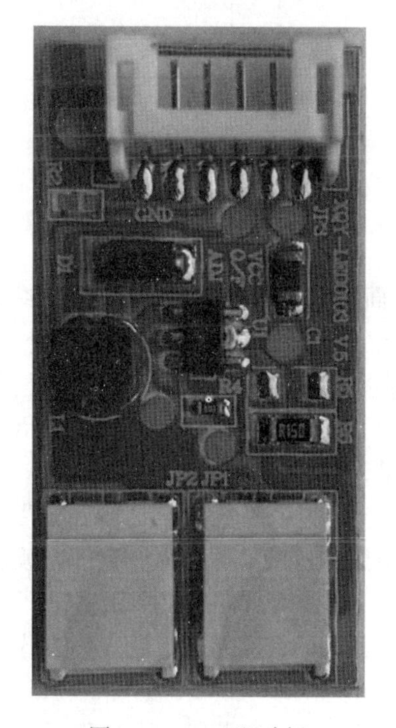

图 2-61　LED 驱动板

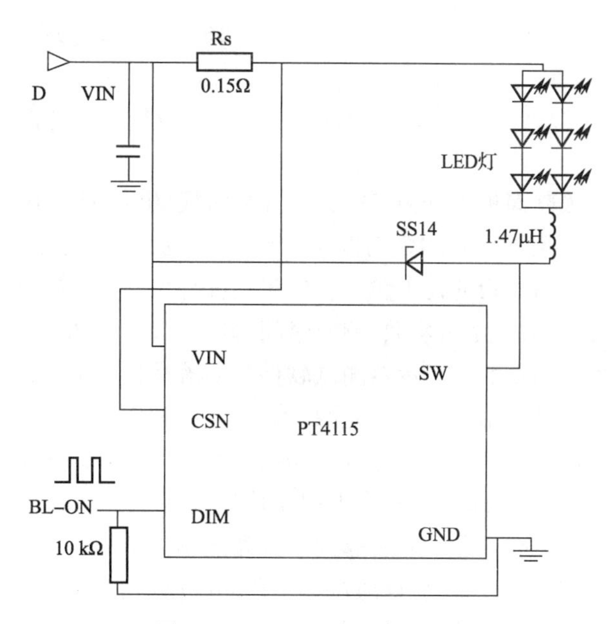

图 2-62　LED 驱动电路原理图

LED 驱动电路的调光过程:

交流调光:DIM 引脚加 PWM 信号进行调光,DIM 引脚电压低于 0.3 V 关断 LED 电流,高于2.5 V全部打开LED电流,PWM调光的频率范围从100 Hz到20 kHz以上。当高电平在0.5 V到2.5 V之间,可以调光。

当加在DIM上的电压低于0.3 V时,PT4115内部门驱动器关断,LED电流降为零;当加在DIM上的电压在0.5 ~2.5 V之间变化时,LED中流过的电流随之变化,实现光线调节;当加在DIM上的电压高于2.5 V时,可以在DIM和地之间接一个电阻,与PT4115内部的上拉电阻构成分压电路,从而实现DIM上的电压的变化,引起LED中电流的变化,最终实现光线调节。

3. LED的连接方式

LED的连接方式有串联、并联、混联。混联是指先串后并、先并后串或者串并交错连接,如图2-63所示。

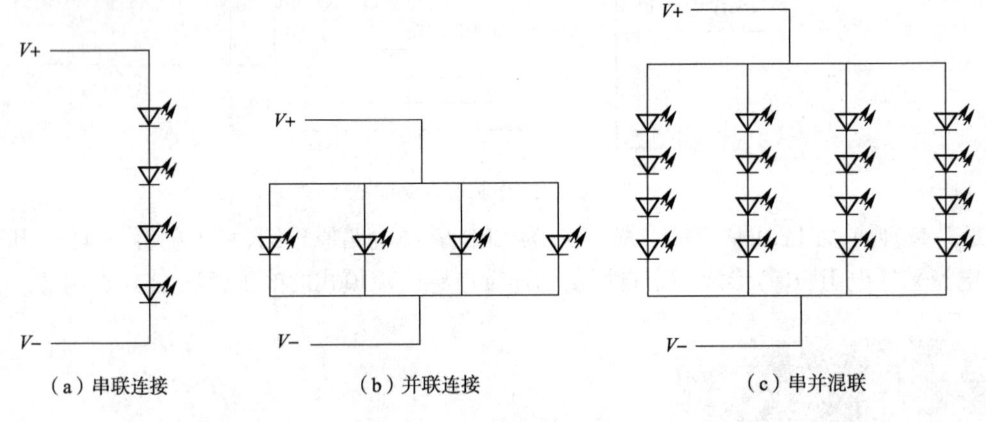

(a)串联连接　(b)并联连接　(c)串并混联

图2-63　LED的连接方式

小　结

液晶面板可分为TN面板、VA面板、IPS面板,其中TN面板和VA面板都属于软屏,容易出现水纹类变形;IPS面板属于硬屏,不易出现水纹样变形。

液晶面板的技术参数主要包括屏幕尺寸、屏幕比例、分辨率、像素数目、像素点距、亮度、对比度、最大显示色彩数、响应时间、刷新率、可视角度等。本章以DisplayX中文版为例,介绍了如何使用专业的显示器测试软件判断液晶显示屏面板的质量。

液晶显示屏包括背光源、偏振片、后玻璃、液晶分子、前玻璃、彩色滤色片等几部分。背光源给液晶显示屏提供光线。偏振片的作用是允许振动方向跟偏振片的透振方向一致的光波通过,分为垂直偏振片和水平偏振片。液晶分子负责改变偏振光的传播方向。夹着液晶分子的上下两层玻璃和配向膜起到了排列液晶分子的作用。彩色滤色片的作用是通过滤光的方式产生红、绿、蓝三基色,再通过三基色不同比例混合而产生各种色彩。

背光光源的发光机理不同,可分为CCFL背光、EEFL背光以及LED背光三种类型。

习　　题

2-1　简述液晶面板的分类。

2-2　简述 TN 面板的优缺点。

2-3　简述 VA 面板的优缺点。

2-4　简述 IPS 面板的优缺点。

2-5　液晶面板的技术参数都有哪些?

2-6　绘制液晶显示屏的组成结构图。

2-7　简述液晶显示屏各组成部件的作用。

2-8　绘制背光模组的组成示意图。

2-9　简述背光模组的工作原理。

2-10　试简要分析 CCFL 背光、EEFL 背光以及 LED 背光的区别。

第3章　液晶显示屏的点屏配板技术

点屏配板技术是液晶电视机和显示器维修中的重要环节，实际就是采取“代换法”利用性能参数相同的部件来替换出现故障的液晶显示屏、驱动板、逻辑板、背光灯管等。本章以液晶显示屏破损为例讲解如何代换。要正确完成代换就需要知道原液晶显示屏的型号、生产厂家、分辨率、接口类型等信息。

学习目标

(1)了解液晶显示屏主要品牌和厂家。

(2)掌握液晶显示屏型号命名规则。

(3)能够通过“屏库”网站查阅液晶显示屏参数。

(4)能够进行液晶显示屏面板的代换。

(5)能够进行液晶显示屏屏线的代换。

(6)掌握驱动升级工具的硬件连接方法。

(7)能够进行液晶显示屏驱动程序的烧写。

3.1　液晶显示屏型号的识别及含义

在液晶电视机或者计算机的显示器出现屏幕破损时，如图3-1、图3-2所示，由于大部分液晶显示屏的故障无法维修，必须更换。原厂或者同型号的显示配件无法获得，因此就要考虑用其他型号的液晶显示屏来代替。

图3-1　液晶电视机的显示器屏幕破损

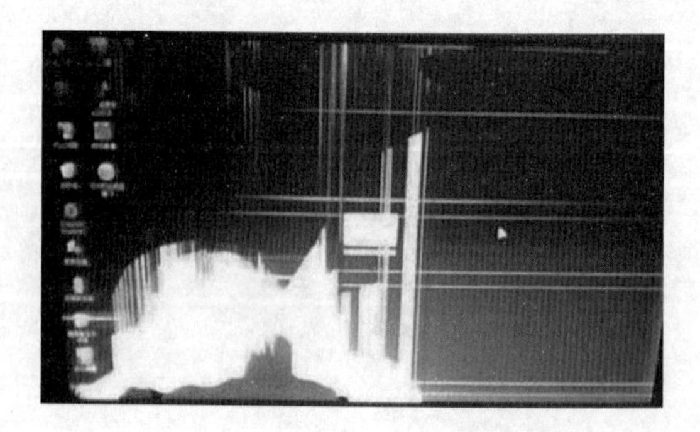

图3-2　计算机的显示器屏幕破损

正确地选取替代的液晶显示屏，一定先找到原液晶显示屏的型号，根据原型号中包含的信号类型、屏幕尺寸、分辨率等信息选择代替的品牌。

3.1.1　液晶显示屏型号的识别

1. 液晶显示屏型号的位置

想知道液晶显示屏型号代表的含义，首先得知道型号标在什么位置。图 3-3、图 3-4 所示分别为在 TCL 电视机显示器、三星液晶显示器外壳后侧贴的标签，因为显示器内部使用的液晶显示屏和驱动板的型号可能不一样，所以外壳上的型号不能代表整机内部的部件。图 3-3 方框内 L52X9FRC 代表 TCL 电视机的整机型号。图 3-4 方框内 152X CM 代表三星液晶显示器的型号。所以电视机、液晶显示器外壳上标的是整机型号，不是液晶显示屏的型号。

图 3-3　TCL 电视机的整机型号

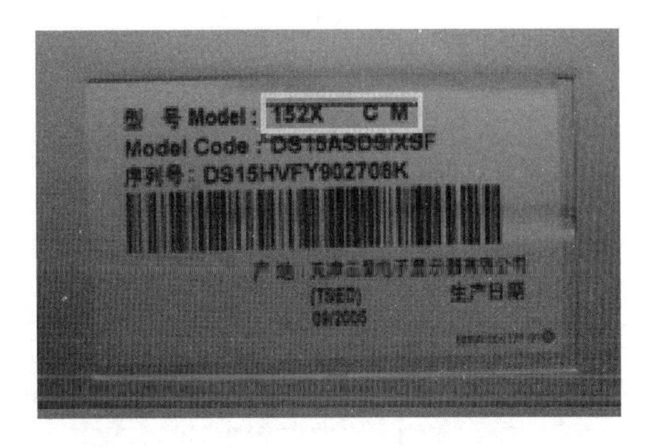

图 3-4　三星液晶显示器的型号

2. 如何找到液晶显示屏型号

液晶显示屏的型号必须拆开液晶电视机或者显示器以后，在液晶显示屏背面标签上的条形码旁边才能看到。图 3-5 方框内 LC370WX1 为液晶显示屏的型号。

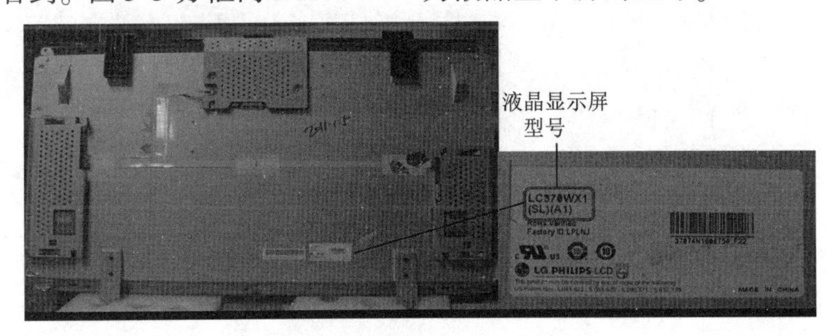

图 3-5　液晶显示屏的型号 1

有时候打开液晶电视器或者显示器不一定可以看到液晶显示屏的型号，还要打开锁住液晶显示屏背面的铁壳。图 3-6 所示为打开铁壳后看到的液晶显示屏型号为 V270W1-L04。一般型号以 “V”开头的是 CMO 奇美屏，“270”表示 27 英寸。

3. 如何登记液晶显示屏型号

在向销售商购买液晶显示屏时，报型号必须是完整的，如果不完整就会出现误差。如图 3-7 所示。型号应该为 LTM150XH-L01。如报：LTM150XH 是错误的，因为“-”后边的数字是用来区分该液晶显示屏接口的。LTM150XH-L01 是 20 针 LVDS 单 8 位接口，而 LTM150XH-T01 是 30 针的 TTL 接口。

图 3-6 液晶显示屏的型号 2

图 3-7 液晶显示屏的型号 3

3.1.2 液晶显示屏型号的含义

通过液晶显示屏的型号,可以读出很多信息。通常液晶显示屏型号组成中包含品牌或生产厂家、屏幕尺寸、物理分辨率、编号以及接口类型等。图 3-8 所示型号为 LC370WX1(SL)(A1)。

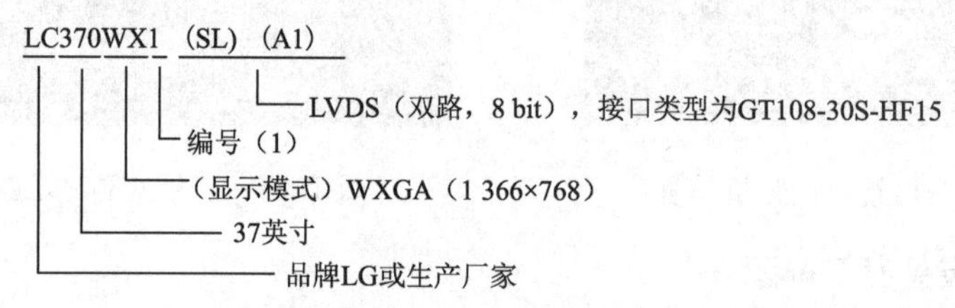

图 3-8 液晶显示屏型号的含义

LC370WX1 指出了液晶显示屏的物理特性,(SL)(A1)代表了接口的信号类型、接口类型等电气特性,是驱动板和显示屏匹配的关键技术指标。所以,报型号要完整,不要忽略后边的(SL)(A1)。

图 3-9 所示型号为 LTM150XH-L01。

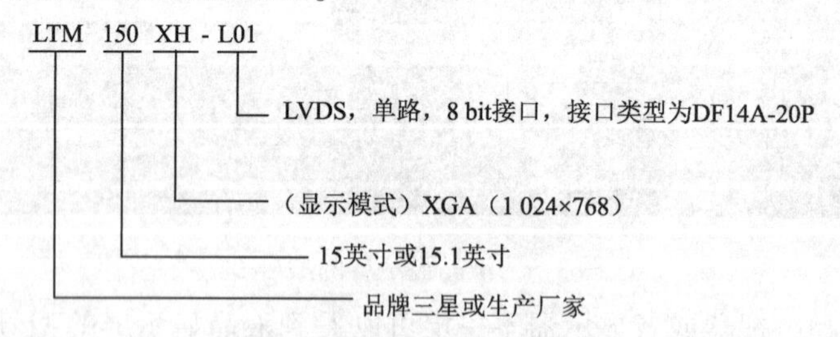

图 3-9 液晶显示屏型号的含义

首字母、分辨率的字母、接口类型的字母具体代表的含义可以通过查表 3-1 得到。

大部分液晶显示屏的命名都满足上边的规律,但也有一些特殊的方式。

在 NL10276BC03 中,用第二部分 10276 表示分辨率为 1 024 ×768。

在 ITXG77 中,第二部分不是数字,而是“XG”,为 XGA 的简写,代表分辨率为 1 024 ×768。

在 TX38D14VC0CAB 中,第二部分的数字代表了公制尺寸 38 cm 对角线长度,无法识别分辨率。

在 FLC38XGC6V-06 中,第二部分的数字代表了公制尺寸 38 cm 对角线长度,XG 为 XGA

的简写,代表分辨率为 1 024×768,38 代表公制对角线的长度 38 cm,换算成英制为 15 英寸。

对于这些特殊的型号,不符合型号的命名规则,可以通过登录全球液晶屏交易中心网站获得它的含义。

3.2　液晶显示屏主要品牌和生产厂家

通过学习型号的命名结构,知道了型号中的第一部分字母代表生产厂家或品牌,接下来介绍液晶显示屏的主要品牌和生产厂家。

打开一个购物网站,看看液晶显示屏包含哪些品牌。从这个购物网站中可以知道:生产液晶显示屏的厂家主要有韩国的三星、LG;日本的夏普、日立、NEC、东芝;以及我国的友达光电、奇美电子、上广电和京东方等。

表 3-1 列出了主要的液晶显示屏品牌和生产厂家。

同样的品牌用在笔记本计算机的显示屏、液晶显示器的显示屏、液晶电视机的显示屏中使用不同的英文标识,见表 3-1。

表 3-1　液晶显示屏的主要品牌和生产厂家

品牌(生产厂家)	笔记本计算机显示屏英文标识	液晶显示器显示屏英文标识	液晶电视机显示屏英文标识
SAMSUNG(三星)	LT、LTN	LTM	LTA、LTF、LTY、LTI、LTZ、LSJ、LSC
LG Display(乐金显示)	LP	LC、LM	LC、LD
AUO(友达光电)	B、UB	M、L、G	T、A、P
INNOLUX(群创光电)	AT、N	M、T、L	V
CPT(中华映管)	CLAA	CLAA	CLAA
SHARP(夏普)	LQ、QD	QD	LK
BOE(京东方)	HT、HB、HW	HT	HV、HM
IVO(龙腾)	M	M、P	M、P
Quanta Display Inc(广辉电子)	LTD、QD	QD	QD
NEC(日电)	NL	NL	—
SVA(上广电)	SVA	SVA	SVA
Fujitsu(富士通)	—	FLC、NA	—
HANNSTAR(瀚宇彩晶)	HSD	HSD	HSD
Panasonic(松下)	ED	VVF、VVX	VVF
HITACHI(日立)	TX	TX	TX、AX、TFTMD
TOPPOY(统宝)	TM、TD	TM	—
IBM(国际商业机器公司)	IT	—	—
TOSHIBA(东芝)	LTA、LTM	LTA、LTM	—
Modern(现代)	HT	HT	—
Mitsubishi(三菱)	AA	AA、MAA、D	—
Sanyo(三洋)	TM	TM	TM

3.3 液晶显示屏分辨率的概念与识别

液晶显示屏的物理分辨率是液晶显示屏固有的参数,是不能调节的,是液晶显示屏最高可显示的像素数。在图3-10中左侧屏幕的物理分辨率为1 920 ×1 080,是指水平方向1 920个像素点乘以垂直方向1 080个像素点,物理分辨率为1 920 ×1 080 =207.36万像素。在图3-10中右侧屏幕的物理分辨率为水平方向3 840个像素点乘以垂直方向2 160个像素点,物理分辨率为3 840 ×2 160 =829.44万像素。从两幅图中可以看出,相同尺寸的图像,分辨率越高,图像越清晰。

图3-10 不同分辨率的屏幕对比

3.3.1 液晶显示屏分辨率的概念

为了进行液晶显示屏的选取,已经学习了型号的命名结构、主要的品牌和生产厂家,下面来介绍如何通过型号知道它的分辨率。

当放大一幅图像时,会出现如图3-11所示的一些密集的彩色方块,这些方块就称为像素。每一个像素代表一种颜色,大量的像素组合在一起就变成了一张完整的图像。像素是组成图像的最小单元。

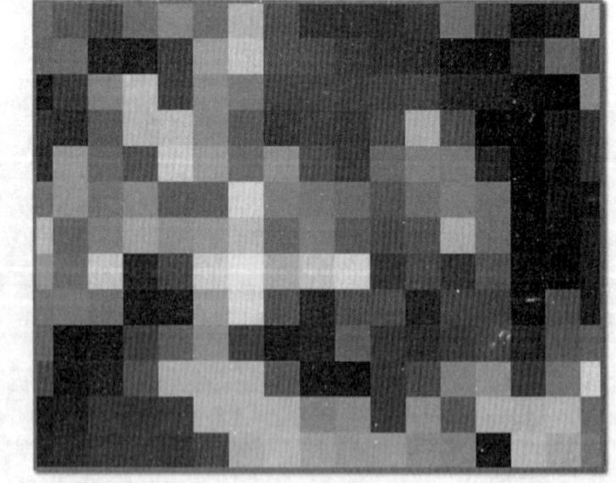

图3-11 像素

分辨率就是屏幕显示像素的个数,通常用每行像素数乘以每列像素数表示。在对比图像的清晰度时,要注意屏幕尺寸是否一致,如1 920 ×1 200的分辨率就是每行有1 920个像素,每列有1 200个像素,共200万像素,对于21英寸的显示器来说分辨率很高,对于64英寸的显示器来说就不能称为高清了。在相同的尺寸下,分辨率越高,屏幕显示的像素就越多,图像就会越清晰。

3.3.2 液晶显示屏分辨率的识别

液晶显示屏的物理分辨率是选择液晶显示屏软件驱动程序的重要依据。只有选择与物理分辨率相匹配的软件驱动程序,液晶显示屏才能获得最佳显示效果。

笔记本计算机显示屏和液晶显示器显示屏的分辨率种类繁多,需要根据常见显示屏分辨率来对应尺寸和简写字符之间的关系见表 3-2。以 1 024 ×768 的分辨率举例,显示模式为 XGA,一般用在 12 英寸到 15 英寸的显示屏中,宽高比为 4:3,型号简写为 X 或 10276。

由于液晶显示器显示屏中的型号无法完整写出分辨率的模式名称,一般是用典型字母或者数字代替。如表 3-2 中 1 920 ×1 080 可以用 H、F、U、WF 或数字 192108 表示,1 920 ×1 200 可以用 UW、J、WU、C 或数字 192120 表示。当在识别型号对其中的分辨率产生疑问时,可以查阅表 3-2 中的型号简写得到答案。

表 3-2　笔记本计算机显示屏、液晶显示器显示屏分辨率模式

显示模式	分辨率	对应尺寸	宽高比	型号简写
VGA	640 ×480	9 英寸以下屏幕及 20 英寸液晶电视低分辨率屏	4:3	V、6448
SVGA	800 ×600	9 ~12 英寸标准分辨率屏,20 英寸液晶电视低分辨率屏	4:3	S、C、8060
XGA	1 024 ×768	12 ~15 英寸标准分辨率屏,20 英寸液晶电视普通分辨率屏	4:3	X、10276
WXGA	1 280 ×768	10 ~17 英寸笔记本宽屏分辨率	15:9	WX、W、12876
WXGA +	1 366 ×768	10 ~17 英寸笔记本宽屏分辨率	16:10	WX、AL、12880
SXGA	1 280 ×1 024	17 英寸、19 英寸标准分辨率屏	5:4	E、128102
SXGA +	1 400 ×1 050	14 英寸、15 英寸高分辨率屏	4:3	P、E
WSXGA +	1 680 ×1 050	20 英寸、22 英寸宽屏标准分辨率(15 ~19 英寸高分辨率屏)	16:10	Z、WE、SW、M、P、EW
UXGA	1 600 ×1 200	20 英寸标准分辨率屏	4:3	UFE、U、C、160120
WUXGA	1 920 ×1 080	15 英寸、17 英寸高分辨率屏	16:9	H、F、U、WF、192108
	1 920 ×1 200	15 英寸、17 英寸高分辨率屏	16:10	UW、J、WU、C、192120

液晶电视机显示屏分辨率模式相对简单容易辨认见表 3-3。目前市场上液晶电视机显示屏既有物理分辨率为 1 366 ×768 的标清屏和 1 920 ×1 080 高清屏,还有超高清屏 4K 电视机,它的分辨率为 3 840 ×2 160,已经逐渐成为主流电视。8K 电视机具备 8K 分辨率,其包含的像素点为 7 680 ×4 320,等于 3 317.76 万像素点,足足是 4K 分辨率的 4 倍,清晰度是高清电视的 16 倍。

表 3-3　液晶电视机显示屏分辨率模式

显示模式	分辨率	对应尺寸	宽高比	型号简写
标分(标清)(SD)	WXGA:1 366 ×768 HDTV:1 280 ×720	26 ~52 英寸标分屏分辨率(95%),27 英寸为 1 280 ×768。 32 英寸标分屏分辨率	16:9	XW、WX、WF、B、W、EX、DX、T
高分(高清)(HD)	WUXGA:920 ×1 080 FHD:1 920 ×1 080	26 ~65 英寸高分屏分辨率(95%)207.360 万像素	16:9	带有 U、H
超高分(超高清)(Ultra HD)	QUXGA:840 ×2 160 UHD:3 840 ×2 160	58 ~60 英寸 4K 超高分辨率,4K 液晶电视机包含 829.44 万像素	16:9	—
全超高清(FULL HD)	FHD:7 680 ×4 320	65 英寸以上,8K 分辨率,包含 3 317.76 万像素	16:9	—

在表 3-3 中,包含了从低到高的各种显示模式的分辨率,通常提到的标清、高清、超高清、4K、8K 代表哪些分辨率呢?

如图 3-12 所示,标清就是通常所说的 720p,指 1 366 ×768 和 1 280 ×720 两种分辨率,包含 92.16 万像素。

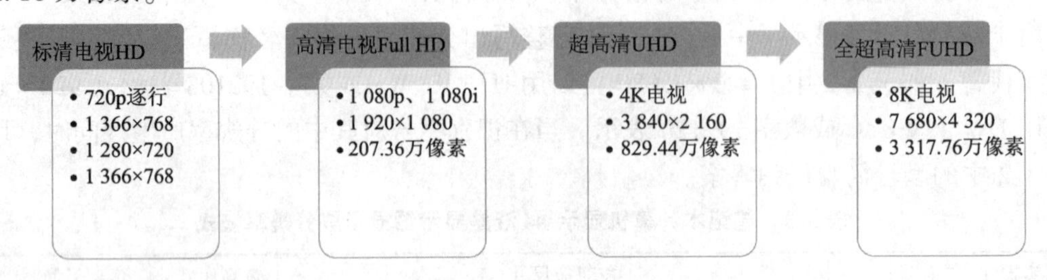

图 3-12　标清、高清、超高清、4K、8K 的区别

全超高清是指 1080p(progressive scanning,逐行扫描)、1080i(interlaced scanning,隔行扫描),分辨率为 1 920 ×1 080,包含 207.36 万像素。

3.4　查阅液晶显示屏参数的方法

通过前面的学习,我们知道液晶显示屏的型号如果符合正常的命名方式,可以通过查询厂商简写表格和分辨率模式表格获得。如果想得到更加详细的参数或者标出的型号不符合正常的命名方式,需要登录全球液晶屏交易中心网站获得。

第一步:找到液晶显示屏的型号。通过前面的学习,知道液晶显示屏的型号贴在液晶显示屏的背面条形码上边。

第二步:登录全球液晶显示屏交易中心网站。可以在浏览器搜索栏输入网址 http://www.panelook.cn,或者直接输入“屏库”,选择全球液晶显示屏交易中心网站,在搜索栏中输入要搜索的液晶显示屏型号,如输入 LTM150XH-L01。

第三步:打开对应型号的文档,即可得到图 3-13 所示的对应参数。

制造商	三星 (SAMSUNG)	型号	LTM150XH-L01
对角尺寸	15.0 inch	类型	a-Si TFT-LCD , 液晶模组
解析度	1024(RGB)×768 XGA 85PPI	像素排列	RGB垂直条状
显示区域	304.128(H)×228.096(V) mm	外观尺寸	331.6(H)×254.8(V) ×13(D) mm
可视尺寸	307.2(H)×231.1(V) mm	表面处理	雾面 (Haze 25%) , Hard coating (3H)
显示亮度	250 cd/m² (Typ.)	对比度	300:1 (Typ.) (透射)
最佳视角	6 o'clock	响应时间	5/20 (Typ.)(Tr/Td) ms
可视角度	70/70/55/65 (Typ.)(CR≥10)	操作模式	TN , 常白显示 , 透射式
支持颜色	16.2M , 65% NTSC	光源类型	CCFL [4 pcs] , 35K小时 , 无驱动
重量	1.35Kgs (Max.)	适用于	
帧频率	60Hz	触摸面板	无触摸
接口类型	20 pins LVDS (1 ch, 8-bit) , 端子		
电压供应	3.3V (Typ.)		
应用环境	工作温度: 0 ~ 50 °C ; 存储温度: -20 ~ 60 °C		

图 3-13　三星液晶模组 LTM150XH-L01 主要参数

3.5 液晶显示屏信号接口类型及认知

随着液晶显示器的分辨率越来越高,从显示器驱动板传递到液晶显示屏信号的形式也在不断变化,从最初的并行TTL信号到串行LVDS信号,再到现在4K电视机中使用的V-by-One信号,信号传输速度越来越高,单位时间传输的数据量越来越大,而使用的传输线路越来越少,解决了时滞问题,节省了线路板的空间。

连接器又称接口,用于从驱动板向逻辑板传递信号。如图3-14所示,按照接口中传递信号的类型可分为TTL、LVDS、RSDS、V-by-One等,不同的类型在传输速率、距离、适配性等方面不同。

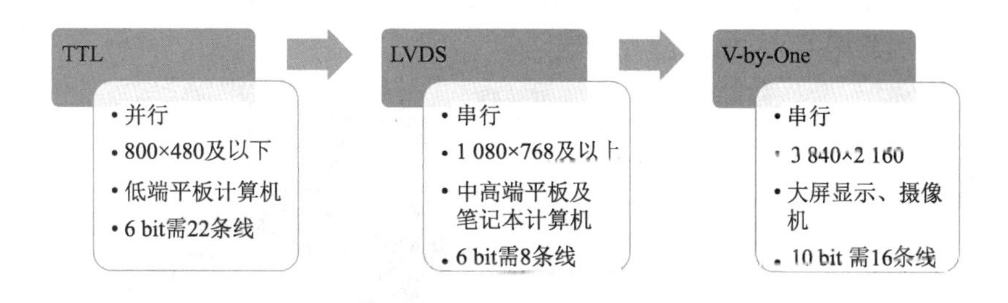

图3-14 接口发展过程

TTL接口为并行接口,用在800×480及以下,15英寸以下的低端平板计算机中,数据传输速率低,传输距离较短,抗电磁干扰(EMI)能力差,排线数量多。

LVDS接口是1994年由美国国家半导体公司提出的一种信号传输模式,用在1 024×768及以上,17英寸及以上液晶显示器和液晶电视机中,传输速率高(几百兆比特每秒),噪声低,功耗低,抗干扰能力强。

V-by-One接口是日本赛恩公司开发的高速桥接芯片,使用了SERDES技术和时钟信号恢复功能,解决了LVDS接口的时滞问题,用在4K(3 840×2 160)的超高清电视屏幕中。

3.5.1 TTL接口的类型及特点

TTL(transistor transistor logic,晶体管-晶体管逻辑)电平用+5 V表示逻辑1,用0 V表示逻辑0。TTL信号是TFT-LCD唯一能识别的信号,LVDS、TMDS信号都是在它的基础上编码得来的。

SoC集成电路系统芯片的LCD控制器硬件接口是TTL电平,LCD的硬件接口也是TTL电平,所以一般用软排线直接相连。

1. TTL接口认知

TTL接口属于并行方式传输数据的接口。TTL数据信号经电缆线直接传送到液晶面板的输入接口。

应用:TTL接口电路用来驱动小尺寸(15英寸以下)或低分辨率的液晶面板,常在笔记本计算机显示屏中使用。

缺点:TTL 接口的缺点是传输距离较短,超出 1 m 就需要转换。数据传输速率低,抗电磁干扰(EMI)能力差,排线数量多。

驱动板 TTL 输出接口中一般包含 RGB 数据信号、时钟信号和控制信号这三大类信号。

1)RGB 数据信号

(1)单通道 TTL。单通道 6 bit TTL 输出接口,如图 3-15 所示。共有 18 条 RGB 数据线,分别是 R0 ~ R5 红基色数据线 6 条,G0 ~ G5 绿基色数据线 6 条,B0 ~ B5 蓝基色数据线 6 条,共 3 ×6 条 =18 条。由于基色 RGB 数据为 18 bit,因此,也称 18 位或 18 bit TTL 接口。

单通道 8 bit TTL 输出接口,共有 24 条 RGB 数据线,分别是 R0 ~ R7 红基色数据线 8 条,B0 ~ B7 绿基色数据线 8 条,B0 ~ B7 蓝基色数据线 8 条,共 3 ×8 条 =24 条。由于基色 RGB 数据为 24 bit,因此,也称 24 位或 24 bit TTL 接口。

(2)双通道 TTL。双通道,也就是两组 RGB 数据,分为奇通道、偶通道,时钟有的分为 OCLK、ECLK,有的共用一个,如图 3-16 所示。

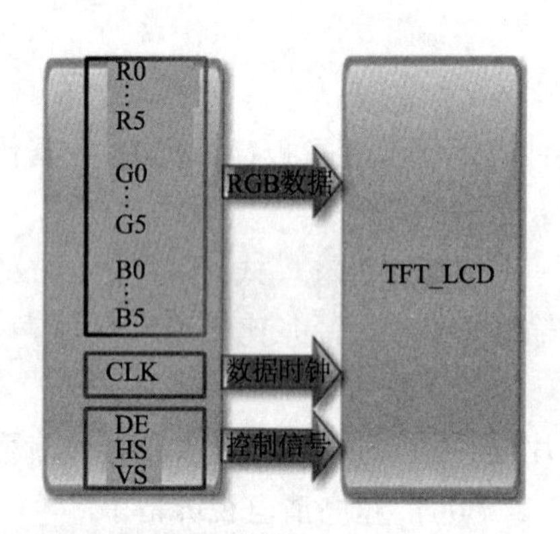

图 3-15 单通道 6 bit TTL 输出接口

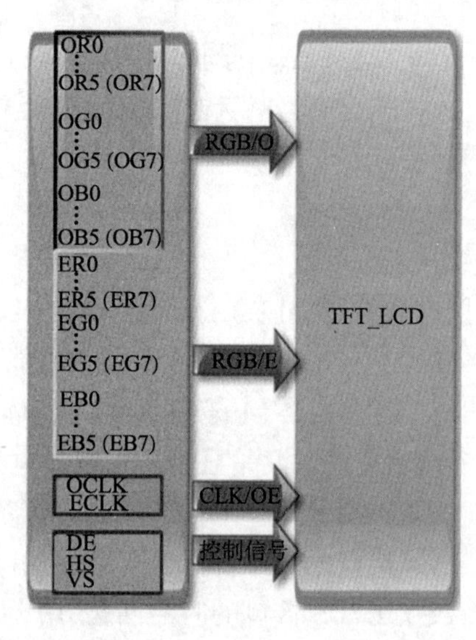

图 3-16 双通道 6 bit(8 bit) TTL 输出接口

对于 6 bit 双通道 TTL 输出接口,共有 36 条 RGB 数据线,分别是奇路 RGB 数据线 18 条,偶路 RGB 数据线 18 条,3 ×6 条 ×2 =36 条。由于基色 RGB 数据为 36 bit,因此,也称 36 位或 36 bit TTL 接口。

对于 8 bit 双通道 TTL 输出接口,共有 48 条 RGB 数据线,分别是奇路 RGB 数据线 24 条,偶路 RGB 数据线 24 条,3 ×8 条 ×2 =48 条。由于基色 RGB 数据为 48 bit,因此,也称 48 位或 48 bit TTL 接口。

2)时钟信号

指像素时钟信号,是传输数据和对数据信号进行读取的基准。有的输出接口,奇/偶像素双路数据共用一个像素时钟信号,用 CLK 表示;有的分别设置两个时钟信号,奇通道用 OCLK,偶通道用 ECLK,以适应不同液晶面板的需要。

3)控制信号

包括数据使能信号(或有效显示数据选通信号)DE、行同步信号 HS、场同步信号 VS。

2. TTL 接口分类

31 扣针接口主要用在 8 ~ 12 英寸的笔记本计算机液晶显示屏中,传递单 6 位(D6T)信号,如图 3-17 所示。

41 扣针接口主要用在 15 英寸台式液晶显示器中,传递单 6 位(D6T)信号,如图 3-18 所示。

30 + 45 针软排线(FFC)主要用在 14 英寸、15 英寸的台式机液晶显示屏中,传递双 6 位(S6T)信号,如图 3-19 所示。

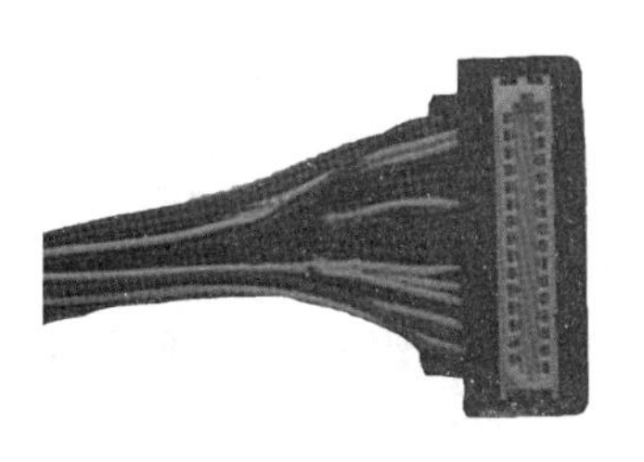

图 3-17　31 扣针接口

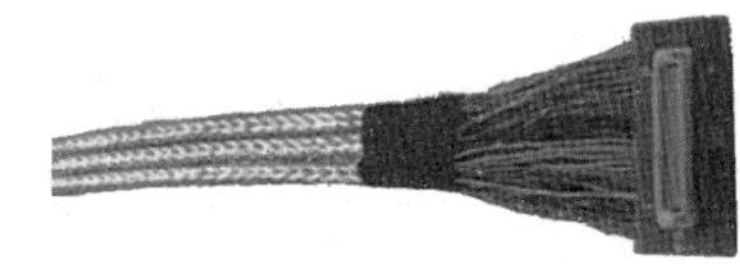

图 3-18　41 扣针接口

软排线FFC

软排线连接器

3-19　30 + 45 针软排线(FFC)

D6T(单 6 位 TTL):31 扣针、41 扣针。对应屏的尺寸主要为笔记本计算机液晶显示屏(8 英寸、10 英寸、11 英寸、12 英寸),还有部分台式机液晶显示屏 15 英寸为 41 扣针接口。

S6T(双 6 位 TTL):30 + 45 针软排线,60 扣针、70 扣针、80 扣针。主要为台式机的 14 英寸、15 英寸液晶显示屏。

D8T(单 8 位 TTL):很少见。

S8T(双 8 位 TTL):有,很少见 80 扣针(14 英寸、15 英寸)。

3.5.2　LVDS 接口的类型及特点

LVDS(low-voltage differential signaling,低电压差分信号)是一种低压差分信号技术接口,利用非常低的电压摆幅(约 350 mV)在两条 PCB 走线或一对平衡电缆上通过差分进行串行数据的传输。

应用:用于 17 英寸及以上液晶显示器和液晶电视机中。

优点:传输速率高(几百兆比特每秒)。因为 LVDS 信号电平为 1 V 左右,所以功耗低。而且“ - ”线和“ + ”线之间的干扰还能相互抵消,所以抗干扰能力非常强,很适合用在高分辨率所带来高码率的屏上。LVDS 作为主流的接口占据液晶显示屏市场的 90% 。

信号线颜色为蓝白线或红黄线。

LVDS 接口位置:位于驱动板和逻辑板之间。

1. LVDS 接口分类

如图 3-20、图 3-21 所示,LVDS 接口样式主要有两种:针插式和片插式。根据接口内传递信号的类型不同可分为:单路 6 bit LVDS 输出接口(D6L)、双路 6 bit LVDS 输出接口(S6L)、单路 8 bit LVDS 输出接口(D8L)、双路 8 bit LVDS 输出接口(S8L)、双路 10 bit LVDS 输出接口(S10L)。

图 3-20　针插式

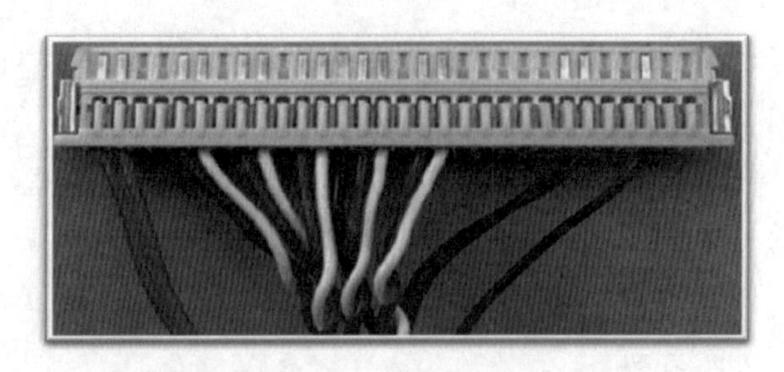

图 3-21　片插式

2. LVDS 接口的组成

在液晶显示器中，如图 3-22 所示，LVDS 接口电路包括两部分，即驱动板侧的 LVDS 输出接口电路（LVDS 发送端）和液晶面板侧的 LVDS 输入接口电路（LVDS 接收端）。LVDS 发送端[exynos（骁龙）处理器]将 TTL 信号转换成 LVDS 信号，然后通过驱动板与液晶面板之间的柔性电缆（屏线）将信号传送到液晶面板侧的 LVDS 接收端的 LVDS 解码 IC 中，LVDS 接收器再将串行信号转换为 TTL 电平的并行信号，送往液晶屏时序控制与行列驱动电路，TFT 只识别 TTL（RGB）信号。

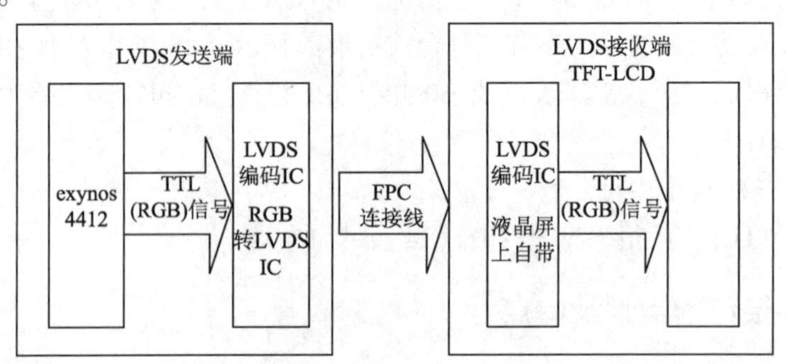

图 3-22　LVDS 接口的组成

LVDS 信号由数据差分信号和时钟差分信号组成。差分数据对中，P 结尾的代表正相信号，M 结尾的代表反相信号，信号组成如图 3-23 所示。

1）单通道 LVDS 接口

如图 3-23 所示单通道 LVDS 接口，如果是单路 6 bit LVDS 接口，包含四组差分线，其中上面框内三组信号线（不包含 Y3M/P 这组线），下面框内一组时钟线。如果是单路 8 bit LVDS 接口，包含五组差分线，上面框内四组信号线，下面内一组时钟线。

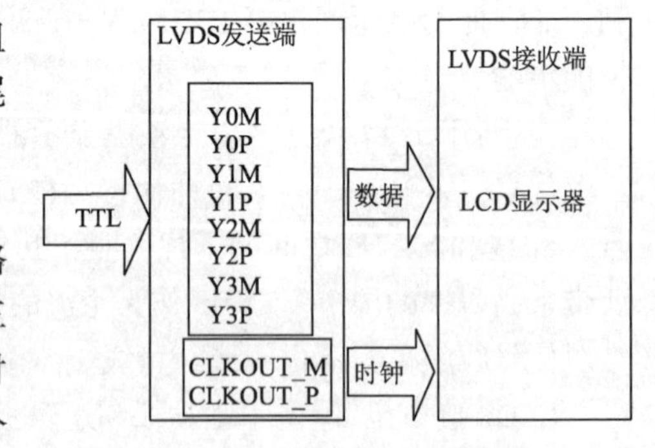

图 3-23　单通道 LVDS 信号组成

LVDS 信号传输规则：在一个时钟周期内，传送一个像素信息；在一个时钟周期内，每对差分数据线可以传输 7 bit 数据。

图 3-24（a）所示为单路 6 bit LVDS 接口，它的接口一共包含四组差分线，其中三组数据线分别为 RX0 ±、RX1 ±、RX2 ±，一组像素时钟线 RXC ±。

图3-24(b)所示为单路6 bit LVDS信号传输格式。可以看出,在一个时钟周期内,包含了一个像素的红绿蓝三个子像素信号,每个子像素的色饱和度用6位二进制数表示。RX0±差分线中传递的是R0~R5、G0,RX1±中传递的是G1~G5、B0~B1,RX2±中传递的是B2~B5,每对差分线传递的信号都是反相的,并且是串行传输的。

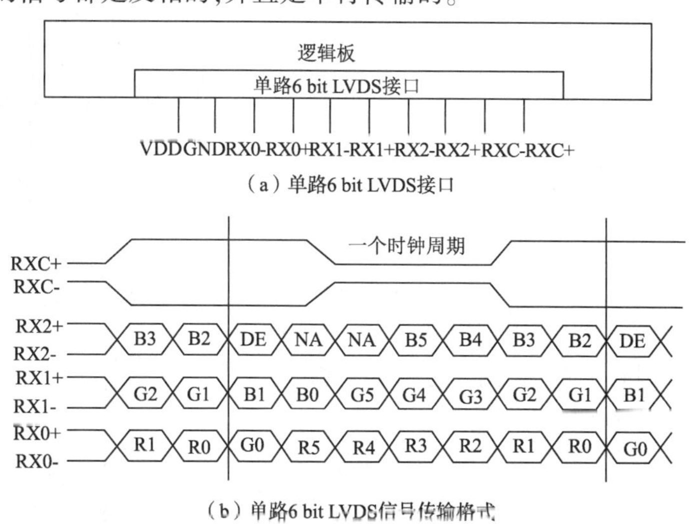

(a)单路6 bit LVDS接口

(b)单路6 bit LVDS信号传输格式

图3-24 单路6 bit LVDS接口及信号传输格式

图3-25所示为单路8 bit LVDS接口及信号传输格式。它的接口一共包含五组差分线,其中四组数据线分别为RX0±、RX1±、RX2±,RX3±,一组像素时钟线RXC±。

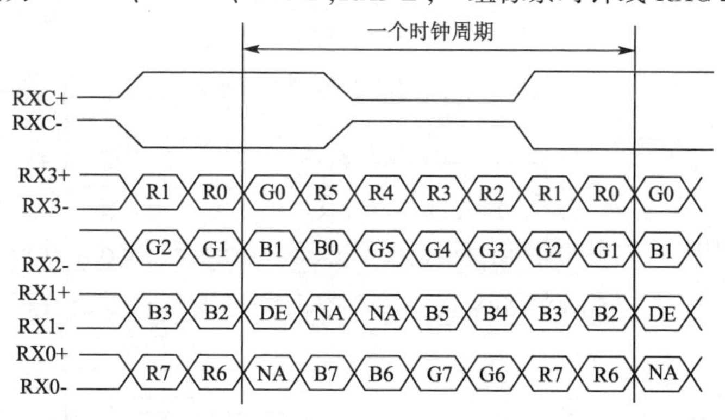

图3-25 单路8 bit LVDS信号传输格式

从图3-25中可以看出,在一个时钟周期内,包含了一个像素的红绿蓝三个子像素信号,每个子像素的色饱和度用8位二进制数表示,三个子像素需要用3×8 bit=24 bit的数据表示。如图3-25所示,在一个时钟周期内,一组差分线只可以传送7 bit的数据。4对差分数据线可以传输4×7 bit =28 bit数据,红基色R0~R7在RX0±、RX3±差分线中传递;绿基色G0~G7在RX0±、RX2±、RX3±差分线中传递;蓝基色B0~B7在RX0±、RX1±、RX2±差分线中传递。

2)双通道LVDS接口

单通道LVDS接口在传输分辨率较高的数据时,抗干扰能力比较强,可是分辨率在

1 920 ×1 080 以上时,单路不堪重负,所以出现了双路接口来加快速度,增强抗干扰能力。

图 3-26 所示双路 LVDS 接口,包含数据接口、时钟接口,接口的数目是单通道的两倍,时钟也是两路。

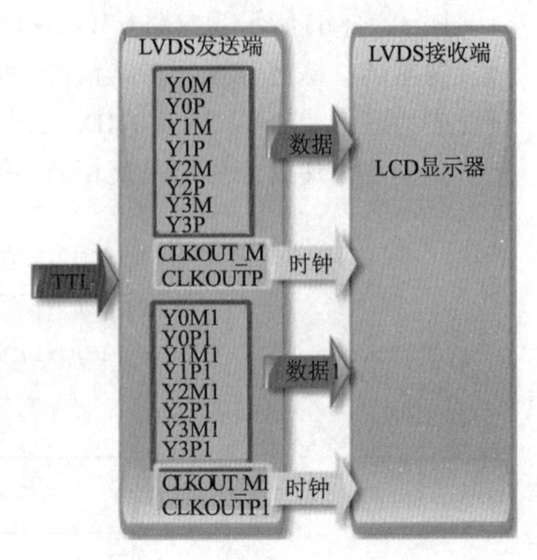

图 3-26 双通道 LVDS 信号组成

图 3-27 所示为双路 6 bit LVDS 接口及信号传输格式:包含奇数通道和偶数通道,共有八组差分线,包含六组数据线和两组时钟线。

图 3-27(b)中上半部分为奇数通道,一共包含四组差分线,三组数据线分别为 RXO0 ±、RXO1 ±、RXO2 ±,一组像素时钟线 RXOC ±。下半部分为偶数通道,三组数据线分别为 RXE0 ±、RXE1 ±、RXE2 ±,一组像素时钟线 RXEC ±。六对差分数据线可以传输 6 ×7 bit = 42 bit 数据。在一个时钟周期内,同时传送奇数像素点和偶数像素点的信息,将传输速率提高了一倍。

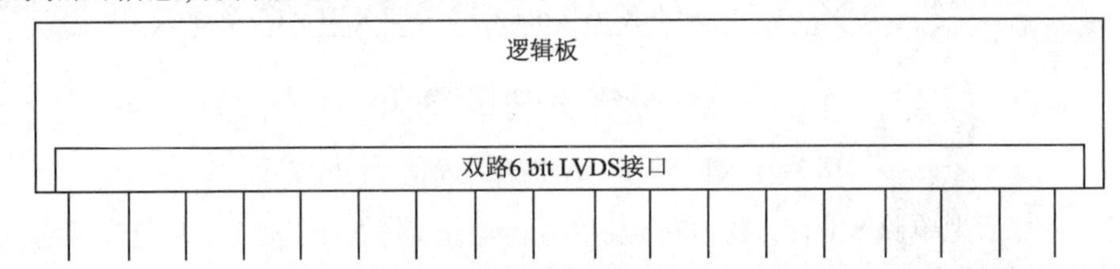

(a)双路6 bit LVDS接口

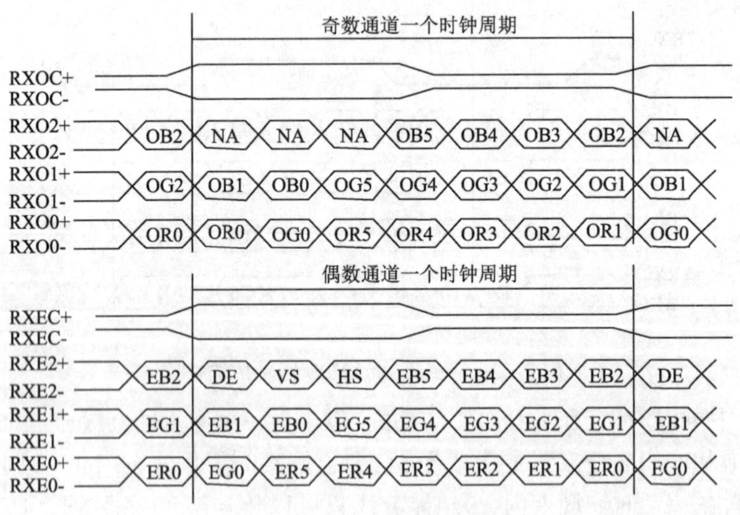

(b)双路6 bit LVDS信号传输格式

图 3-27 双路 6 bit LVDS 接口及信号传输格式

3.5.3 V-by-One 接口及信号组成

V-by-One 是由 THine(赛恩)公司提出的新的数据传输方式,类似 LVDS、EDP、IDP 的传输方式,主要是通过差分信号来传输的。V-by-One现在主要用在大屏显示、摄像机安全等方面。目前已经在夏普的60英寸、三星的40英寸、LG的84英寸的一些型号的裸屏上应用。现在三星、LG、夏普、国内的长虹、海信、康佳、TCL等电视厂家已经先后推出8K超高清分辨率的电视。V-by-One比LVDS与其他信号接口的方式要强大很多,既可节省成本,又可以减少PCB的布局。

V-by-One HS(高速桥接芯片)采用了时分多路复用、点对点的串行通信技术。在发送端多路低速并行信号被转换成高速串行信号,经过传输媒体(光缆或铜线),最后在接收端高速串行信号重新转换成低速并行信号。

特点:传输速率高达3.75 Gbit/s,无时滞问题,降低了EMI干扰及功耗。

1. V-by-One接口的开发背景

液晶显示开始应用于笔记本计算机时,最初的图像信号是以TTL并行方式传输的。如图3-28所示,RGB三路基色信号的每一位都使用一条单独的数据线进行传输。如6 bit TTL,需要3×6=18根信号线,R信号6根(R0~R5),G信号6根(G0~G5),B信号6根(B0~B5),使能信号DE和行场信号HSYNC、VSYNC 3根,共22根。传递的位数越多,线路就越多。这样就产生了配线空间以及时滞调整困难等诸多问题。

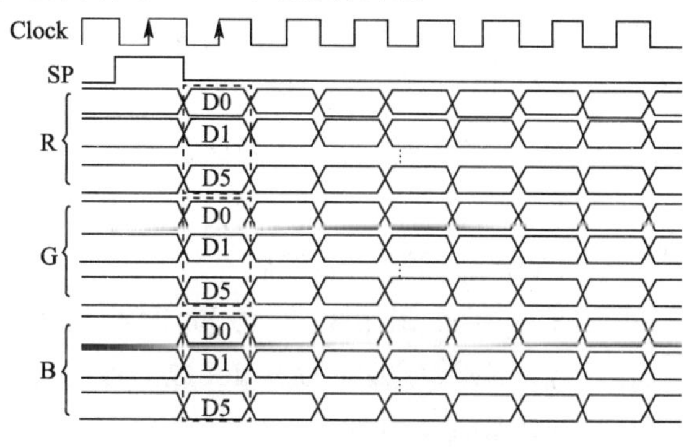

图3-28　TTL信号并行方式传输格式

为了解决这些问题,LVDS作为专门面向液晶显示的接口技术应运而生。LVDS采用TIA/EIA-644[美国电子工业协会(EIA)和美国电信工业协会(TIA)标准所规定的差分传输方式]。由于可以高速传输,液晶显示的图像信号可以使用串行信号进行传输,如图3-29所示。在一个时钟周期内,一个像素点用RGB三基色信号表示,每种基色用6 bit表示,控制信号用3 bit表示,总共需要21 bit信号,因此提出了将此21位信号分配至3个通道,每个通道分7位信号,再加上1条通道传输时钟信号,总共使用4对配线进行串行数据传输的方案。也就是说,在TTL并行通信中所必需的22根配线,如果使用串行通信,只需要8根就够了。这种方式被视频相关设备行业的标准制定组织VESA(Video Electronics Standards Association,视频电子标准协会)作为标准规格所采用,从而使LVDS作为液晶显示的接口技术得到了广泛的普及。

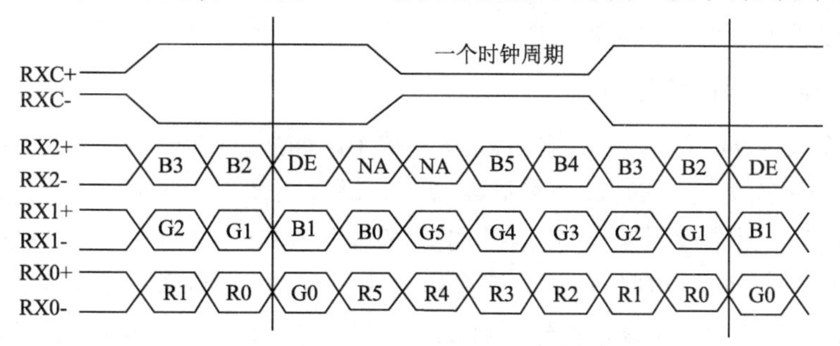

图3-29　LVDS信号串行传输格式

随着液晶显示向着高分辨率、高色阶方向发展,以及倍速驱动技术(为了解决液晶显示器响应缓慢问题)的引入,使得需要输入液晶显示器的图像信号量越来越庞大。全高清分辨率(1 920×1 080)10位色阶的倍速显示屏,每个串行通道在一个时钟周期内只能连续传送7个数据,红10 bit、绿10 bit、蓝10 bit,一共10 bit×3=30 bit信号,就得需要5对差分线。因为是双路传输,奇数通道5对差分线,偶数通道5对差分线,各1对时钟线,一共12对。如果采用LVDS技术倍速显示,需要24对共48根配线。由于传输时钟的高速化,还必须调整数百皮秒级别的时滞。

基于上述背景,THine公司进行了V-by-One HS的研发,专门面向图像传输开发出了数字接口标准技术,用以取代LVDS接口。通过引入均衡器功能,从而实现了比以往的LVDS技术数据传输质量更高、传输速率更快(最大达到一对线3.75 Gbit/s)。而且由于采用了时钟信号恢复技术,解决了以往在LVDS方案下日趋明显化的配线时滞问题。此外,取消了在LVDS标准中必不可少的时钟信号传输配线(固定频率的传送),从而降低了EMI干扰。

2. V-by-One和LVDS对比

1)在编码方面

① LVDS信号不需要编码。

② V-by-One采用8 bit/10 bit编码,与其他高速串行网络如PCI Express、USB 3.0很好地兼容。将8 bit数据转换为10 bit数据可以有效地解决直流平衡。

2)在传输速率方面:

处理1080p逐行的30 bit色彩以及240 Hz刷新频率的信号,LVDS需要48对信号线,而V-by-One只需要8对信号线。有效地降低了线材成本,节省PCB(印制电路板)空间。

3)在耦合方式上

(1)LVDS采用直流耦合。直流耦合为信号提供直接的连接通路,因此信号的所有分量(AC/DC)都会被传输到接收端。

(2)V-by-One采用交流耦合。交流耦合是在信号发送端和接收端之间串联一个电容,这样信号的DC分量就被隔离,截止频率取决于耦合电容的大小;低频信号的AC分量也会受阻大为衰减,但高频信号的AC分量仍能很好地通过。所以,高速串行信号一般采用AC耦合方式。

V-by-One传输速率的高速化可以带来传输线和连接器用量的减少,总体成本下降,节省空间等一系列好处。比如对于UD面板(3 840×2 160),使用LVDS方案至少需要96对配线,而使用V-by-One HS只需要16对配线便可完成数据传输。THine公司已经将技术规格公开,V-by-One HS已成为一个开放标准。

3. V-by-One信号的传输时序

下面通过V-by-One信号的传输格式来讲解UD面板(3 840×2 160)的驱动原理。如图3-30所示,其中T_H为行周期,T_V为场周期,T_{Hd}为每行图像信号的传递时间,T_{Vd}为每场图像信号的传递时间,T_c为像素周期。4K信号的分辨率为3 840×2 160,一行有3 840个像素单元,一共有2 160行。平时看到的连续画面是由很多场组成的,只要这些场的显示时间小于人眼视觉暂留时间,我们看到的就是连续的画面。在图3-31中找到任意一场信号,如场周期内,包含2 160行,以任意一行为例分析。V-by-One接口有8对差分对(通道0~通道7)同时传输,在任意一行的第一个像素时钟周期内,同时传递8个像素数据,如1、2、3、4像素为一行的前四个像素,1 921、1 922、1 923、1 924 为一行中间开始的右侧前四个像素;在一行的第二个像素时钟周期内也同时传递 8 个像素数据为 5、6、7、8 像素,1 925、1 926、1 927、1 928 像素……一直传到第 480 个像素周期完成一行的传送。每对差分对在一个行周期内负责 480 个像素传输,8 对差分对在一个行周期内将一行 3 840 个像素传完。

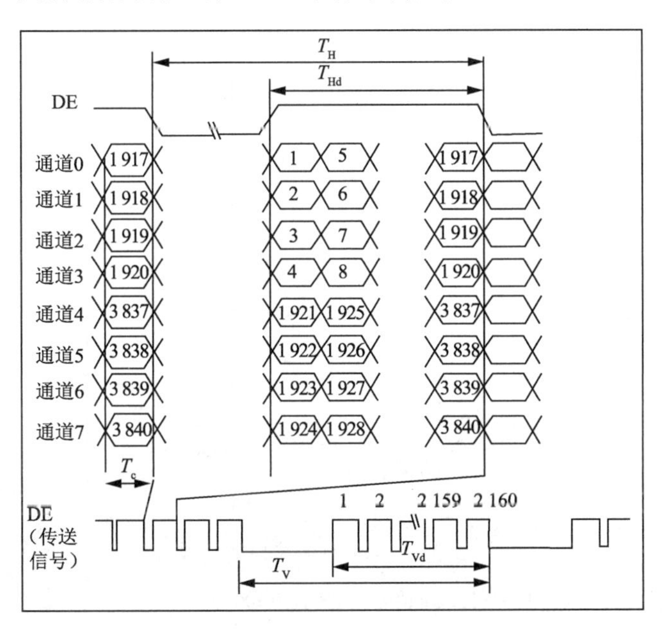

图 3-30 V-by-One 信号的传输格式

4. V-by-One 应用举例

图 3-31 所示为 4K 电视机的逻辑板,接收到的信号为 V-by-One 的形式,经过时序控制电路转换成正常顺序的像素,将一场的像素分成两部分,分别从第一行的第一个像素按照 1、2、3……3840 正向的顺序和最后一行 3840、3839、3838……逆向的顺序同时显示,实现倍速显示。

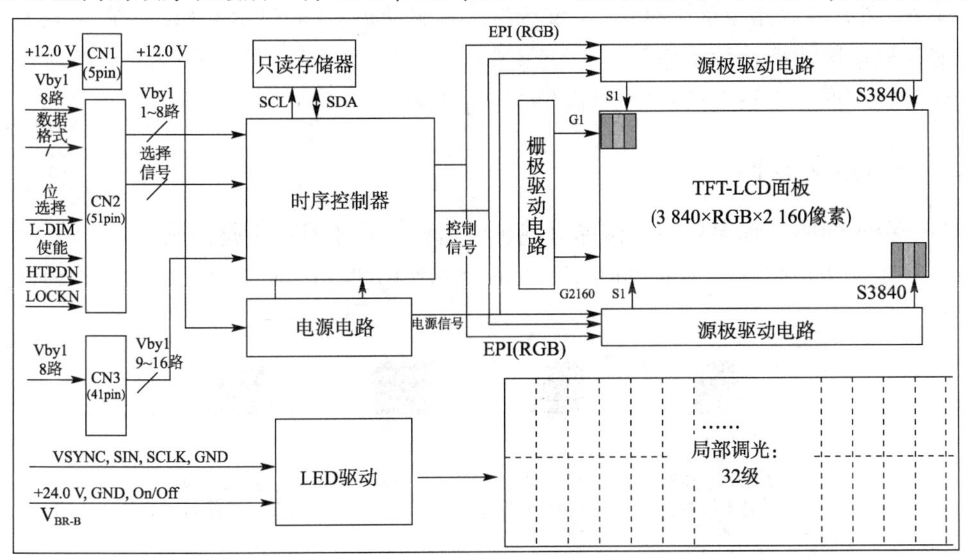

图 3-31 4K 电视机的逻辑板

5. V-by-One 接口的组成

V-by-One 接口包含 V-by-One 发送端(Transmitter)、V-by-One 接收端(Receiver)和 V-by-One 链路三部分,如图 3-32 所示。在发送端将图像信号编码后传递出去,在接收端将信号解码送到液晶显示屏显示。

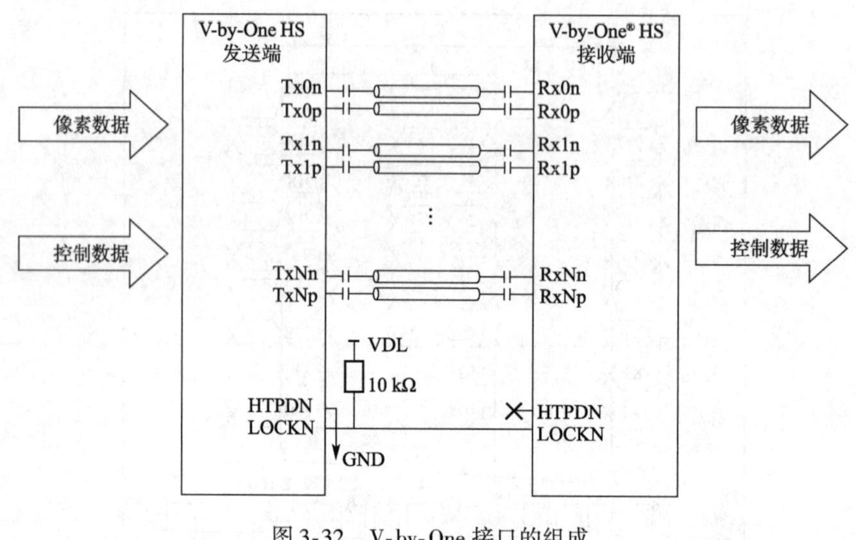

图 3-32 V-by-One 接口的组成

表明微带线路或电缆的特性阻抗为 100 Ω。

3.6 驱动板驱动程序的安装与升级

液晶显示屏能够正常工作需要软件程序来驱动。当遇到不能开机黑屏故障,或者能开机但液晶显示屏花屏故障时,很多时候不是硬件电路出现故障,通过重新写入驱动程序可以排除故障。另外,当更换液晶显示屏时,需要重新写入和驱动板、液晶显示屏相匹配的驱动程序,驱动板和液晶显示屏才能正常工作。

下面分四个部分介绍主板驱动程序的安装与升级。

3.6.1 安装烧录软件

液晶电视机的驱动程序要写到液晶电视机中需要运载工具——烧录软件。

第一步:为了方便管理及软件之间的连接顺畅,把软件安装包(见图 3-33)放在 E 盘根目录下。

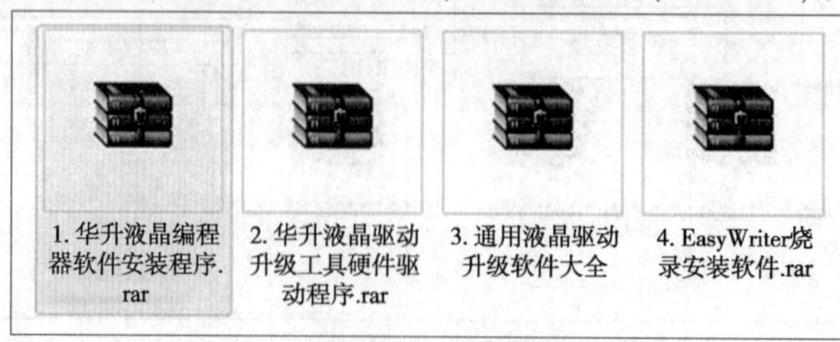

图 3-33 软件安装包

软件安装包中一共包含四个文件:第一个文件为华升液晶编程器软件安装程序,类似于计算机的显卡驱动程序;第二个文件为华升液晶驱动升级工具硬件驱动程序,用于将计算机和烧录器顺畅连接;第三个为通用液晶驱动升级软件大全,主要用于 MST、RTD 等驱动板的升级,根据选择的驱动板的品牌选用不同的升级软件;第四个 EasyWriter 烧录安装软件。在安装的时候按照序号的顺序进行即可。

第二步:安装华升液晶编程器软件。

(1)操作步骤:选中图 3-33 的第一个图标,双击解压后,如图 3-34 所示,再次双击开始安装。如果安装了杀毒软件,请选择允许程序运行,并单击"确定"按钮。

图 3-34　安装华升液晶编程器软件

(2)软件安装界面,如图 3-35 所示。单击"接受"按钮。

(3)选择安装路径,如图 3-36 所示。建议默认安装在 E 盘即可,不要更改,单击"安装"按钮。

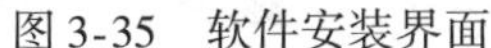

图 3-35　软件安装界面

图 3-36　选择安装路径

(4)安装解压完成后,软件安装界面会自动关闭,如图 3-37 所示。

第三步:安装华升液晶驱动升级工具硬件驱动程序。选中图 3-33 的第二个图标,双击解压后开始安装,如图 3-38 所示。

第四步:安装通用液晶驱动升级软件大全。

如图 3-39 所示,选中第三个文件,右击,在弹出的快捷菜单中选中"解压到当前文件夹"命令,之后进行安装。

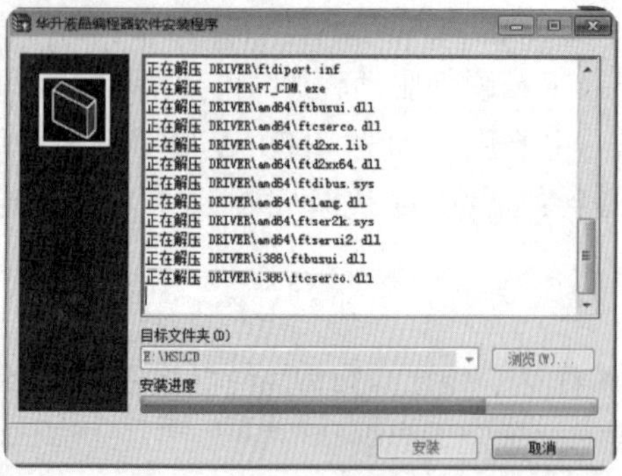

图 3-37　开始安装

图 3-38　双击解压缩开始安装

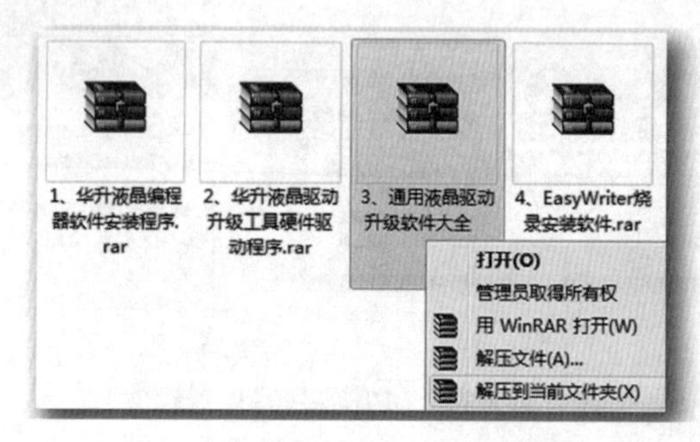

图 3-39　安装通用解压升级软件

因为 NT 品牌驱动板用得很少,可以根据需要安装,在这里暂时不安装第四个软件。

找到 E 盘:/HSLCD/,将所有快捷方式复制到桌面,如图 3-40 所示。

图 3-40　安装好软件的快捷方式

第五步:启动液晶编程器软件。双击带有华升两字的图标启动华升液晶编程器,出现如图 3-41 所示的界面即可。

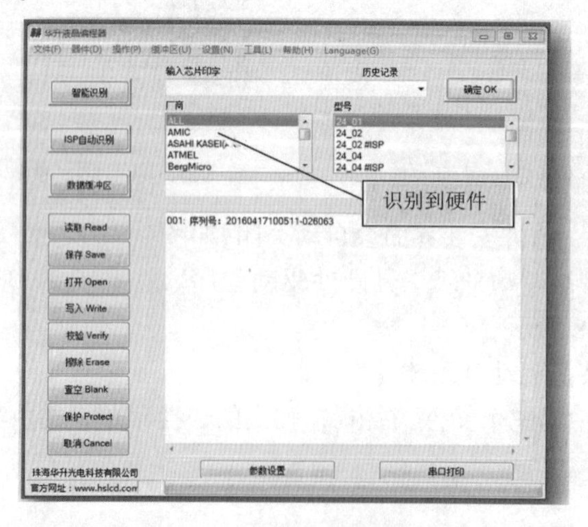

图 3-41　启动液晶编程器软件

3.6.2　连接烧录器和驱动板

目前市场上有三种烧录驱动程序的方法：

第一种是将驱动板的存储芯片取下来，直接使用下载器向存储器芯片写程序。

第二种是将存有驱动程序的 U 盘插到驱动板 USB 接口中，驱动板会自动下载并安装驱动程序。

第三种是使用驱动升级工具。驱动升级工具又称编程下载器、烧录器，是将计算机通过编译器和液晶电视机的驱动板连接起来下载程序。

到底使用哪种烧录方式，是由生产驱动板的厂家决定的。驱动板一出厂，烧录方式就确定了。烧录之前，要了解清楚驱动板到底采取哪种烧录方式。下面介绍被广泛使用的第三种烧录方法。

1. 驱动升级工具接口介绍

华升驱动升级工具接口如图 3-42、图 3-43 所示。

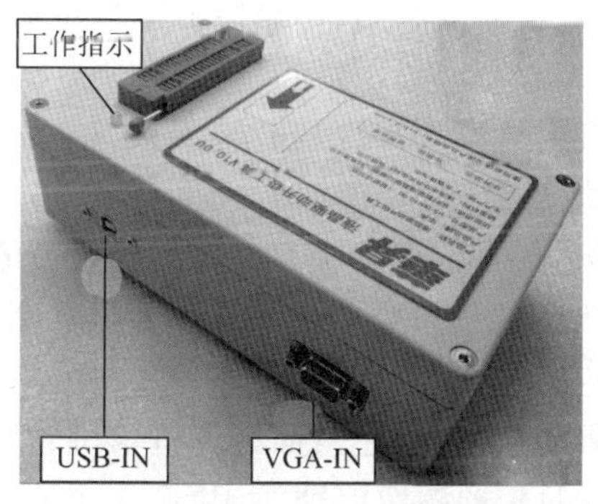

3-42　华升驱动升级工具的输入接口

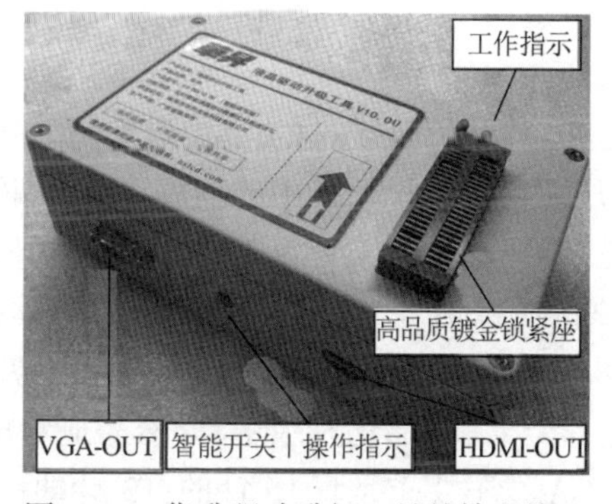

图 3-43　华升驱动升级工具的输出接口

USB-IN 接口：通过 USB 数据线将计算机 USB 接口与驱动升级工具的 USB-IN 接口连接，用来把计算机中的程序写入驱动升级工具。

VGA-IN 接口：使用 VGA 信号线将计算机输出 VGA 图像信号送入驱动升级工具，驱动升级工具再将它通过 VGA 线送到驱动板。

IC 高品质镀金锁紧座：当有些驱动板不支持 VGA 或 HDMI 在线数据通信时，需要将驱动板上的存储芯片焊下再通过 IC 转换座插到 IC 锁紧座上，进行离线读写操作。

VGA-OUT 接口：驱动升级工具用来输出 VGA 图像信号和驱动板上存储器能识别的驱动程序（第 12 和第 15 脚）。

智能开关：当驱动升级工具的 VGA-IN 没有加入 VGA 信号时，按下智能开关可以不断切换输出各种测试信号，如显示红屏、绿屏、白屏等。当加入 VGA 信号后，出现无法通信时，尝试按下智能开关能够连接通信，否则需要检查 USB 线是否连接正确。

操作指示灯：在计算机和驱动板通信时，进行读出或写入等操作时，操作指示灯闪烁。

HDMI-OUT：当给高端机写入程序时使用。高端机采用 HDMI 数据接口通信。

2. 升级工具硬件连接

知道了驱动升级工具各个接口的作用，下面来连接计算机、驱动升级工具、液晶显示屏和驱动板。连接方式如图 3-44 所示。

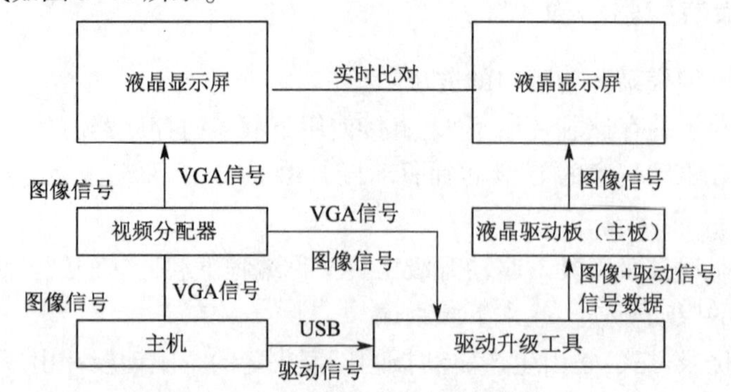

图 3-44 驱动升级工具硬件连接图

第一步:使用 VGA 线将计算机主机和驱动升级工具的输入 VGA 接口相连,它是为了将计算机的液晶显示器与驱动板连接的液晶显示屏实时比对显示效果,从而判断驱动烧写的程序是否正确。如果使用笔记本计算机写入程序,直接用 VGA 线相连即可。如果是台式计算机,需要先将计算机输出的 VGA 信号一分二的视频分配器分成两路,一路给液晶显示器,另一路给驱动升级工具。

第二步:将计算机主机的 USB 口使用 USB 线连接到烧录器的 USB 输入接口,用来和烧录器通信,从而将计算机主机中的程序下载到驱动升级工具。

第三步:驱动升级工具将 USB 线送来的驱动信号转换成驱动板存储器能够接收的数据和 VGA 送来的图像信号一起写入驱动板。驱动板输出图像信号驱动液晶显示屏显示图像,如果显示的图像和计算机液晶显示器的一样,证明程序安装正确。

在连接计算机、驱动升级工具、液晶显示屏和驱动板时,要注意从计算机主机到驱动升级工具的 VGA 线不要求是真 15 针的,13 针即可,因为只传递图像信号,使用了 13 个引脚。而从驱动升级工具输出到驱动板的信号既有图像信号还包含要写入驱动板的串行数据信号和串行时钟信号,一定要使用真 15 针的 VGA 线,见表 3-4,因为第 12 引脚传递串行数据信号,第 15 引脚传递串行时钟信号,如果选用假 15 针的,将不能正常写入程序。

表 3-4 VGA 引脚功能

脚位	名称	功能描述	脚位	名称	功能描述
1	RED	红色分量信号	9	+5 V	电源(未使用)
2	GREEN	绿色分量信号	10	GND	接地线
3	BLUE	蓝色分量信号	11	NC	空(未使用)
4	NC	空(未使用)	12	SDA	串行数据信号
5	GND	接地线	13	H SYNC	水平同步(行同步)
6	GND R	红色分量地线	14	V SYNC	垂直同步(场同步)
7	GND G	绿色分量地线	15	SCL	串行时钟信号
8	GND B	蓝色分量地线			

3.6.3 选择驱动程序

安装好烧录软件,连接好硬件驱动升级工具和驱动板,需要依据以下两点选择液晶显示屏的驱动程序：第一要知道驱动板使用的主控芯片型号，第二要知道驱动的液晶显示屏的型号。主控芯片型号直接决定了能不能将程序写进驱动板，液晶显示屏的型号决定了写进程序后是否合适，会不会出现花屏等。写进正确程序的标志为在液晶显示屏屏上正常收看图像。

1. 液晶驱动板芯片的分类

常见的用于液晶驱动板的芯片包含四大类：

用于GM高端液晶电视机的：包含GMZAL3L、GM2221、GM2621型号的芯片。

用于MST中端液晶电视机的：包含MST9E19、MST6E18、MST6M16、MST6M18、MST6M48型号的芯片。

用于RTD低端显示器的：包含RTD2023L、RTD2025L、RTD2033V、RTD2660型号的芯片。

用于NT低端显示器的：包含NT68167、NT68667型号的芯片。

同一种芯片会被不同品牌的电视机选择，在选择驱动程序的时候，不管哪个品牌只要使用了同一种芯片，都可以使用同一种烧录软件来烧录程序，然后再根据它驱动的液晶显示屏的分辨率和位数选择驱动程序。

2. 驱动程序烧写软件的选择

烧写软件和驱动程序的关系类似交通工具和乘车人。要将驱动板的驱动程序送到驱动板上，就得需要一个输送工具，即烧写软件。

常用驱动程序烧写软件包括：Bitwrite、RTD2025L升级软件、RTD驱动烧写软件（中文版）、RTD-Mculsp、RTD驱动方案升级软件、NT-Writer、MStarlSP Utility以及U盘升级程序等。

选择哪种烧写软件是由驱动板主控芯片的型号决定的。

表3-5列出各种烧写软件及其支持烧录的芯片。例如RTD驱动烧写软件，主要针对主控芯片为RTD2120、RTD2660等型号的驱动板进行驱动程序烧写，能够支持芯片型号为RTD2025L、RTD2033V、RTD2533V的驱动板程序升级烧写，支持写入扩展名为GFF、HEX或BIN的驱动程序软件。

表3-5　烧写软件及支持的芯片

	软件名称	支持的芯片
驱动程序烧写软件的选择	Bitwrite升级软件	SM5964D烧写。 GMZAN3L、RTD2023L、RTD2013B升级烧写；扩展名为BIN的驱动程序
	RTD2025L升级软件	RTD2120烧写。 RTD2120、RTD2025L升级烧写；扩展名为HEX或BIN的驱动程序
	RTD驱动烧写软件（中文版）	RTD2120、RTD2660烧写。 RTD2025L、RTD2033V、RTD2533V升级烧写；扩展名为GFF、HEX或BIN
	RTD-Mculsp升级软件	RTD2120、RTD2660烧写。 RTD2025L-TV、RTD2033V-PC、RTD2033V-TV升级烧写；扩展名为HEX或BIN
	RTD驱动方案升级软件	RTD2120、RTD2122、RTD2660烧写。 支持RT2270、RTD2660等升级烧写；扩展名为HEX或BIN的驱动程序
	NT-Writer升级软件	NT系列烧写。 支持PT361G、NT68167、NT68667等升级烧写；扩展名为HEX的驱动程序

续表

	软件名称	支持的芯片
驱动程序烧写软件的选择	MStarISP Utility 升级软件（最为常用的软件之一）	MST/TSU 烧写。 支持 MST9E19、MST9U19、MST6E18、MST6X89、MST6M16、MST6M18、MST6M48、MST6M68 升级烧写；扩展名为 HEX 或 BIN 的驱动程序
	U 盘升级程序	MST/TSU 烧写。 支持 MST9E19、MST9U19、MST6E18、MST6X89、MST6M16、MST6M18、MST6M48、MST6M68 升级烧写；扩展名为 HEX 或 BIN 的驱动程序

MStar ISP Utility 升级软件，主要针对 MST/TSU 方案液晶驱动板进行驱动程序烧写，能够支持 MST9E19、MST9U19、MST6E18、MST6X89、MST6M18、MST6M48、MST6M68 等型号液晶驱动板和驱动板的驱动程序升级烧写。该软件是目前液晶通用驱动板驱动程序升级最为常用的软件之一，支持写入扩展名为 HEX 或 BIN 的驱动程序。

从表 3-5 中可以看出，不同的驱动烧写软件支持不同型号的芯片烧写驱动程序。但是有的芯片可以使用几种烧写软件烧写程序。例如型号 RTD2660 的芯片，可以使用 RTD 驱动烧写软件(中文版)、RTD-Mculsp 升级软件、RTD 驱动方案升级软件三种软件写入程序。

3. 选择驱动程序

选择驱动程序的步骤如图 3-45 所示。

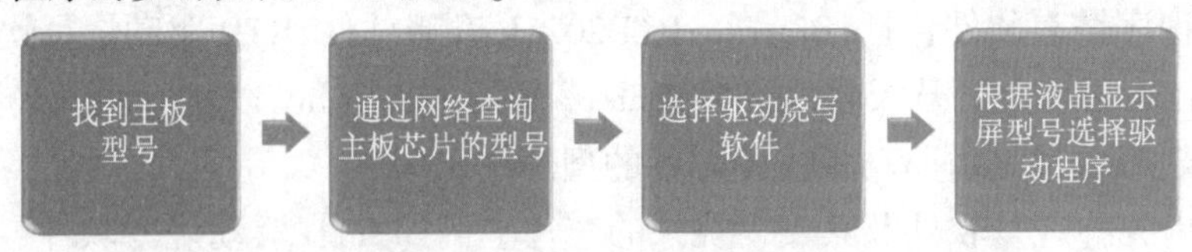

图 3-45　选择驱动程序的步骤

不同的驱动烧写软件支持不同型号的芯片烧写驱动程序。如果已知驱动板的型号，通过网络查询一下这种驱动板使用的主控芯片型号，查表 3-5 判断哪种烧写软件可以针对这种主控芯片进行程序烧写，哪种程序可以支持为这个型号的驱动板升级，然后再根据驱动板要驱动的液晶屏型号选择驱动程序。

例如：要为 TSU56V5.1 型号的驱动板进行驱动程序升级烧写，已知使用的液晶显示屏主控芯片型号为 N156B6-L08，应该选用哪种升级软件呢？写入哪种驱动程序呢？

第一步：选择驱动烧写软件。已知驱动板的型号为 TSU56V5.1，通过表 3-5 查询驱动程序烧写软件的烧写范围，可以知道 MStar ISP Utility 升级软件主要针对 MST/TSU 来烧写程序。

第二步：根据要驱动的液晶显示屏型号查找分辨率和字节数。

登录全球液晶屏交易中心网站，将液晶显示屏型号 N156B6-L08 输入进去搜索到相关参数，如图 3-46 所示，查到屏幕的尺寸为 15.6 英寸，分辨率为 1 366 × 768，传递 LVDS 单 6 bit 的信号等信息。

第三步：选择驱动程序，如图 3-47 所示。

打开存储 TSU56V5.1 驱动程序的文件夹。因为没有 1 366 × 768 单 6 位的文件夹，打开 1 366 × 768 单 8 位的文件夹，选择 MERGE.bin 的文件烧录。烧录完成后，进入液晶电视的工厂模式，将单 8 位改写成单 6 位即可。注意：一定是写入扩展名为 BIN 的文件，而不是文件夹。

品牌	奇美 (CMO)	型号名称	N156B6-L08 (LEN40B0) 64兼容型号
屏幕尺寸	15.6"	屏幕类型	液晶模组, a-Si TFT-LCD
分辨率	1366(RGB)×768 [WXGA]	像素配置	RGB垂直条状
显示尺寸	344.232 × 193.536 mm (H×V)	外观尺寸	359.3 × 209.5 × 5.5 mm (H×V×D)
可视尺寸	348.43 × 197.74 mm (H×V)	表面处理	镜面 (Haze 0%) , Hard coating (3H)
亮度(cd/m²)	220 (Typ.)	对比度	650 : 1 (Typ.) [透射]
最佳角度	6 o'clock	光学模式	TN , 常白显示 , 透射式
可视角度	45/45/20/45 (Typ.)(CR≥10)	响应速度	3/5 (Typ.)(Tr/Td) ms
颜色数量	262K , 60% NTSC	背光类型	WLED , 15K小时 , 含LED驱动器
外观样式	厚屏 (PCBA弯折, 厚度≥5.2mm)	适用于	
刷新频率	60Hz	触摸功能	无触摸
信号系统	LVDS (1 ch, 6-bit) , 端子 , 40 pins		
供应电压	3.3V (Typ.)		
最大额定	存储温度: -20 ~ 60 °C　工作温度: 0 ~ 50 °C		

图 3-46　液晶屏的参数

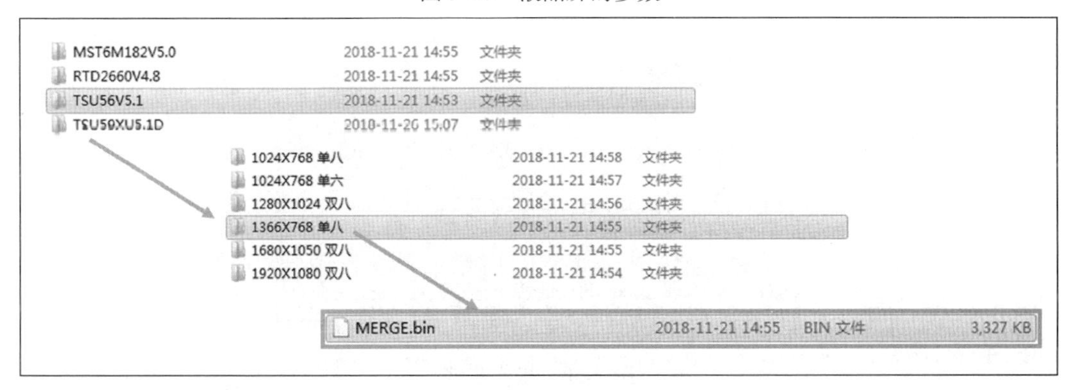

图 3-47　选择驱动程序的过程

3.6.4　烧写驱动程序

选择完了烧写软件和驱动程序,开始烧写驱动程序。

如图 3-48 所示,向驱动板中烧写驱动程序的步骤为:启动烧写软件,选择驱动程序,执行烧写校验。不同的烧写软件操作界面和操作步骤不一样。下面以 MStar ISP Utility 烧写软件的操作为例进行讲解,如图 3-49 所示。

图 3-48　烧录驱动程序的步骤

将计算机主机、升级工具、驱动板硬件正确连接后,启动烧写软件,烧写软件对连接的驱动板进行智能识别,如果识别出驱动板的主控芯片型号,表明连接成功。

然后打开存储程序的文件夹,选择程序。开始写入程序:会先将原有存储器的数据擦除,再将驱动程序烧写到存储器中,然后再校验烧写到存储器的数据与源数据是否一样,一样以后写入程序完成。

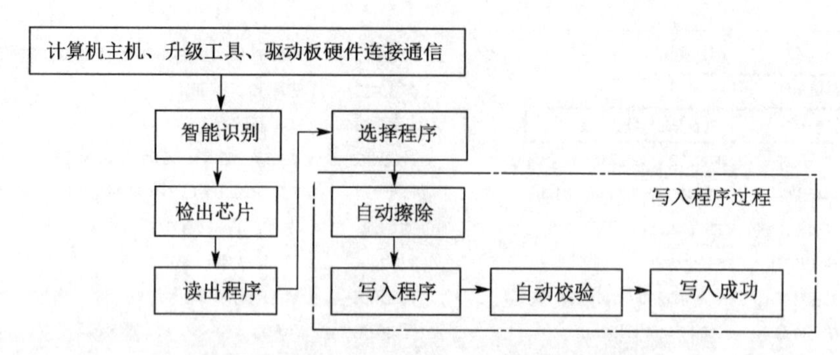

图 3-49　MStar ISP Utility 烧写软件的操作

在桌面上选择 MStar ISP Utility 烧写软件,双击图标进入软件,会出现如图 3-50 所示的界面,在这个界面中执行四步操作:断开和硬件连接、连接硬件、选择驱动程序、进入烧写界面。

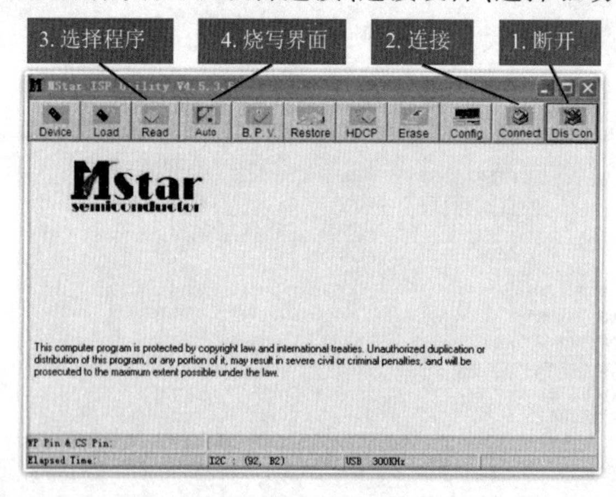

图 3-50　操作步骤

执行断开,再连接步骤是为了充分与外接硬件断开,然后重新与新接的硬件连接。

具体操作步骤如下:

第一步:单击升级软件右上角的 Dis Con 按钮与硬件设备切断连接。

第二步:单击 Connect 按钮,重新将硬件设备和驱动升级工具连接,如果显示如图 3-51 所示的芯片型号,表明计算机主机与液晶驱动板通信成功。如果通信不成功,多执行几次“断开”和“连接”操作,直至连接成功。

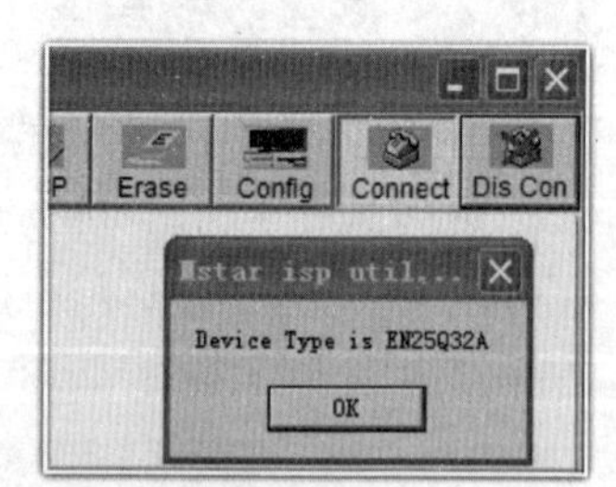

图 3-51　连接上的芯片型号

第三步:如图 3-52 所示,单击升级软件左边的 Read 按钮,进入驱动程序选择界面,再单击 Read 按钮打开相应驱动板的文件夹,选择与液晶面板匹配的驱动程序,单击“打开”按钮即可。

第四步:单击升级软件左边的 Auto 按钮,出现如图 3-53 所示界面。取消选中 Blank 和 Verify 复选框。

第五步:单击 Run 按钮运行烧写程序。可以看到如图 3-54 所示的程序烧写过程,出现 Erase OK,表示擦除成功 ;出现 Program OK,表示烧写成功;出现 Pass,表示驱动程序安装完成。

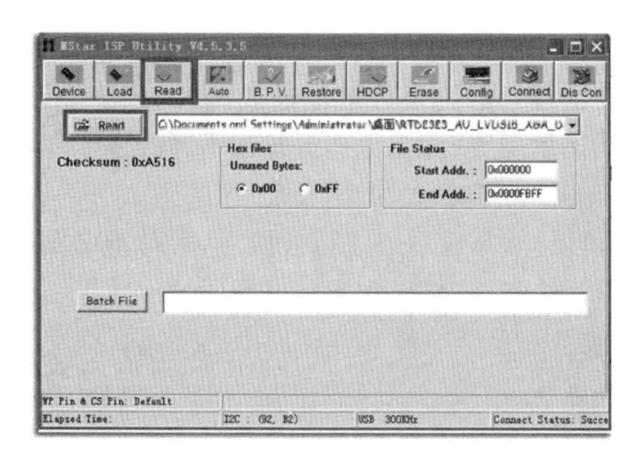

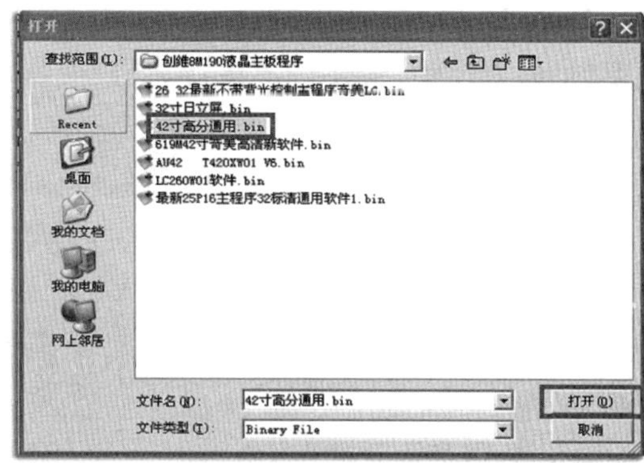

图 3-52　选择驱动程序

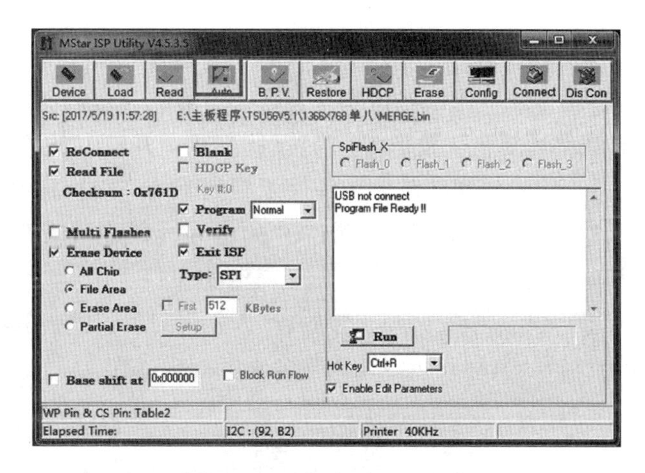

图 3-53　选择自动写入程序

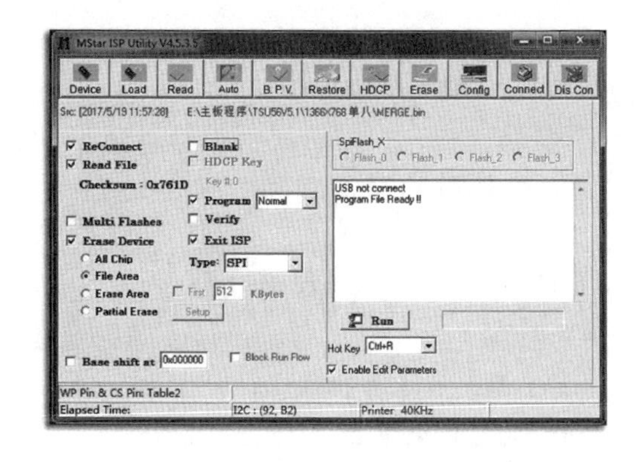

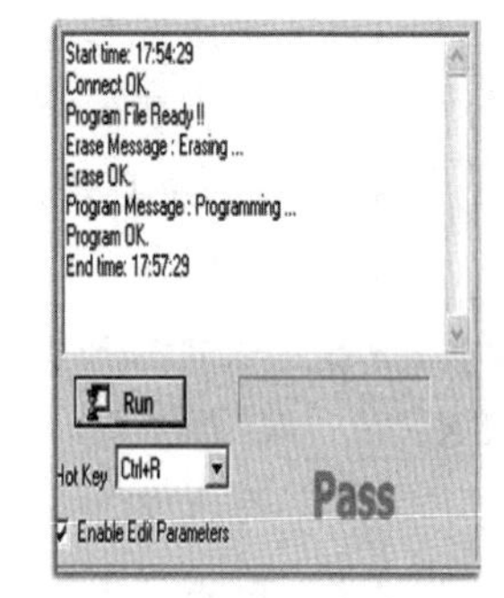

图 3-54　运行烧写程序过程

小　结

本章介绍了点屏配板技术在液晶电视机和显示器维修中的应用。为了完成代换需要知道原液晶显示屏的型号、生产厂家、分辨率、接口类型等信息。

液晶显示屏型号位于液晶显示屏背面的标签上,正规的液晶显示屏型号中包含生产厂家或品牌、屏幕尺寸、物理分辨率、编号以及接口类型等信息。当前的液晶显示屏生产厂家有LG、三星、奇美等,每个厂家生产的笔记本屏、液晶显示器屏、液晶电视屏是用不同的字母大写表示,如果知道型号中的大写首字母就可以通过查表3-1判断是哪个厂家生产的。

知道了液晶显示屏的型号等信息,可以对驱动板、液晶显示屏进行代换,然后对新更换的液晶显示屏写入与原显示屏物理分辨率相匹配的软件驱动程序,才能获得最佳显示效果。已知液晶显示屏型号,可以通过查询厂商简写表格或者登录全球液晶屏交易中心网站查询它的参数。

在安装烧录软件时为了保证使用的顺畅,一定要按顺序安装,依次安装华升液晶编程器软件安装程序、华升液晶驱动升级工具硬件驱动程序、通用液晶驱动升级软件大全、EasyWriter烧录安装软件。

连接烧录器和驱动板的步骤。第一步:为了实时比对驱动板驱动的液晶显示屏和计算机液晶显示器的显示效果,将主机输出的图像信号一路送给液晶显示器,另一路送给驱动升级工具。第二步:使用USB线将计算机主机的USB口连接到驱动升级工具的USB输入接口,用来和驱动升级工具通信,从而将计算机主机中的程序下载到驱动升级工具中。

选择驱动程序的方法。按照驱动板上主控芯片的型号选择烧写软件,根据液晶显示屏的分辨率和字节数选择驱动程序。

烧录驱动程序的步骤。当选择好烧写软件后,进入软件,选择适合的驱动程序,按照擦除、写入、校验的步骤烧录驱动程序,到此步骤完成整个点屏配板操作。

习　题

3-1　通过液晶显示屏型号可以读出哪些信息?

3-2　从烧录器向驱动板烧写程序时,为什么要使用真15针的VGA线?

3-3　向驱动板中烧写程序有哪几种方法?

3-4　LVDS屏线中传递什么信号?

3-5　TTL输出接口中一般包含哪几种信号?

3-6　写出以下字母代表的分辨率:1080i ________;1080p ________;超高清4K ________;8K ________。

3-7　写出以下字母代表的分辨率:XGA ________;VGA ________;WUGA ________。

3-8　请识别下列液晶显示屏的生产厂家、尺寸、分辨率、屏供电电压:M150XN07 ________;LTN121XF-L01 ________;LC370WX1 ________。

3-9　登录"屏库",查出型号LTM150XH-L01代表的意义:LTM ________;150 ________;XH ________;L01 ________;屏供电电压________。

3-10　根据图3-55分析LVDS接口是单路还是双路?传输几位数据信号?需要几对差分数据线,分别是图中的哪几根线?一个周期总共传输了多少位的数据?传输三基色绿色的是哪几个数据?

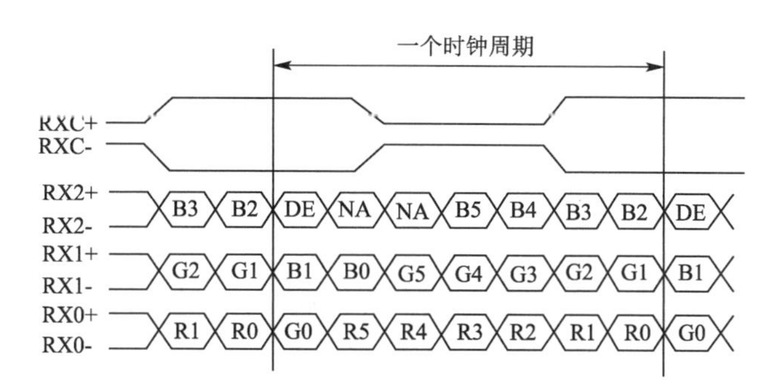

图3-55　题3-10图

3-11　根据图3-56分析LVDS接口是单路还是双路？传输几位数据信号？需要几对差分数据线,分别是图中的哪几根线？一个周期总共传输了多少位的数据？传输三基色蓝色的是哪几个数据？

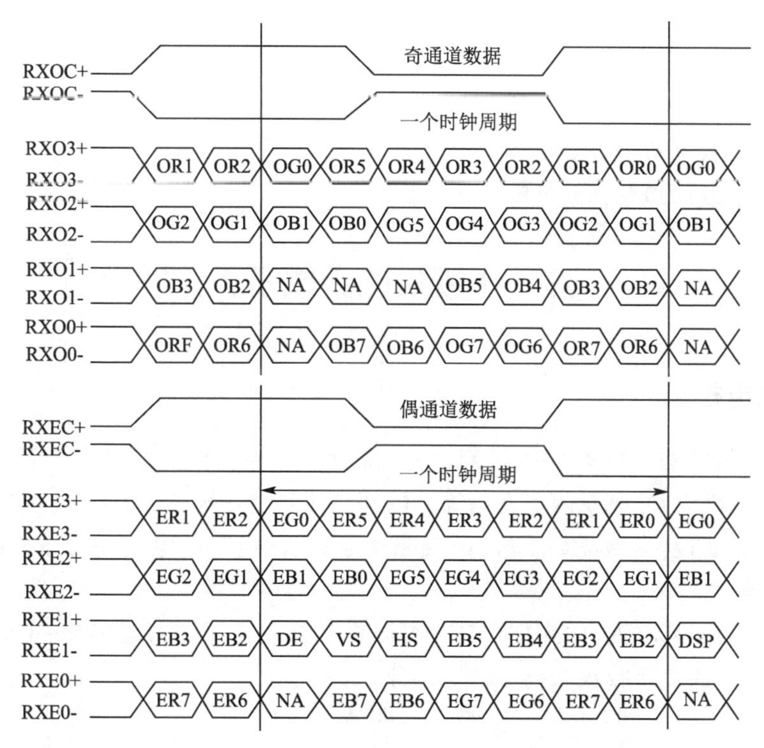

图3-56　题3-11图

第 4 章　液晶电视机原理及检修

要完成电子产品的检修，首先要清楚电路的组成和工作原理，然后观察故障现象，分析产生故障的部位并检测该点的电压和相关波形，从而查到故障元器件，进行更换维修。

学习目标

(1) 掌握液晶电视机各部分组成及作用。

(2) 掌握液晶电视机的整机启动过程。

(3) 掌握电源板输出及检测方法。

(4) 掌握驱动板电路的检测及维修方法。

(5) 掌握逻辑板电路的检测及维修方法。

(6) 能够根据故障现象判断故障部位并排除。

4.1　液晶电视机的组成及工作过程

4.1.1　液晶电视机的组成

液晶电视机包括外部结构和内部结构两大部分。外部结构主要包含液晶显示屏幕、操作显示面板、电视机外壳、底座及内置音箱等。内部结构包含电源板、驱动板(主板)、逻辑板、背光板及灯管、液晶面板(含液晶显示屏、源极驱动电路、栅极驱动电路和时序控制)、遥控接收及按键控制板等。

图 4-1 所示为液晶电视机的内部结构，可以看到开关电源与背光电路、主处理电路板、逻辑板、按键控制板、遥控接收板和扬声器等部分。

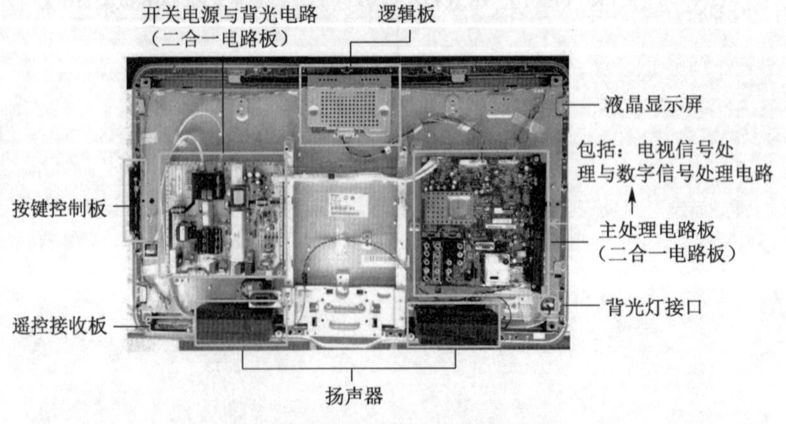

图 4-1　液晶电视机的内部结构

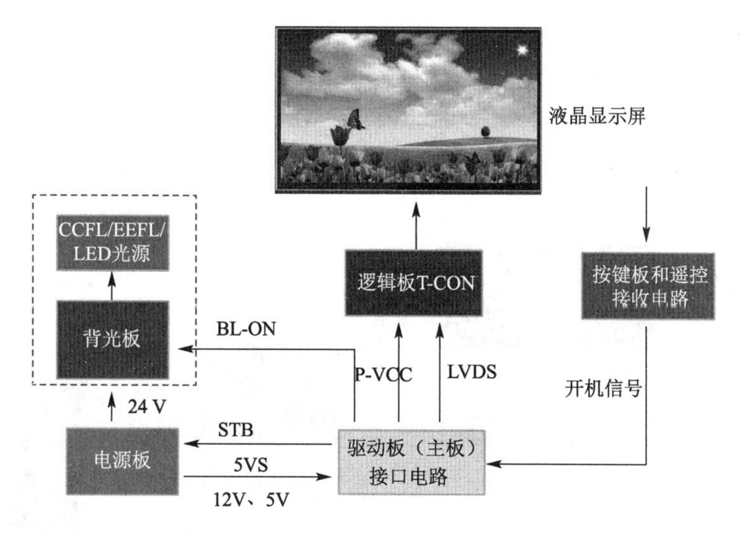

图4-2 液晶电视机的内部组成框图

液晶电视机的内部组成框图如图4-2所示，第一部分是电源板，任何电路的工作都需要电源提供能量；第二部分是背光板及光源，液晶本身不发光，液晶电视机屏在工作的时候必须要有背光，没有背光看不到图像；第三部分是接口电路，它位于驱动板上，电视机是为了播放电视节目，肯定得有信号源，信号源由接口提供；第四部分是驱动板电路，从接口送进来的信号源有各种类型，如模拟的、数字的（数字的有1 024×768或1 920×1 080等分辨率），而液晶显示屏是有固定的物理分辨率的，驱动板电路将各种信号源送来的信号变换成和液晶显示屏分辨率一致的信号，这个处理过程由驱动板电路来完成；第五部分是逻辑板电路，从驱动板输出的信号是串行的，不能直接送到液晶显示屏，还需要重新进行排序，这个排序的任务由逻辑板来完成；第六部分是按键控制板和遥控接收电路，在液晶面板上操作液晶电视，使用遥控器控制电视机得有遥控接收电路，需要按键控制板和遥控接收电路；第七部分为液晶显示屏，是最重要的显示图像的部分。

4.1.2 液晶电视机的工作过程

打开液晶电视机总电源，电源板输出5VS待机供电供给驱动板，驱动板的时钟、复位、遥控接收等电路工作，液晶电视机进入待机状态。遥控接收部分或者按键板接收到开机指令后，将开机信号送给驱动板，驱动板输出电源控制信号STB，使得电源板主电源电路开始工作，输出主供电电压，其中+24 V供给高压板，+12 V、+5 V供给驱动板。驱动板输出去屏供电P-VCC和数字图像信号LVDS到逻辑板，逻辑板将LVDS信号变成RSDS信号，驱动液晶显示屏显示图像。因为此时背光没点亮，在屏幕上看不到图像。驱动板输出背光控制信号BL-ON给背光板，控制背光板工作，输出高压给CCFL，CCFL点亮，此时在屏幕上看到图像。

4.2 液晶显示屏模组及驱动控制电路分析

4.2.1 液晶显示屏模组概述

1. TFT-LCD模组结构

TFT-LCD（thin film transistor liquid crystal display，薄膜晶体管液晶显示器），其液晶显示屏

模组的构成,如图4-3所示。液晶显示屏显示部分TFT-LCD和逻辑板PCBA依靠COF连接(COF是英文“chip on film”的缩写,即芯片被直接安装在柔性PCB上在一起)。这种连接方式的集成度较高,外围元件可以与IC一起安装在柔性PCB上。还有一种COF没安装元器件,就单纯相当连接线的作用。连接好后再和背光模组(backlight unit)、边框、屏蔽罩连接成完整的液晶显示屏模组。

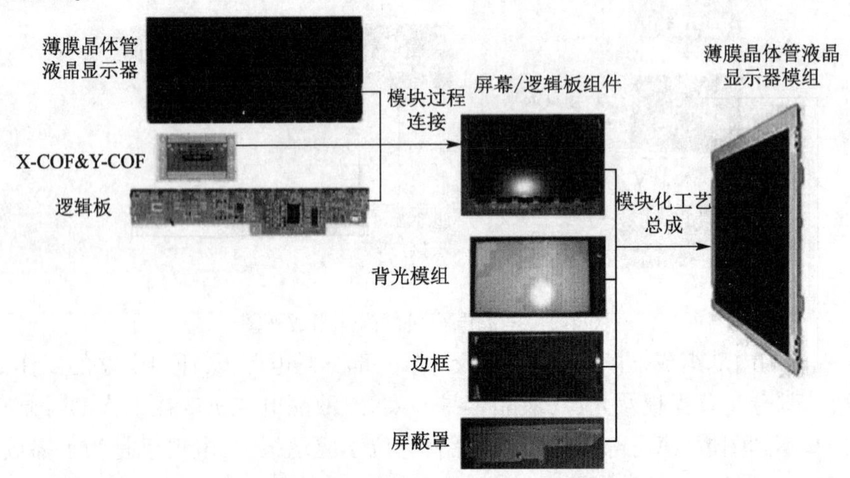

图4-3 液晶显示屏模组的组成

2. TFT-LCD显像过程

面板上的像素就像一个“窗户”,可改变施加在像素上的电压大小来控制“窗户”的开关程度,从而实现发光的分级灰阶功能。

4.2.2 逻辑板输入输出信号

1. 输入到逻辑板信号的形式

输入到逻辑板的信号主要有TTL和LVDS两种形式。

图4-4所示为TTL信号波形。在传输的过程中,TTL(transistor-to-transistor logic)信号线上3.3 V代表数据“1”,0 V代表数据“0”,信号的每一位都使用一条单独的数据线进行传输。

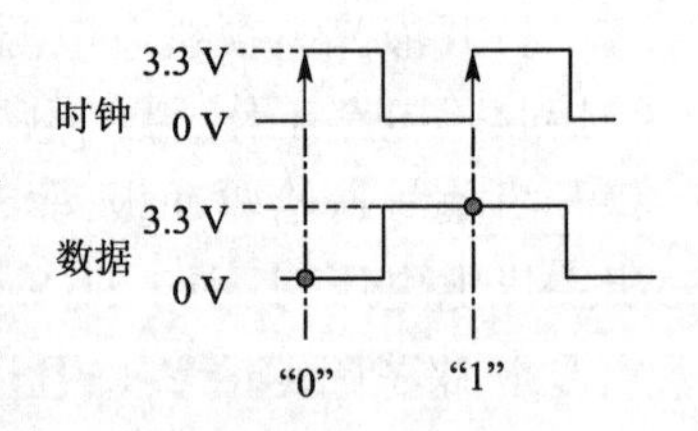

图4-4 TTL信号

传递6 bit TTL信号,红色6 bit、绿色6 bit、蓝色6 bit,这里边的每一位都要使用一条单独的数据线进行传输。6 bit TTL需要3×6=18根信号线,R信号6根(R0～R5)、G信号6根(G0～G5)、B信号6根(B0～B5),如果是8 bit的就要使用24根信号线。位数越多信号线越多。所以,TTL信号的特点是工作频率低、电磁干扰大、传输距离短。

LVDS(low voltage differential signaling,低压差分信号)噪声以共模的方式在一对差分线上耦合出现。图4-5所示为信号传输过程中的形式,N代表反相信号,P代表正相信号,V_{OUT}表示输出信号,$V_{OUTP}=-V_{OUTN}$,在接收器中相减,利用V_{OUTP}(正相信号)和V_{OUTN}(反相信号)之间的电压差来表示数据:差分信号为$V_{OUTP}-V_{OUTN}=V_{OUTP}-(-V_{OUTP})=2V_{OUTP}$,得到2倍的正相信号,从而可消除噪声,当电压差为正代表“1”,相反就是“0”。图4-5中$V_{OD_{RSDS}}$表示低摆幅差分电压；$V_{OS_{RSDS}}$表示偏移电压。

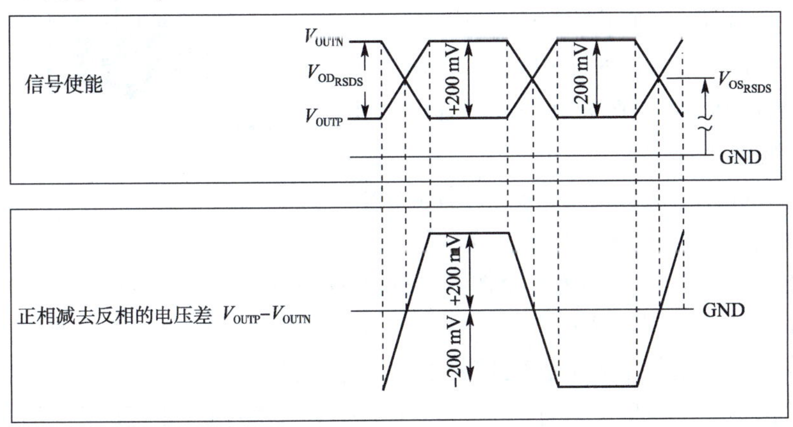

图 4-5　LVDS 信号

下面以 8 位的 LVDS 信号波形举例分析 LVDS 数据的传送。如图 4-6 所示，每个串行通道在一个时钟周期内只能连续传送 7 bit 数据（图中 $T/7$ 表示一个周期的 1/7）。红色 8 bit、绿色 8 bit、蓝色 8 bit，一共 8 bit×3 = 24 bit 的信号。仅需要 8 根信号线，如果是 TTL 信号线就需要 24 根。信号线的数量变少，T-CON 的尺寸可以变小。LVDS 信号的幅度为 200 mV，TTL 的幅度为 3.3 V，LVDS 信号的振幅变小了，采用差分对传送信号，减少 EMI 干扰。所以，LVDS 信号的特点是高速、低噪声、低功耗和传输距离较长。

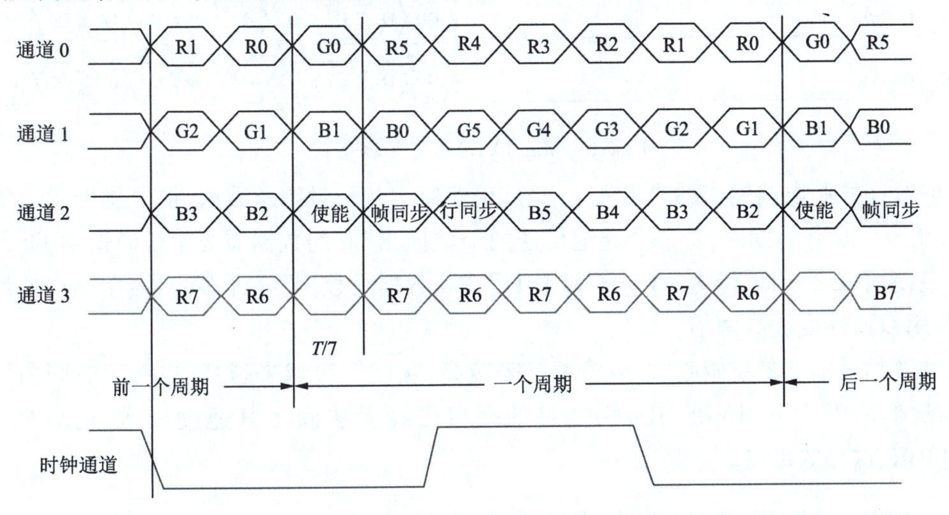

图 4-6　LVDS 信号传输格式

2. 时序控制（T-CON）电路输出到源极驱动器（Source IC）接口的信号

从时序控制电路输出到源极驱动电路接口的信号主要有 RSDS、Mini-LVDS、FP-LVDS PPML 信号三种形式。

（1）RSDS（reduced swing differential signal，小幅度摆动差分信号）与 LVDS（低压差分信号）类似，但是输出引脚较多。

（2）Mini-LVDS 和 LVDS 一样由正、负信号对构成差分对，主要用于 T-CON 和源极驱动电路之间的接口。一对信号线连续传输6或8个数据,如图4-7所示,一个时钟同时传输左、右两个像素的数据,与TTL信号相比,T-CON的引脚数显然减少。

(3)FP-LVDS PPML用在大型全高清显示器中,显示的灰度等级达到16位以上。

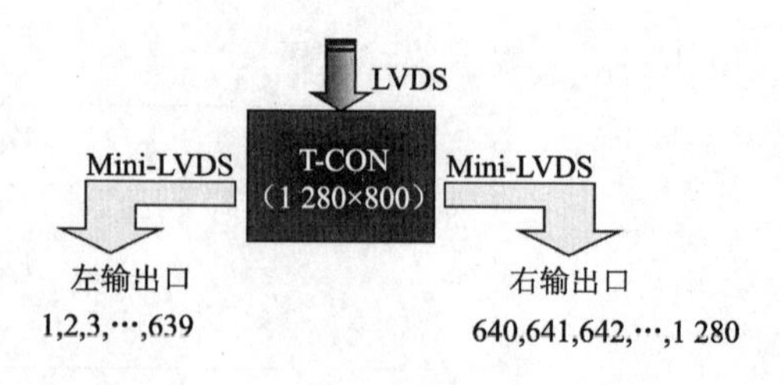

图4-7 Mini-LVDS信号输出形式

下面举例分析8位的Min-LVDS数据的传输格式。如图4-8所示,上半部分的R、G、B数据对(P/N表示正相/反相),在每个串行通道4个像素时钟(Clock)周期内连续传送8个数据(D0~D7)。下半部分的R、G、B数据对的传送方式一样。这种方式传送完一行像素比原来的LVDS信号快了一倍。因为仍然采用差分对传送,信号摆幅低,抗电磁干扰。

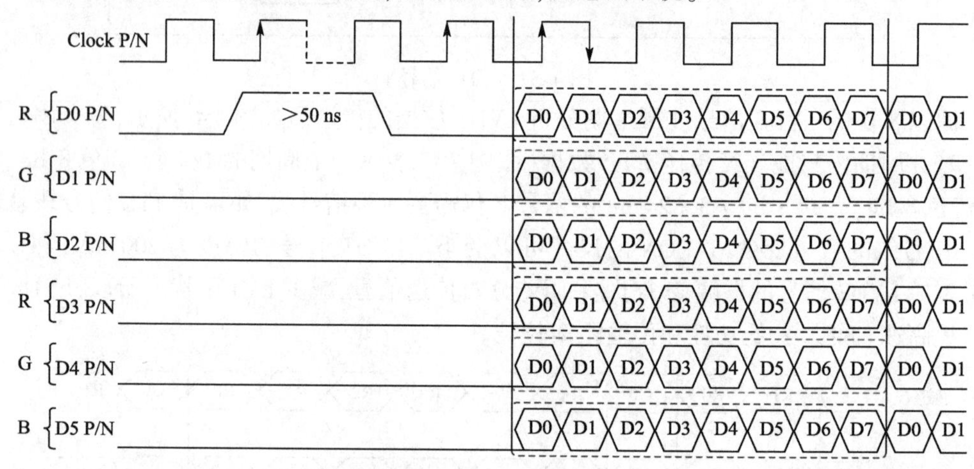

图4-8 Min-LVDS信号传输格式

有的时序控制电路输出的是RSDS信号,仍然使用差分对传送数据,抗电磁干扰。如图4-9所示,在一个时钟周期内,每一个通道传送两个数据,8 bit的数据需要4个通道,8 bit的红绿蓝三基色使用12个通道传送。RSDS和TTL引脚(数据线数)是一样多的,使用单口速度提高一倍,使用双口速度提高两倍。

随着液晶显示屏幕越做越大,分辨率越来越高,灰度等级越来越高,在一定时间内要求输入数据的增多,像Mini-LVDS、RSDS之类的接口已经无法满足其速度要求,需要使用FP-LVDS、PPML这样的接口。

4.2.3 液晶显示屏驱动控制电路的工作过程

液晶显示屏显示图像依靠逻辑板上的时序控制电路、源极驱动电路、栅极驱动电路的协调工作。下面从信号控制的角度介绍各部分驱动电路的工作过程。

1. 时序控制电路(T-CON)

T-CON(timing controller,时序控制电路)将驱动板供给的图像数据信号、控制信号以及时钟信号分别转换成适合于源极和栅极驱动电路的数据信号、控制信号、时钟信号。它的功能是色度控制和时序控制,内含RAM。具有数据反转、像素极性反转功能,并具有自动刷新模式功能。

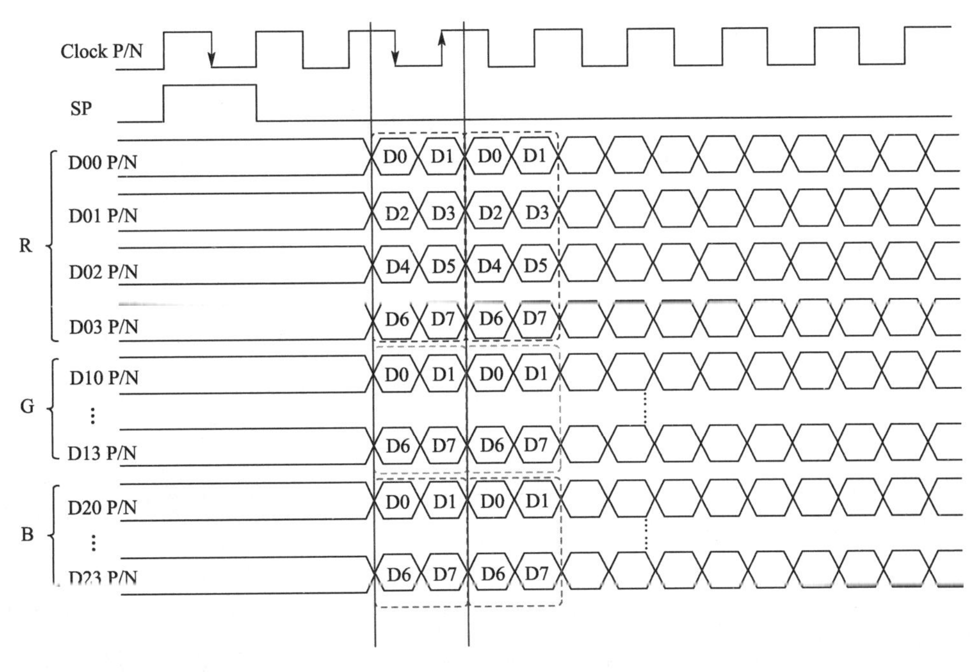

图 4-9　RSDS 信号传输格式

T-CON 输出控制信号包含：

1）源极驱动电路的控制信号

STH：行数据的开始信号。

CPH：源极驱动电路的时钟信号（数据的同步信号）。

TP 或 Load：控制数据从源极驱动电路到显示屏的输出信号。

MPOL（POL）：数据极性反转信号。为了防止液晶老化，加在液晶上的电压要求极性反转。

2）栅极驱动电路的控制信号

STV 极（Start Vertical）：栅极的启动信号，也是一帧图像的开始。

CPV 极（Clock Pulse Vertical）：栅极的移动信号。

OE 极（Output Enable）：栅极的输出控制信号。

MLG 极（Multi Level Gate）：多灰度等级用的信号。

2. 栅极驱动电路（gate driver）

1）栅极信号工作时序

接收 T-CON 输出的控制信号，顺序地对栅极线输出适当的开电压和关电压，以驱动 TFT LCD 的栅极线（gate line）。当移位寄存器为逻辑 1 时，输出高电位 VGH；当移位寄存器为逻辑 0 时，输出低电位 VGL。

如图 4-10 所示，第一个 STV 脉冲信号到来时，准备开始第一场的扫描，当输入第一个 CPV 信号时，输出第一行的栅极开启脉冲给第一行的 TFT，同时源极驱动电路输入 TP 信号释放第一行的图像数据信号给第一行的 TFT 源极，OE2 信号到来，控制栅极上的信号灰度变化；接着输入第二个 CPV 信号时，输出第二个栅极开启脉冲，第二行的 TFT 打开，同时源极驱动电路输入 TP 信号释放第二行的图像数据信号给第二行的 TFT 源极，OE2 信号到来控制栅极上的信号灰度变化;同时如此循环往复完成一场信号扫描。

2)栅极驱动电路结构

栅极驱动电路由移位寄存器、电平转换器、缓冲放大器三部分组成,如图 4-11 所示,每经过一个时钟(CPV)周期,都将其输入级的逻辑状态传送到电平转换器,及时将 3 V 或 0 V 的低电压逻辑电位转移成开或关像素 TFT 所需的 VGH 或 VGL,再送到缓冲放大器提高驱动能力,然后逐个输出到每一行的栅极。

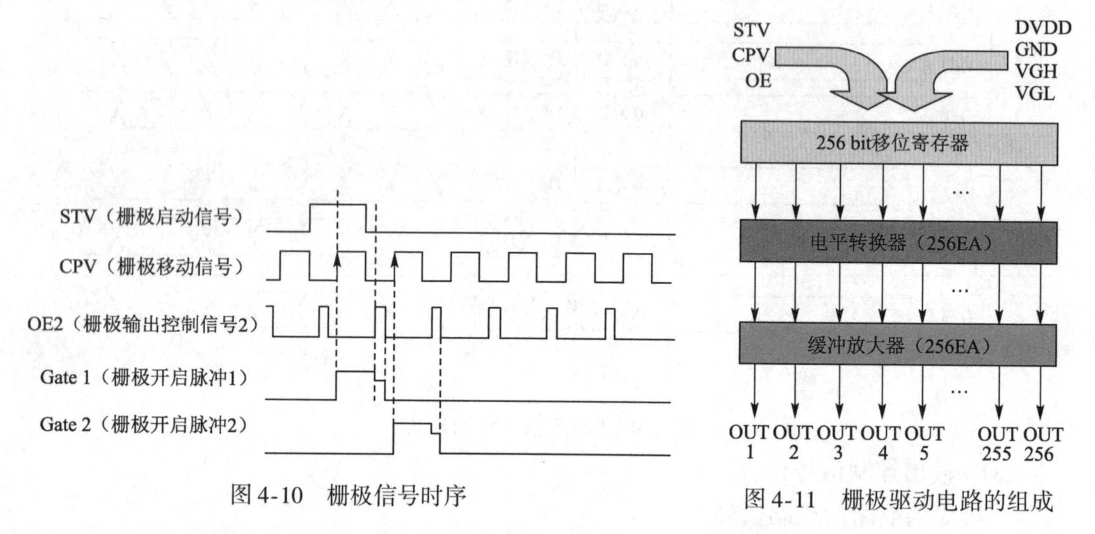

图 4-10 栅极信号时序

图 4-11 栅极驱动电路的组成

3. 源极驱动电路(source driver)

源极驱动电路接受 T-CON 控制,将高频输入的数字视频信号存储在缓存中,配合栅极扫描信号的开启,将数字视频信号转换成要输出至像素电极的灰度电压,以驱动 TFT-LCD 面板的数据线。源极驱动电路由多个数据驱动电路串联而成,并要求提供给液晶分子的电压值必须在时间平均上接近零,尽量减少直流成分,以防液晶老化变坏。

如图 4-12 所示,左侧为 T-CON 电路,右侧为源极驱动电路,当像素时钟 SCLK 的上升沿到来时,寄存器接收 T-CON 输出的红绿蓝像素数据(RGB Data),当一行的像素数据被寄存器接收后,T-CON 输出扫描结束信号 TP,将全部像素数据同时移到保持存储器,然后再将像素数据传送到数/模转换器 DAC 转换成像素电压信号,像素电压信号在伽马校正电路输出的灰度电压校正后,送入输出缓冲器,然后加到这行 TFT 的源极上,当这行的开启脉冲到来时,TFT 导通,漏极上的电压控制液晶分子偏转,屏幕上的相应的位置显示图像。

如图 4-13 所示,当水平同步信号 STH 到来时,准备开始第一行数据的传输,来一个时钟信号 CLK,将一个像素信息移入源极驱动电路的寄存器,当一行像素数据被全部读取后,输出的 TP 脉冲到来将经过数/模转换后的一行图像电压传送到显示器,MPOL 信号控制下一行的输出数据发生翻转。

4. 栅极、源极信号关系

栅极、源极信号的关系如图 4-14 所示,当一个栅极移动信号 CPV 到达栅极时,准备开启第 n 行扫描,栅极开启脉冲 Gate n 输出高电平,这行的 TFT 导通,并进行数/模转换出灰度电压。当扫描结束信号 TP 输出高电平,第 n 行像素的灰度电压(图 4-14 中 Data 信号高电平)加到显示器上。当下一个 CPV 信号到达栅极时准备开启第 $n+1$ 行扫描，Gate $n+1$ 输出高电平，这行的 TFT 导通，并进行数/模转换出灰度电压。当 TP 输出高电平，第 $n+1$ 行像素的灰度电压（图 4-15 中 Data 信号高电平）加到显示器上。这样周而复始显示一场的像素。

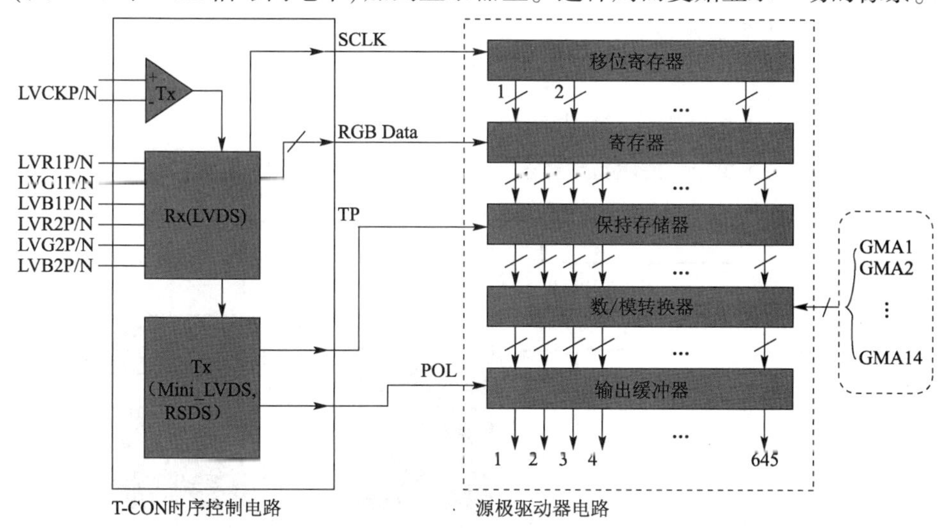

图 4-12　源极驱动电路的组成

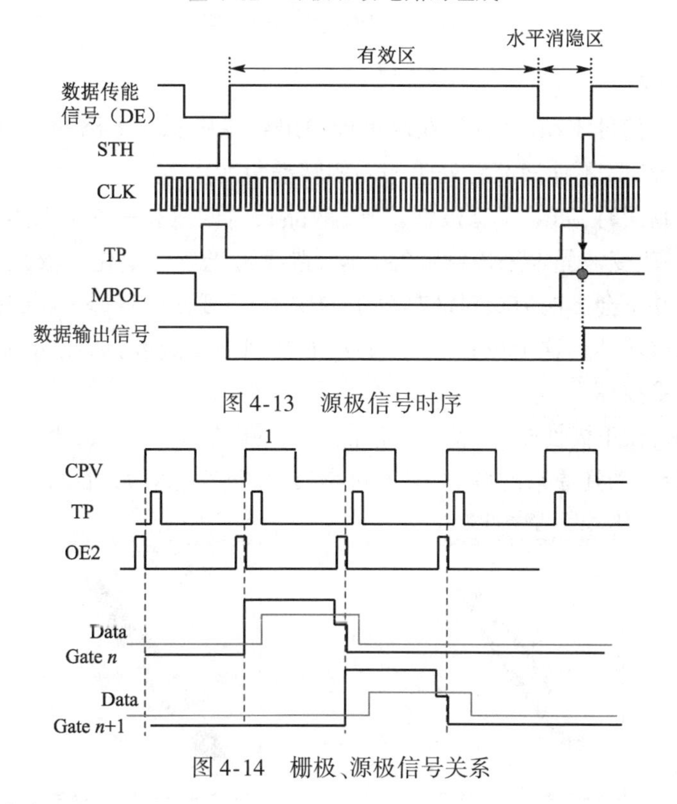

图 4-13　源极信号时序

图 4-14　栅极、源极信号关系

5. 图像数据输出实例

输出如图 4-15 所示两行信号的过程：第一场的 STV 脉冲到来，准备第一场的扫描，当第一个 CPV 脉冲到来时，输出第一行的栅极开启脉冲，第一行的 TFT 导通，第一行的数据传输脉冲

STH 到来时，第一行的数据信号在源极内转换成像素灰阶电压，当 TP 下降沿到来时，输出到显示器显示。第二行的 CPV 开启脉冲到来时，输出第二行的栅极开启脉冲，第二行的 TFT 导通，第二行的数据传输脉冲 STH 到来时，第二行的数据信号在源极内转换成像素灰阶电压，当 TP 下降沿到来时，输出到显示器显示。

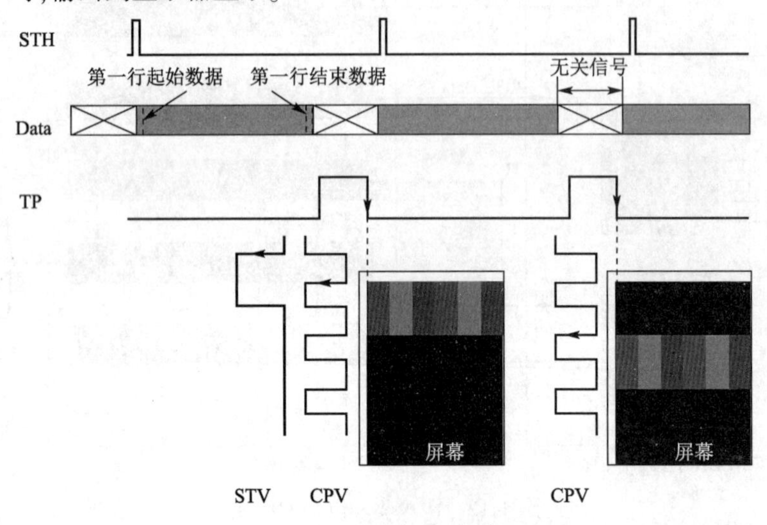

图 4-15 图像数据输出实例

6. 液晶极性反转

液晶必须以交流信号驱动。所以，在逻辑板输出到源极驱动电路的控制信号中有一个负责极性反转的 POL 信号，不让液晶总处于相同的转动角度。

当播放相同的画面时，如果没有极性反转，液晶长时间维持一个角度偏转，可能会损坏。进行极性反转，担心改变液晶本来该偏转的方向，造成透光量的变化。液晶有一个特点：电场极性的方向的改变并不会影响力矩对液晶分子的作用，只要是电压差一样，液晶分子就会保持原来的转动方向再次转动到这个位置，不影响它的排列与穿透度，所以可利用“极性反转”的方式来保护液晶不受损坏。

如图 4-16 所示，在正极性驱动情况下，液晶上加的电压下正上负，当改变电压的极性为上正下负，液晶仍然会转动到原来的位置，只不过是转动以后到达的，所以透光量不变。

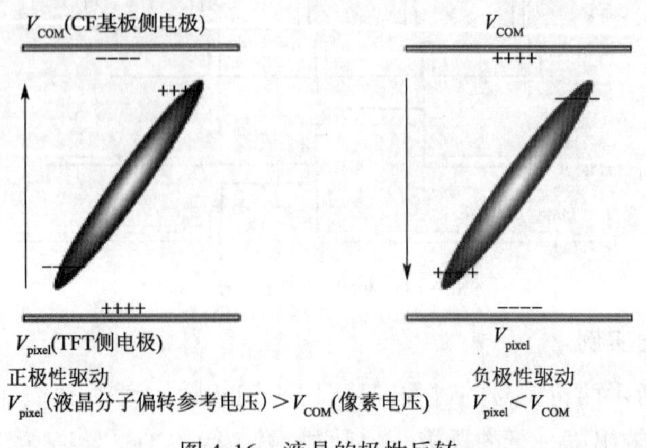

图 4-16 液晶的极性反转

常见液晶极性反转方式:帧反转、行反转、列反转和点反转,见表 4-1。

表 4-1　液晶极性反转方式

上一帧(+)	下一帧(-)	反转方式	说　明
+ + + + + + + + + + + +	- - - - - - - - - - - -	帧反转	在一个帧写入结束,下一个帧写入开始前,整帧上像素所存储的电压极性都是相同的
+ + + + - - - - + + + +	- - - - + + + + - - - -	行反转	同一行上像素所存储的电压极性都是相同的
+ - + - + - + - + - + -	- + - + - + - + - + - +	列反转	同一列上像素所存储的电压极性都是相同的
+ - + - - + - + + - + -	- + - + + - + - - + - +	点反转	每个像素所存储的电压极性,都与其上左右相邻元素的极性相反

1)帧反转

相邻帧之间极性是相反的。

图 4-17 中 G1、G2、G3 代表栅极驱动脉冲,S1、S2、S3、S4 代表分别加到源极上的像素灰度电压。以传送相同的画面为例讲解,在传送第一帧(+)Field Frame 时,S1 ~ S4 传送的信号都是正极性的;第二帧极性相反以后,S1 ~ S4 的信号幅度全部和第一帧的反相了,第三帧接着和第二帧的反相。

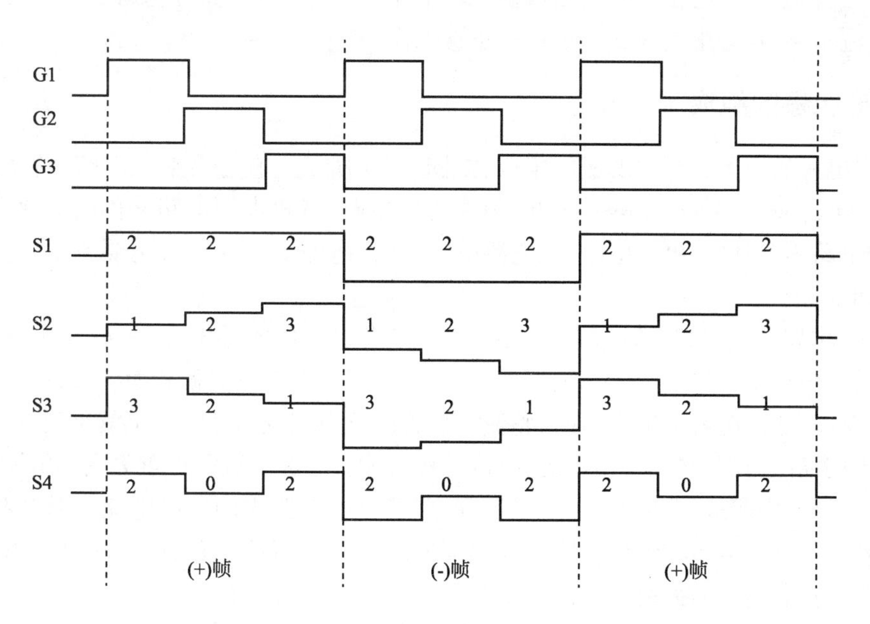

图 4-17　帧反转

2)点反转

如图 4-18 所示,看 S1 ~ S4 的电压波形,因为使用的是点反转,如打点的地方,每一帧信号的极性有正有负,但是每个像素点的电压极性都与上下左右相邻的像素极性相反。

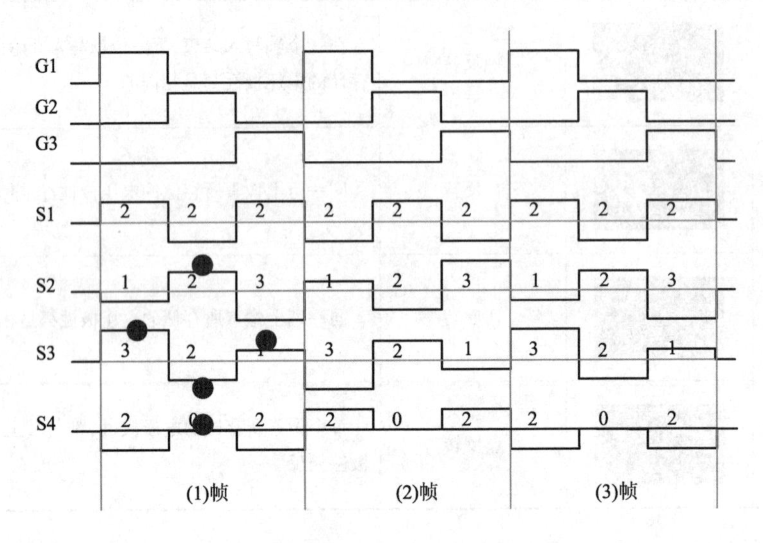

图 4-18 点反转

4.3 电源板的组成与工作过程

电源板要提供 +24 V 的直流电压给背光板,提供 +12 V、+5 V 的直流电压给驱动板,通过驱动板和逻辑板上的电压转换电路获得整机工作的各种电压。如果电源板产生的电压不稳定、输出电流不够,就会影响液晶电视机的正常工作。

4.3.1 电源板的组成

以独立电源的框图介绍电源板的组成,如图 4-19 所示。它包含输入电路、功率因数校正电路又称 PFC(power factor correction)电路、主电源电路、待机电源电路又称副电源电路、控制电路、保护电路等。其中,PFC 电路、主电源电路、待机电源电路为三大主要电路,它们的作用简要介绍如下:

(1)PFC 电路:在桥式整流电路中,根据整流二极管的单向导电性,只有在送进来的交流输入电压瞬时值高于滤波电容上的电压时,整流二极管才会因正向偏置而导通,而当交流输入电压瞬时值低于滤波电容上的电压时,整流二极管因反向偏置而截止。也就是说,交流输入电压的每个半周期内,只是在其峰值附近,整流二极管才会导通。这种严重失真的电流波形含有大量的谐波成分,引起线路功率因数严重下降,并且供电电路中的供电电流呈脉冲状态,会降低供电的效率。PFC 电路在整流电路与滤波电容之间加入斩波电路,使整流电路由电容性负载变成电阻性负载,提高功率因数,降低了开关电源对电网的污染。

(2)主电源电路:在开机状态输出电压。

(3)待机电源电路:在待机状态输出 +5 V 待机电压。

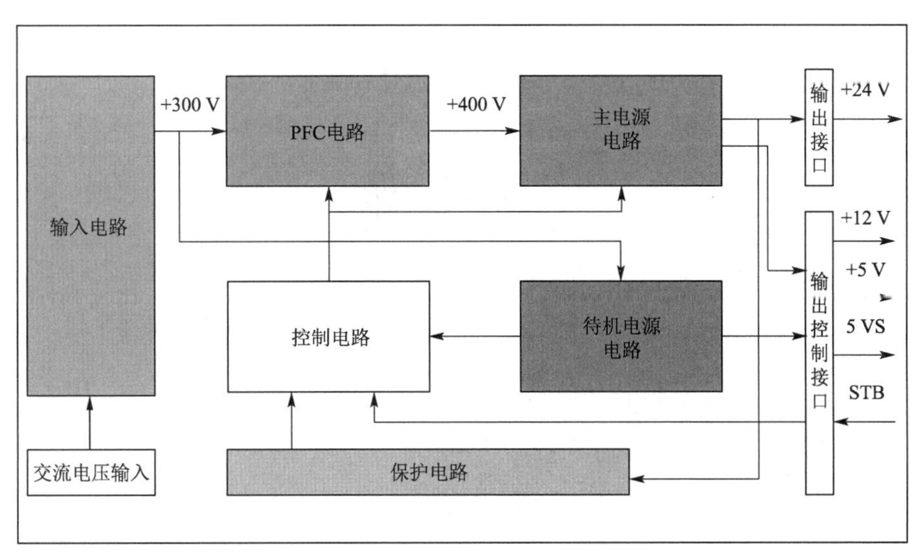

图 4-19　电源板的组成框图

4.3.2　电源板的工作过程

如图 4-19 所示，当插上电源插头，电视机处于待机状态时，供电输入端输入交流 100 ~ 240 V 的电压给输入电路，输入电路经过抗干扰电路、整流电路以后得到 + 300 V 的电压分别送入 PFC 电路和待机电源电路中，待机电源电路开始工作。因为待机电源电路内部的变压器比较小，只能从输出控制接口中输出 5VS 待机电源给驱动板，此时虽然 300 V 的电压已经送给 PFC 电路和主电源电路，但是两个电路都不工作。

开机工作过程：当按键板或遥控器发出开机信号给驱动板，驱动板送出 STB 开机信号给控制电路，控制电路工作后输出 + 15 V 左右的电压供电给 PFC 电路和主电源电路，此时 PFC 电路输出 + 400 V 电压给主电源电路供电，主电源电路输出 + 24 V、+ 12 V、+5 V 等。

保护电路工作过程：当输出电压因为过电流致使电压下降时，由采样电路经保护电路反馈到控制电路，关闭电源。当输出供电电压过高或者过低时，保护电路动作，控制电路停止工作不再输出 15 V，PFC_PWM 芯片和主电源 PWM（pulse width modulation，脉冲宽度调制）芯片失去供电，PFC 与主电源初级停止工作，主电源 + 24 V、+ 12 V、+ 5 V 不输出供电。

4.3.3　电源板各部分工作过程

1. 输入电路

100 ~ 240 V 交流电压输入后经保护电路、抗干扰电路、整流滤波电路得到直流供电电压 + 300 V，分别供电给 PFC 电路及待机电源电路。

2. 待机电源电路

直流供电电压 300 V 经 D33 隔离后，如图 4-20 所示，送到待机电源电路 T2 的一次线圈，经过变压器 T2 二次线圈耦合变压后，在经过 D4、C54、L3 等整流滤波输出 5VS 的待机供电电压。

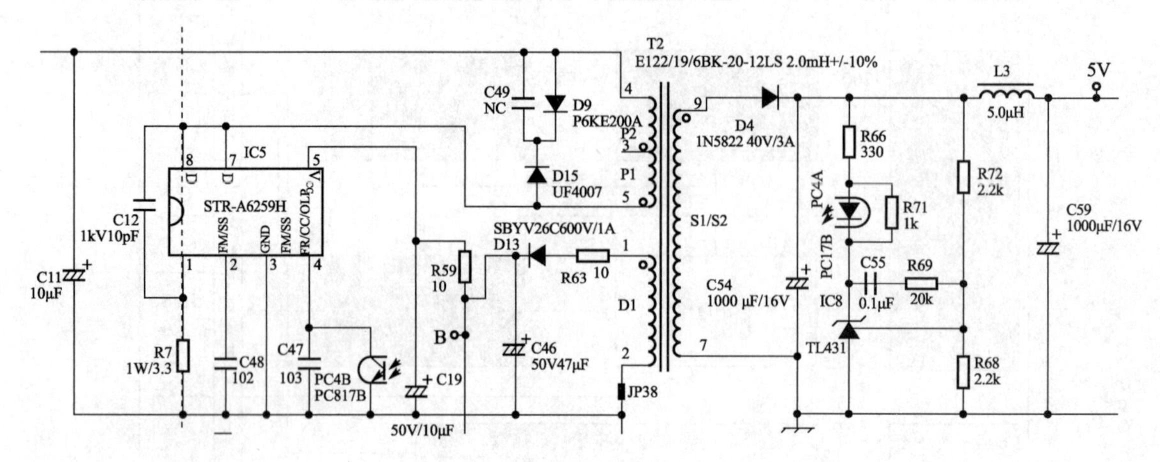

图 4-20　待机电源电路①

3. 开机过程

1)控制电路工作过程

如图4-21(a)所示,驱动板开机启动时送出STB供电电压控制信号经R81加到Q5的基极上(Q5的基极加高电平,Q5导通;低电平,截止),控制Q5导通,光耦合器PC817B中的PC7A导通工作,发射出光线,照射PC7B,PC7B导通,T2变压器二次电压通过R57、R18分压加到Q8基极,Q8基极连接稳压二极管ZD2,使Q8基极电压稳定到16 V,Q8导通;VCC处得到15 V电压,如图4-21(b)所示。

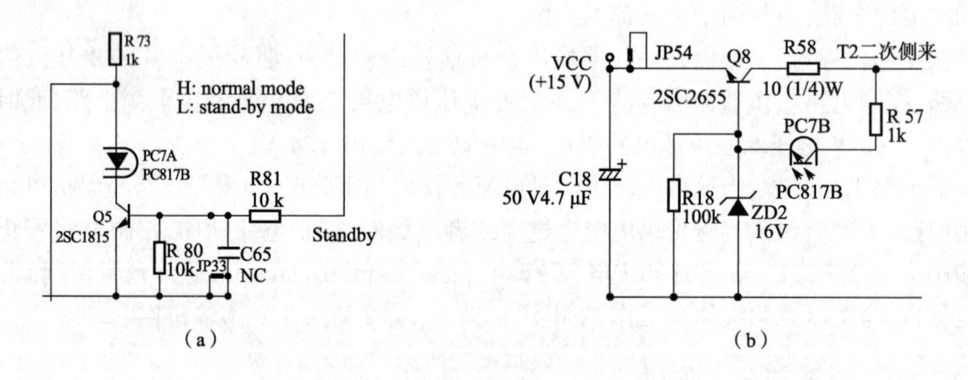

图4-21　控制电路工作过程

2)VCC给PFC电路及主电源电路芯片提供电压

VCC给PFC电路及主电源电路芯片提供供电,如图4-22所示。

3)PFC电路工作过程

PFC电路芯片得到供电电压VCC后工作,输出+380 V给主电源电路提供电压,主电源电路工作,如图4-23所示。

① 本章类似电路图为华升液晶电视实验箱原理图,其中图形符号与国家标准符号不符,二者对照关系见附录A。

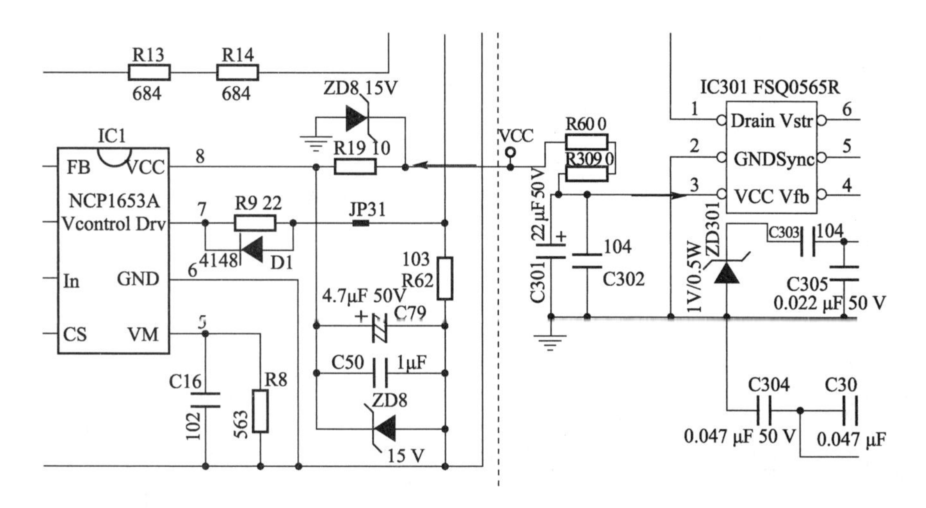

图 4-22　VCC 给 PFC 电路及主电源电路芯片提供电压

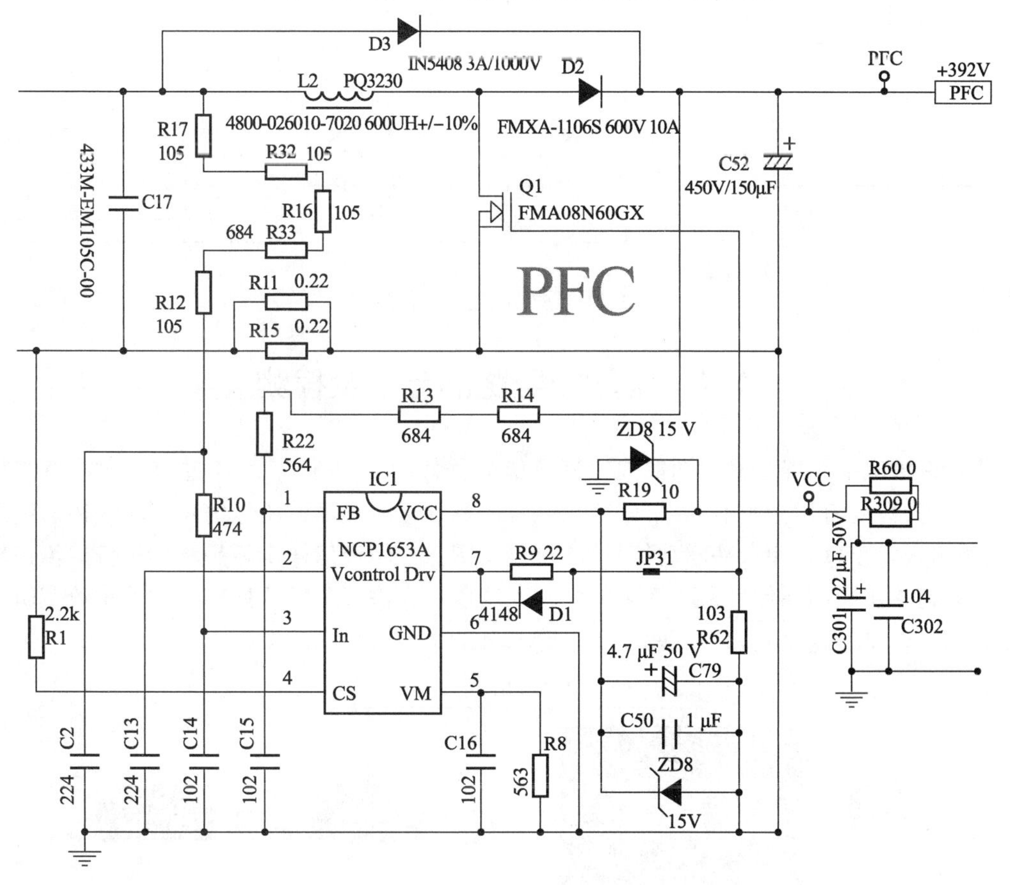

图 4-23　PFC 电路工作过程

4）主电源电路工作过程

主电源电路工作，T3 二次侧输出 +24 V 给高压板提供电压，+12 V 给主板提供电压，如图 4-24 所示。

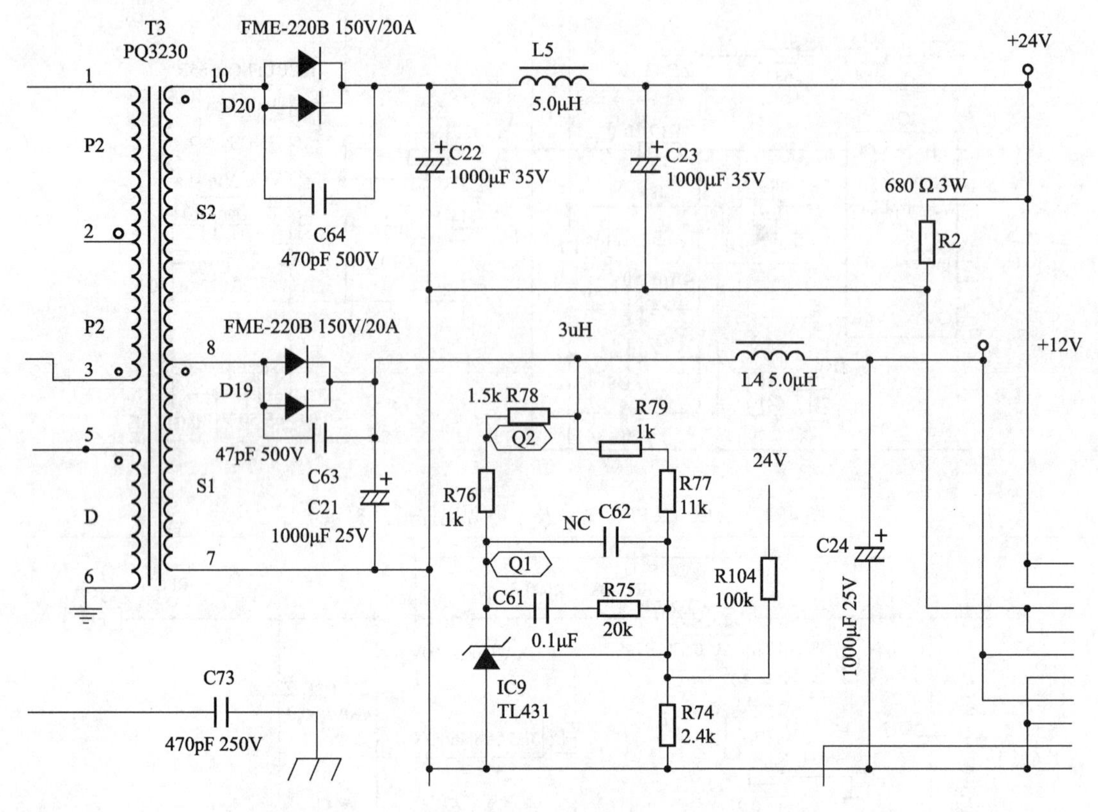

图 4-24 主电源电路工作过程

4.4 驱动板电路的分析及检测

为什么液晶显示屏会显示图像呢？其显像过程如图 4-25 所示。通过前边学习背光模组的知识知道，只要有背光照射，屏幕就会点亮。当驱动板将输出的图像信号用屏线传递给逻辑板后，逻辑板输出垂直和水平驱动信号，屏幕显示图像。图像信号实际是驱动板输出给逻辑板的。驱动板输出的图像信号是哪里来的？它对这些信号进行了哪些处理？它输出给逻辑板的是什么信号？带着这些问题进入驱动板电路部分的学习。

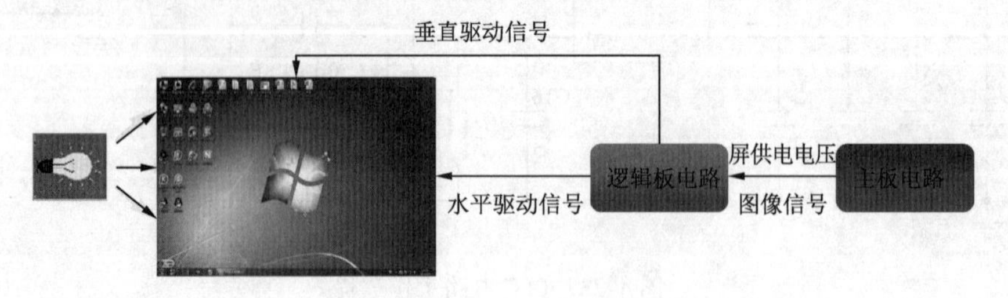

图 4-25 液晶显示屏显像过程

液晶电视机的启动过程：

(1)电源板输出 5VS 待机电压供给驱动板，主板进入待机状态。

(2)遥控接收指示灯或者按键板给驱动板输出开机信号，驱动板输出电源控制 STB 信号，使得电源板输出电压,其中+24 V供给高压板,+12 V、+5 V供给驱动板。

(3)驱动板输出去屏供电电压P-VCC和LVDS图像信号到逻辑板,逻辑板工作输出水平驱动信号、垂直驱动信号给液晶显示屏,液晶显示屏显示图像。

(4)驱动板输出背光起控信号BL-ON控制背光板开始工作,如果背光板是CCFL高压板,则会输出1 500～1 800 V的电压;如果背光板是LED恒流板,则会输出恒定的电流点亮背光灯管,这时可以从液晶显示屏上看到图像。

从液晶显示屏的启动过程中可以看出,驱动板电路是整个液晶电视机的核心,它会控制开关机,控制是否将图像信号传送到逻辑板,控制什么时候点亮背光灯管。

4.4.1 驱动板电路的组成及工作过程

驱动板常被称为主板或A/D板,如图4-26所示,它主要由微控制器(MCU)电路、存储单元、视频图像处理电路、视频输入接口、按键输入接口、时钟信号产生电路、液晶面板屏线接口等部分组成。

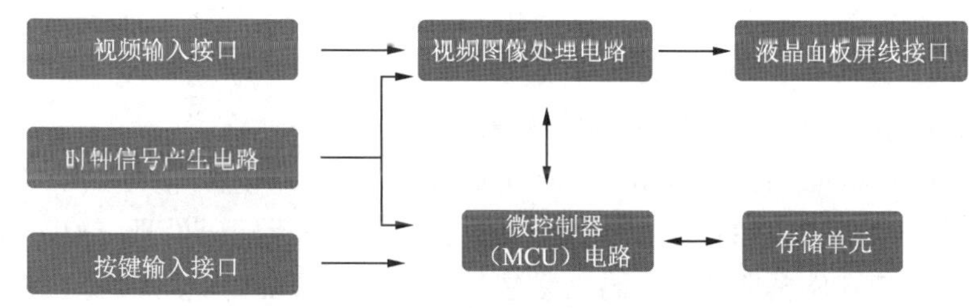

图4-26 驱动板电路的组成框图

驱动板电路的工作过程:视频输入接口接收各种信号源发送来的模拟或者数字图像送到视频图像处理电路。视频图像处理电路将这些信号进行A/D转换、画质增强、优化,并按照当前显示器的分辨率设置,开展相应的缩放处理,将处理后的视频信号转换成与液晶面板接口类型一致的数据格式,通过屏线发送给液晶显示屏面板。微控制器电路包括MCU(微控制器)、存储器等。它控制各种显示信息(如亮度、色调等的调节和本身的状态如输入信号识别、加电自检、各种节电模式转换等)的存储,在工作的时候将这些信息发送给视频图像处理电路。时钟信号产生电路接收图像的行、场同步信号和外部时钟信号,经过时钟信号发生器产生各单元电路所需的时钟信号。时钟信号起到三个作用:(1)产生A/D转换器的采样时钟;(2)产生驱动液晶显示屏面板的像素时钟;(3)产生协调驱动板上各个模块匹配工作的时钟。按键输入接口接收按键板送来的开关信号,这个开关信号直接送到驱动板上的微处理器中,通过微处理器识别后,输出控制信号控制相关电路完成相应的操作。

驱动板的作用:将收到的模拟信号转换为数字信号(或者从一种数字信号转换为另一种数字信号),同时在图像控制单元的控制下驱动液晶显示屏显示图像。

4.4.2 驱动板电路主要部分的作用

1. 视频输入接口

视频输入接口是外围设备和液晶电视机信号传输的桥梁。常用的视频输入接口包含:

VGA(D-Sub)接口、DVI(DVI-I 和 DVI-D)接口、HDMI 接口和 Display Port(DP)接口、色差分量接口、AV 音视频接口、S 端子接口等,如图 4-27 所示。

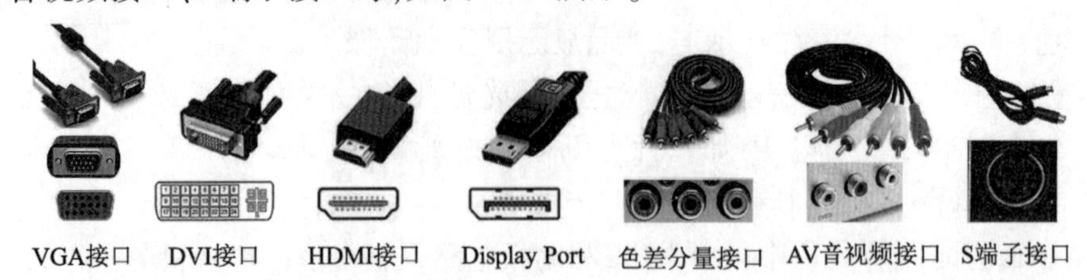

图 4-27 视频输入接口

VGA 接口、色差分量接口、AV 音视频接口、S 端子接口传递模拟信号,DVI 接口支持数字和模拟信号,HDMI 接口支持数字信号,DP 接口是在 HDMI 接口之后发展的新接口,它的带宽更宽,为了适应 64 英寸以上显示设备的高分辨率要求。

2. 视频图像处理电路

视频图像处理电路包含:TMDS 视频接收解码电路、A/D 转换单元、去隔行处理电路、图像缩放处理单元、微处理器电路、液晶面板屏线接口电路、时钟信号产生电路、OSD(on screen display,屏幕菜单式调节)控制单元以及视频信号发送处理单元等。

1)TMDS(transition-minimized differential signaling,过渡调制差分信号)视频接收解码电路

TMDS 视频接收解码电路的作用是对输入的视频信号进行解码处理,输出 YUV 分量信号或数字 RGB 信号。TMDS 视频接收解码电路又分为模拟视频解码电路和数字视频解码电路。

如图 4-28 所示,模拟视频解码电路的工作过程为:全电视信号(CVBS)送到亮/色分离电路,将亮度 Y 和色度 C 分离,然后送到亮/色切换电路,与 S 端子输入的 Y/C 信号切换后,亮度信号 Y 送入基色矩阵电路。

色度信号 C 送到色调解码电路,解调出红色差 V、蓝色差 U,也送入基色矩阵电路进行运算处理,产生 RGB 三基色信号,送到 RGB 切换电路,与外部 RGB 信号进行切换,送到外部的 A/D 转换电路,将模拟的 RGB 信号转换成数字 RGB 信号。

全电视信号同时还要送入同步分离电路进行行场同步信号的分离,将分离后的行同步、场同步信号分别送给同步处理电路后,和数字 RGB 信号一起,送到后边的去隔行处理电路。

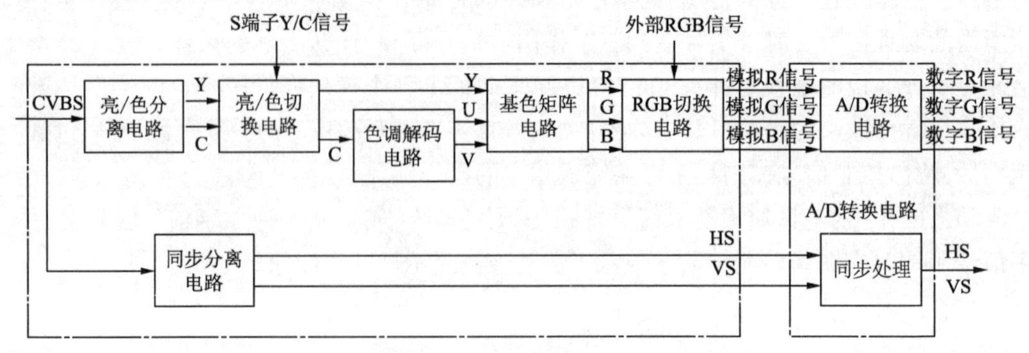

图 4-28 模拟视频解码电路内部框图

如图 4-29 所示,数字视频解码电路先将全电视信号(CVBS)送入 A/D 转换电路进行数字化处理,一路送入亮/色分离电路,分离出的亮度信号 Y、色度信号 C 和 S 端子送来的信号进行

亮/色切换选择后，色度信号经过色度解码，获得数字 Y 信号，数字 U、V 信号或者数字的 RGB 信号。另一路送入色度解调电路，解调出行、场同步信号。两路信号一起送到后边的去隔行处理电路。

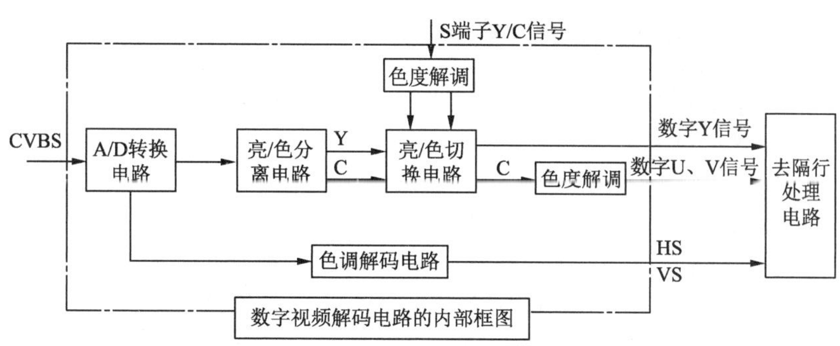

图 4-29　数字视频解码电路内部框图

2）去隔行处理电路

去隔行处理电路的作用是对 A/D 转换电路发送过来的数字视频信号进行隔行-逐行变换。

为了在有限的频带内传递更多的电视节目，原来的电视广播中采用隔行扫描，为了和现有的逐行扫描数字电视机兼容，需要驱动板电路将送入的隔行信号变成逐行寻址的视频信号，才能支持液晶显示器的显示。

如图 4-30 所示，用四张图来介绍去隔行处理电路的工作过程。

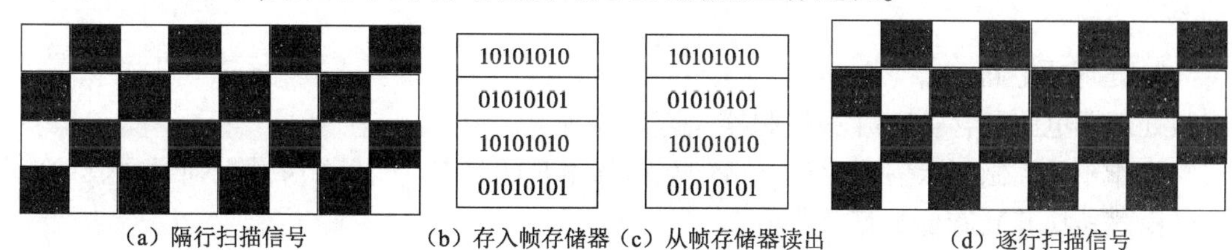

图 4-30　去隔行处理电路的工作过程

首先将代表奇数行的数字信号存入帧存储器中，存的时候先按顺序存奇数行 1、3…，然后再按顺序存偶数行 2、4…，并且将奇数行和偶数行按照原来的顺序交错存储。

在读出显示的时候，按照原来的频率逐行 1、2、3、4…从帧存储器中读出一帧画面的信号，如原来隔行扫描的场周期为 20 ms，奇数场需要 20 ms，偶数场也需要 20 ms，现在 20 ms 读出一帧，即奇数场 + 偶数场，40 ms 内读出两帧。如图 4-33（d）所示，在原来的周期内读出了两次，帧图像显示的行数比原来增加一倍，消除了原来的行间临界闪烁现象。

3）图像缩放处理单元

图像缩放的作用是对输入的数字视频信号进行缩放处理，将不同分辨率的信号转换成液晶显示屏固有的分辨率信号。

液晶电视机接收到的信号种类很多，既有模拟视频信号，也有高清格式的信号。但是液晶显示屏的分辨率却是一定的。为了使液晶电视机能够接收不同格式的信号，这项工作由图像缩放处理单元完成。

如图 4-31 所示，输入到接口里的信号是 1 920 ×1 080 的，而液晶显示屏的分辨率为 1 280 ×

720 的,图像缩放处理单元可以将 1 920 ×1 080 缩为 1 280 ×720。首先将 1 080 行中三行抽调一行,这样就抽调了 360 行,余下 720 行;同时将每行的像素点依次采取每三个抽掉一个,便实现了 1 920 个像素点变为 1 280 个像素点,这样就能够和 1 280 ×720 的液晶显示屏兼容了。

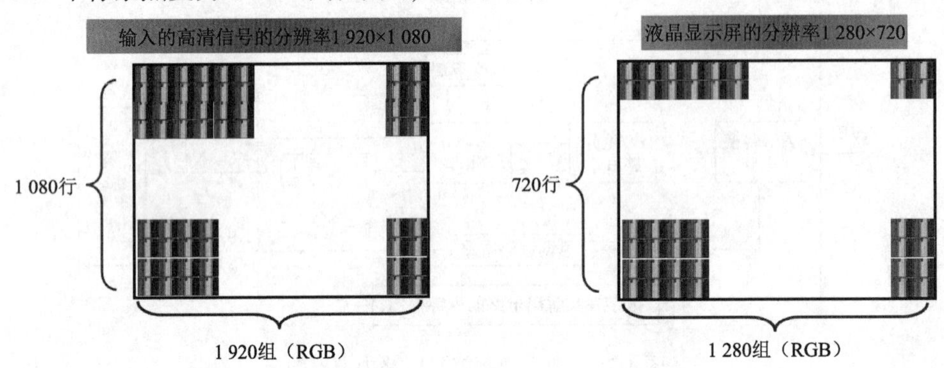

图 4-31　图像缩放处理单元原理

如果输入到接口里的信号是 1 280 ×720 的,而液晶显示屏是 1 920 ×1080 的,图像缩放处理单元可以将 1 280 ×720 放大为 1 920 ×1 080。可以将每三行重复一行,每三个像素点重复一个像素点,从而将 1 280 ×720 的信号和 1 920 ×1 080 的液晶显示屏兼容。

图像缩放是一个复杂的运算过程,首先根据输入模式检测电路得到输入信号信息,计算出水平和垂直两个方向上的像素校正比例。然后,对输入的信号采取插入或抽取技术,在帧存储器的配合下,用可编程算法计算出插入或抽取的像素,插入新像素或抽取原图中的像素,使之达到需要的像素。

4)微处理器电路

微处理器电路包含:MCU(微控制器)、存储器等。

它的作用是控制显示信息(亮度位置调节)和本身的状态(如输入信号识别、加电自检、各种节电模式转换等),存储数据。

5)液晶面板屏线接口电路

液晶面板屏线接口的作用是对图像缩放电路输出的信号进行变换处理,使之转换成适合驱动液晶面板成像的电信号。根据传送的信号不同,接口的外形也不一样。

接口类型包含 TTL 接口、低压差分 LVDS 接口、V-by-One 接口、RSDS(低振幅信号)接口、TMDS 接口、T-CON 接口等,如图 4-32 所示。

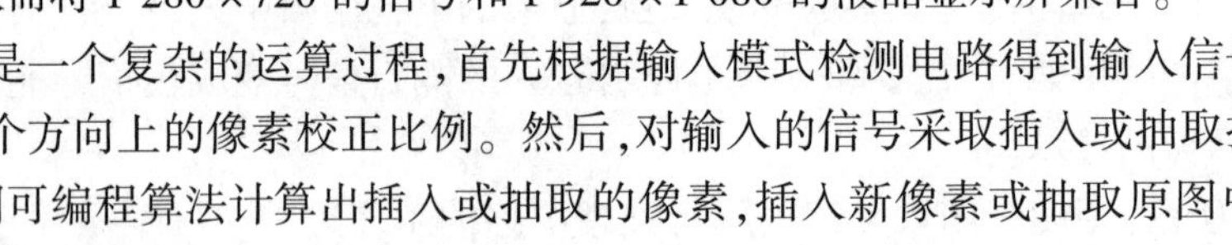

TTL接口

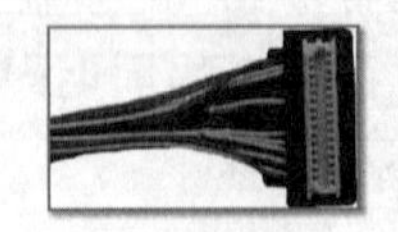

LVDS针插式接口

LVDS片插式接口

V-by-One接口

图 4-32　屏线接口类型

6)时钟信号产生电路

时钟信号产生电路的作用是接收图像的行、场同步信号和外部时钟信号,经过时钟信号发生器产生各单元电路所需的时钟信号。

LVDS 数字信号在传输图像信号时,一个像素要用红、绿、蓝三基色信号表示,每一种基色信号用几位二进制数表示,如果红、绿、蓝三基色分别用6位二进制数表示,要传送6位数据就需要21位数字信号,为了保证每一个像素信号在传递过程中按照一定顺序传送,需要有一个指挥官跟随像素信号一起传送,这个指挥官就是时钟信号。

4.4.3 驱动板电路的工作过程

驱动板电路的工作过程如图4-33所示。输入接口电路将收到的各种音视频信号送到驱动板电路进行处理。高频调谐器将处理好的图像中频信号和第一伴音中频信号送入中频处理电路,经过解调和下变频,还原出视频全电视信号(CVBS)和第二伴音信号(SIF2)。

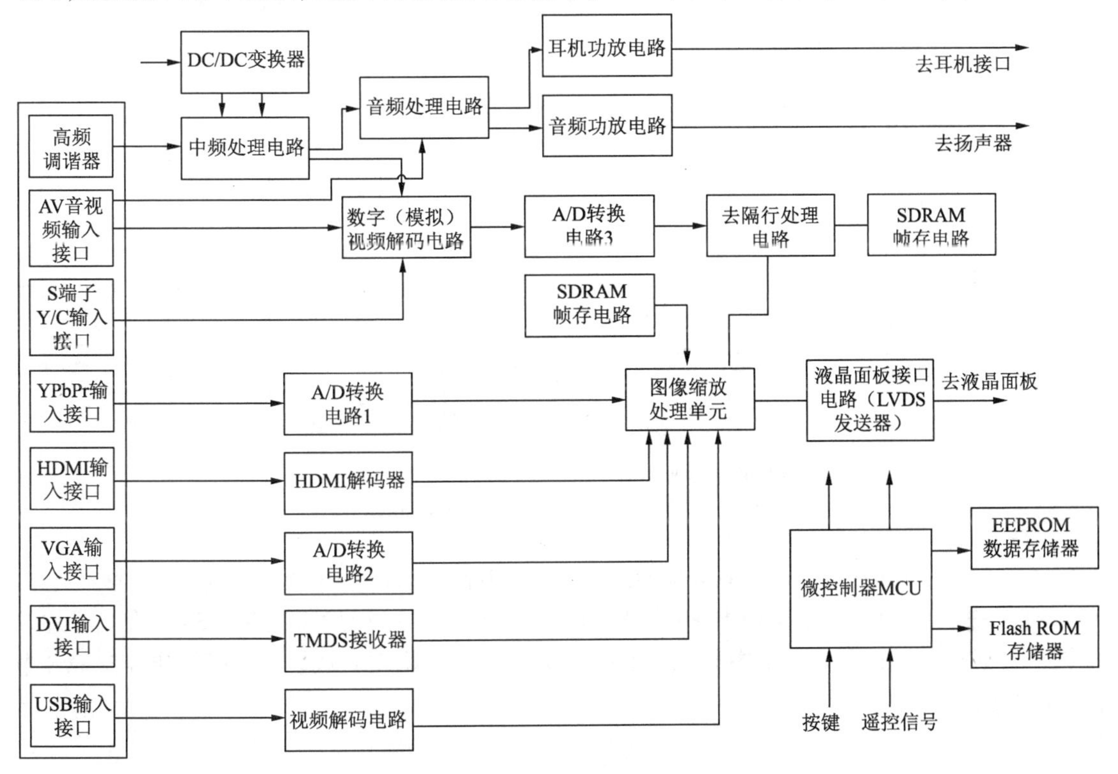

图4-33 液晶电视机驱动板电路组成框图

伴音送往音频处理电路以便驱动扬声器发声;视频全电视信号送往视频解码电路,解码出YUV分量信号或RGB基色信号送往A/D转换电路,进行A/D转换;在去隔行处理电路中对数字视频信号进行隔行-逐行变换,输出标准逐行格式的数字YUV(或RGB)信号;图像缩放处理单元将不同分辨率的信号转换成液晶显示屏固有分辨率的信号;送入到液晶面板接口后,转换成适合驱动液晶面板成像的电信号。

微控制器(MCU)接收按键信号、遥控信号,对相应的电路进行控制;存储器用于存储液晶电视机的工作数据和运行程序。

4.4.4 驱动板电路关键测试部位的识别

在进行液晶电视机的检测与维修时,首先要看懂原理图,找到关键测试部位的位置和电压值,然后才能完成电压的测试。将测试值和正常值对比,差别较大的部位,就是故障的部位。

在电子产品的检测与维修中，最常用的检测方法是电压检测和波形检测。

通过比较被测点的电压、波形与正常值的偏离度，偏离正常值较大的地方，往往是故障所在的部位。

电压检测分为静态电压检测和动态电压检测两种。打开电子产品，不输入信号时的电压检测为静态电压检测；输入信号时的电压检测为动态电压检测。本书介绍静态电压检测。

1. 液晶电视机待机过程分析

如图 4-34 所示，CN1 为供电输入及控制接口，当液晶电视机打开电源开关，电源板上的待机电路工作，从 CN1 的第 8 引脚输出 +5 V 的待机电压，Standby 为“等待”的意思。用 +5VS 来表示待机电源。

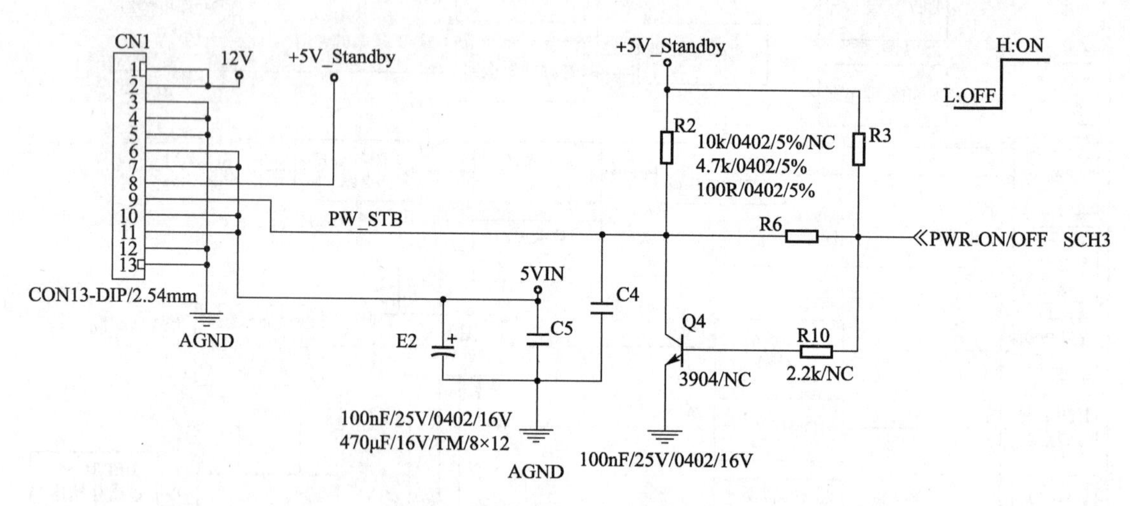

图 4-34　CN1 供电输入及控制接口

+5VS 是通过 CN1 的第 8 引脚送到驱动板后，经过 U3 稳压后得到 +3.3VS 给主芯片及待机时驱动板。+5VS 从稳压块 U3 的第 3 引脚输入，经过稳压后从第 2 引脚输出 +3.3VS 电压，如图 4-35 所示。

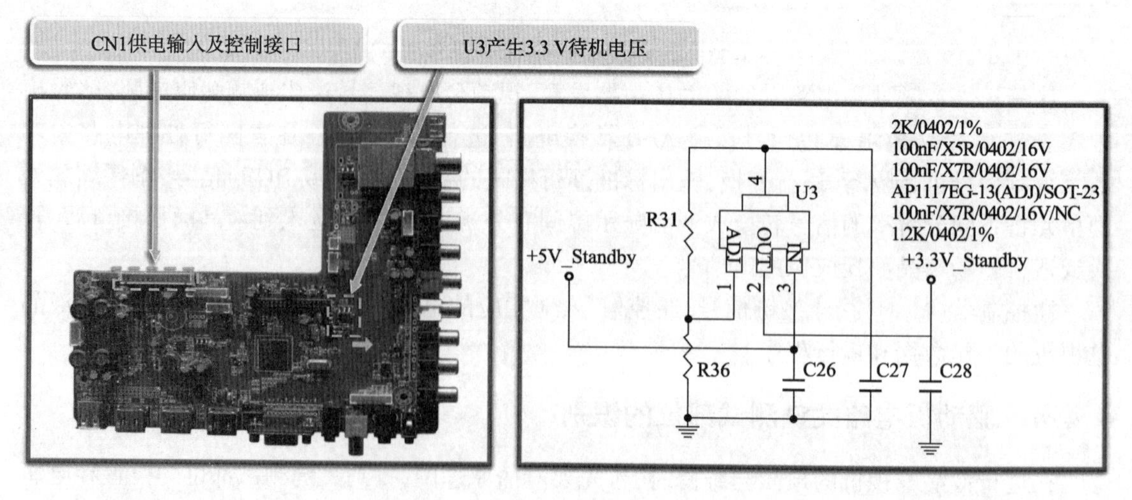

图 4-35　稳压块 U3 将 5VS 变 3.3VS

稳压后的3.3 V第一路供给主芯片的J4、K4、H4引脚,如图4-36所示。

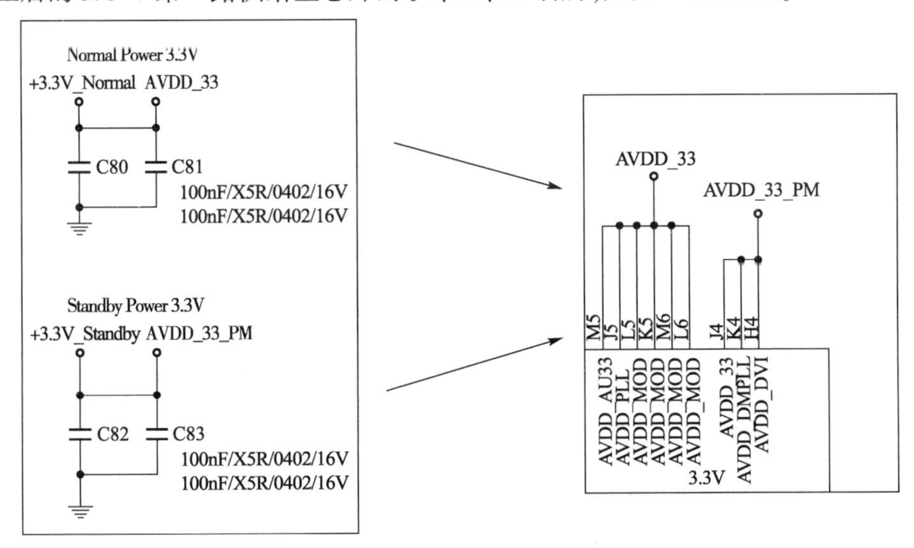

图4-36 第一路供给主芯片的J4、K4、H4引脚

第二路送到复位电路,PNP管Q10导通,复位电路和时钟电路开始工作,驱动板进入待机状态,如图4-37所示。

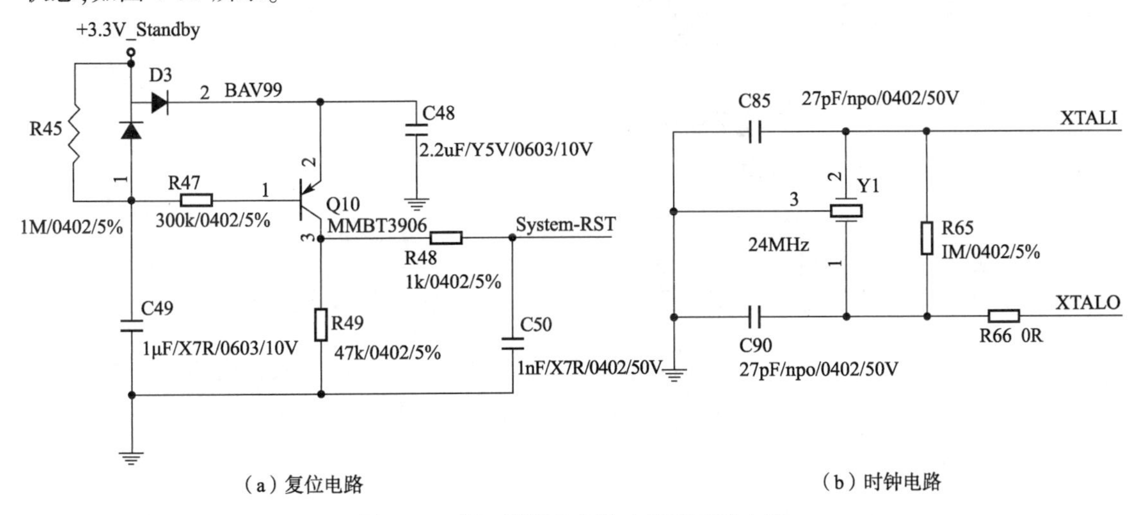

图4-37 第二路供给复位电路和时钟电路

第三路送到数据程序存储器,如图4-38所示。

第四路送给遥控接收、按键板电路。如图4-39所示,CN8为遥控接收板接口,因为+5VS电压加到它的第5引脚上,遥控接收板开始工作,接收头收到遥控开机信号,通过第2引脚、R74送出IRIN给主芯片的B9引脚。

CN7为按键板接口,当第9引脚有+5VS,R83、R85有+3.3VS时,按键板开始工作。第8引脚为开关键,第7引脚为信号源选择键,第5、6引脚为音量加减键,第4引脚为菜单键,第2引、3引脚为频道加减键,第1引脚接地。当按按键板上的按键以后,音量加减键、频道加减键通过串联电阻分压电路产生KEY0-SAR1信号送到主芯片的B11引脚;信号源选择键、频道加减键、菜单键、开关键通过串联电阻分压电路产生KEY0-SAR0信号送到主芯片的C11引脚。

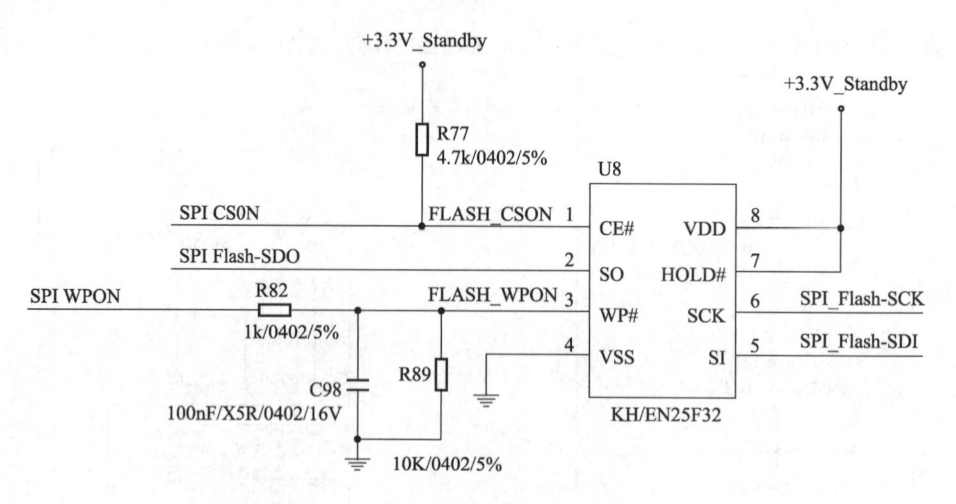

图 4-38 第三路送到数据程序存储器

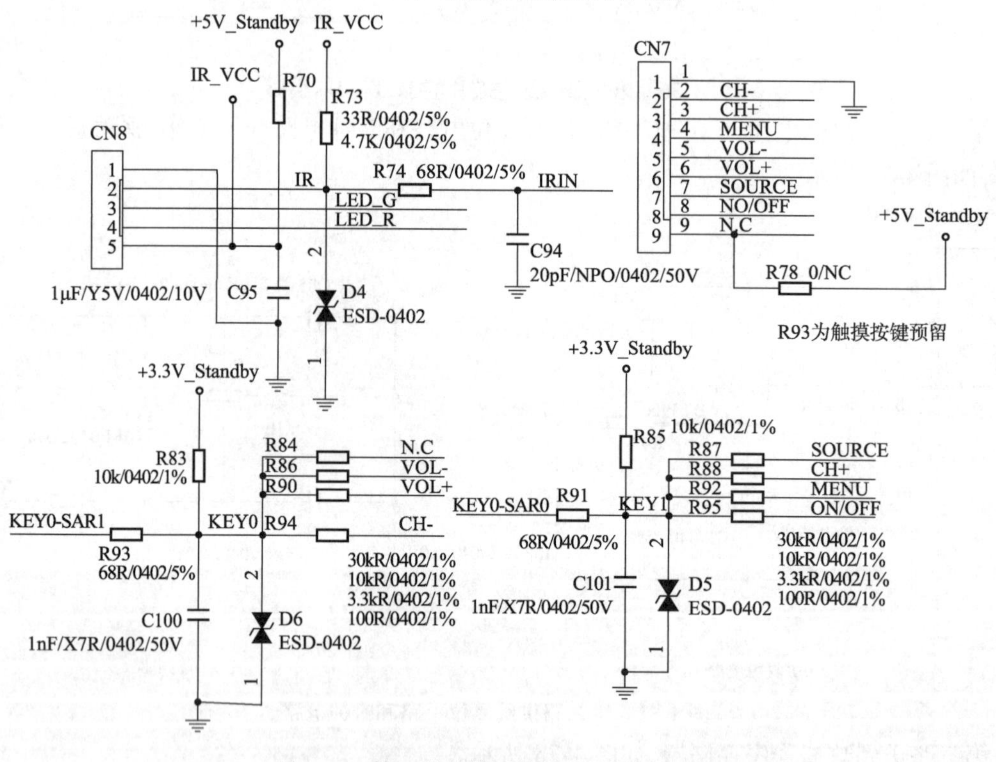

图 4-39 第四路送给遥控接收、按键板电路

人体自身的动作或与其他物体的接触、分离、摩擦或感应等因素，可以产生几千伏甚至上万伏的静电。当带静电的人体接触集成电路等电子器件时，会发生静电放电现象，击穿电子元器件。

图 4-39 中 D5、D6 为瞬态二极管（transient voltage suppressor，TVS），是一种二极管形式的高效能保护器件。利用 PN 结的反向击穿工作原理，将静电的高压脉冲导入地，从而保护了电器内部对静电敏感的元件，其伏安特性如图 4-40 所示，图中 U_C 为钳位电压、U_{BR} 为击穿电压、U_{RWM} 为反向截止电压、I_R 为反向漏电流、I_T 为反向击穿电流、I_{PP} 为峰值脉冲电流。

以 TVS 为例,当瞬时电压超过电路正常工作电压后,TVS 便发生雪崩,提供给瞬时电流一个超低电阻通路,其结果是瞬时电流通过 TVS 被引开,避开被保护器件,并且在电压恢复正常值之前使被保护回路一直保持截止电压。当瞬时脉冲结束以后,TVS 自动恢复高阻状态,整个回路进入正常电压。D5、D6 为双向 TVS 的特性,相当于两个稳压二极管反向串联,可以双向引导瞬间静电电流到地,起到保护作用。

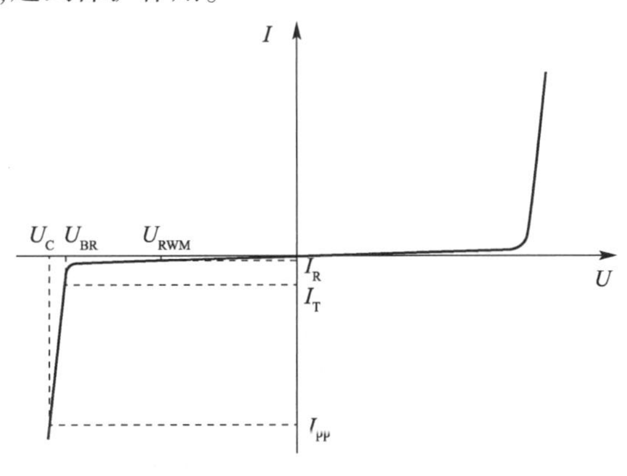

图 4-40　瞬态二极管的伏安特性

2. 液晶电视机开机过程分析

当主芯片的 B9 引脚收到开机信号 IRIN 以后,如图 4-41 所示,从 A10 引脚输出高电平的开机信号 PWR-ON/OFF。

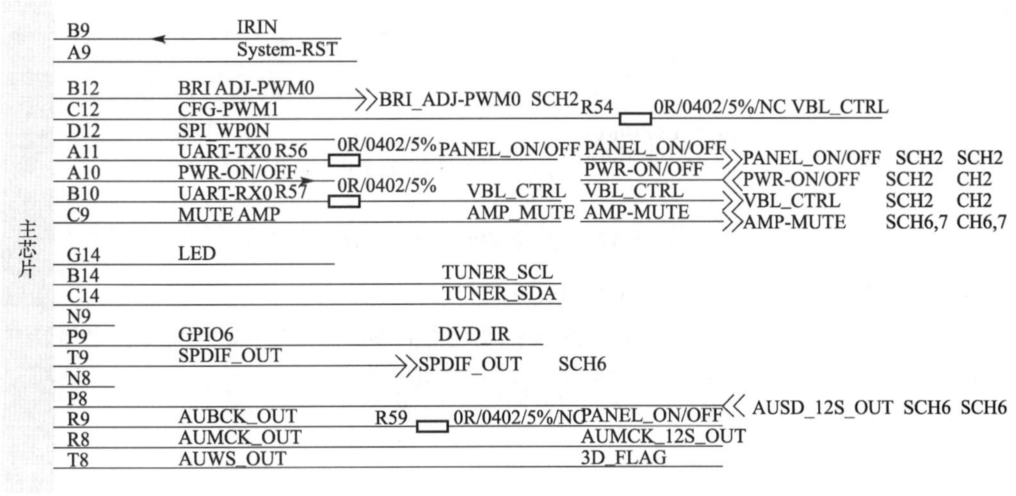

图 4-41　主芯片输出开机信号

高电平的 PWR-ON/OFF 通过电阻 R6 将 STB 开机信号送到 CN1 的第 9 引脚,电源板的 PFC 和主电源电路开始工作,如图 4-42 所示。

电源板分别从 CN1 的第 2 引脚和第 11 引脚输出 +12 V 和 +5 V 的电压给主板,如图 4-43 所示。

+12 V 经过变换分成三路:

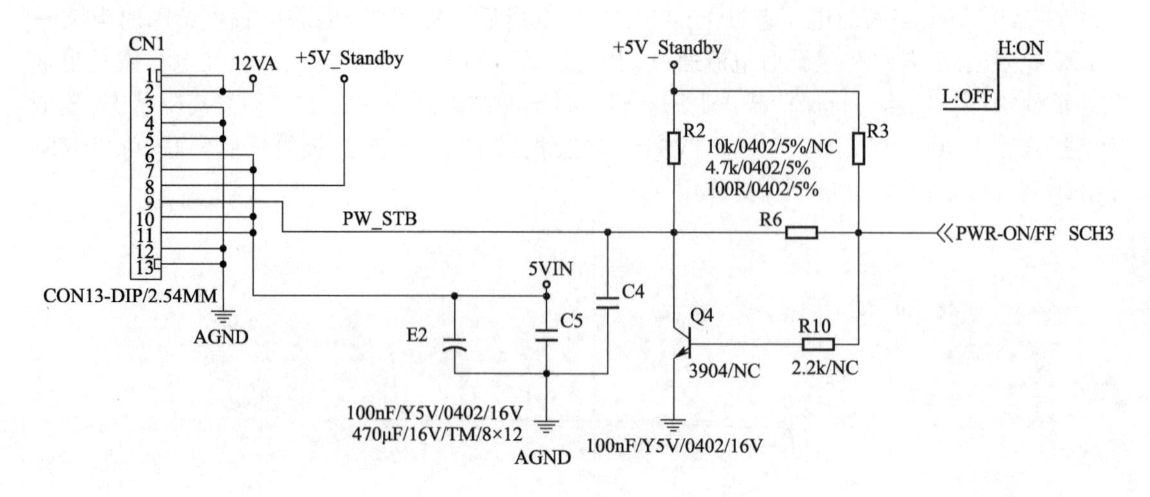

图 4-42 电源板收到开机信号

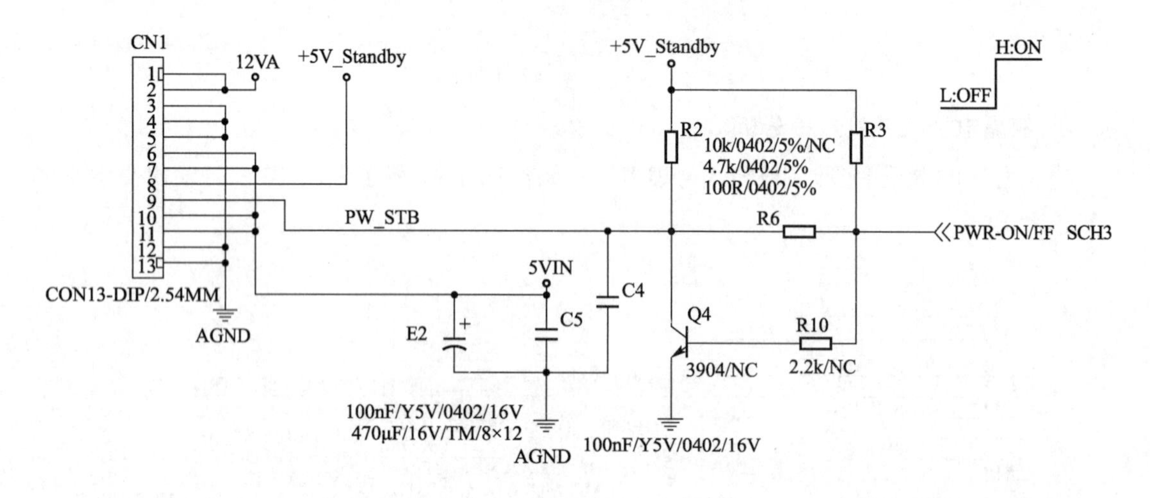

图 4-43 电源板主电源开始工作

第一路经过 U1 稳压得到 +1.2 V 给主芯片。

第二路经过升压电路得到 +40 V 再经过稳压电路得到 +33 V 给高频头做调谐电压。

第三路给液晶显示屏和音频功放供电。

+5V 经过变换分成三路：

第一路经过 U2 稳压得到 +2.5 V。

第二路经过 U4 稳压得到 +1.8 V。

第三路经过 U6 稳压得到 +3.3 V 给主芯片和各个电路供电。

整机开启进入正常工作状态。

主芯片随后通过 A11 引脚发出 PANEL_ON/OFF 去屏供电控制信号，如图 4-44 所示。

当 PANEL_ON/OFF 去屏供电控制信号加到 NPN 管 Q8 基极上，如图 4-45 所示，Q8 导通，Q7 的栅极电位降低，源极与漏极导通，屏供电电压 VCC-Panel 通过 Q7 加到 CN9 的 1、3 引脚上。

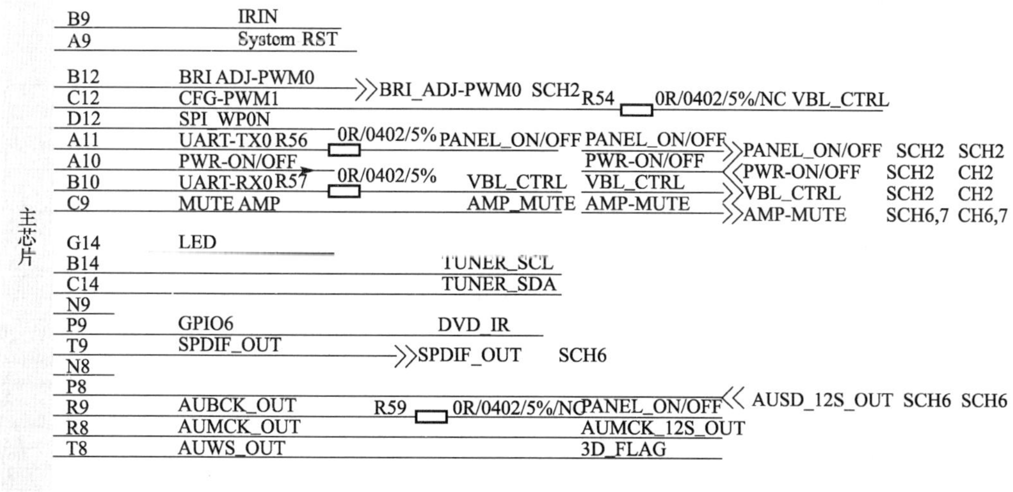

图 4-44　芯片输出去屏供电控制信号

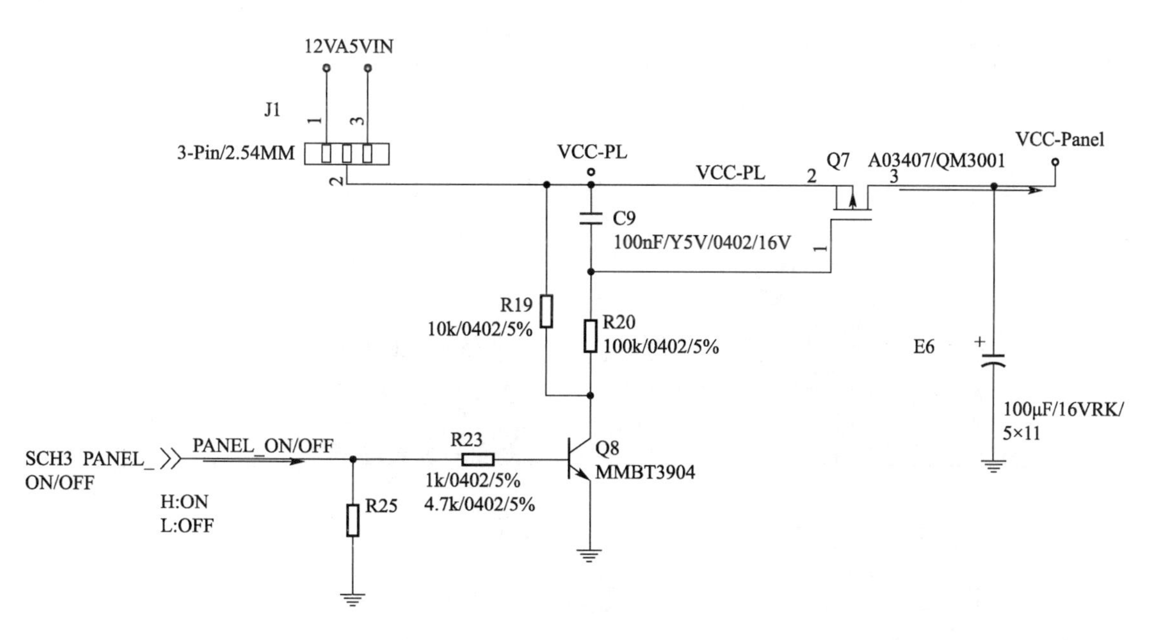

图 4-45　去屏供电电压加到逻辑板上

当去屏供电电压和主芯片输出的图像信号一起通过 CN9 加到逻辑板上，如图 4-46 所示，此时屏幕显示图像但没有背光，呈现黑屏。

主芯片通过 B10 引脚输出 BL-ON 背光控制信号，通过 B12 输出 ADJ 亮度调整信号，BRI_ADJ 即 ADJ 信号，VBL_CTRL 即 BL-ON 信号，如图 4-47 所示。

VBL_CTRL 背光控制信号通过电阻 R26 加到 CN4 的第 4 引脚，BRI_ADJ 亮度控制信号加到 Q9 以后，Q9 导通，经过分压以后，加到 CN4 的第 3 引脚，控制背光板开始工作，此时点亮背光看到图像，如图 4-48 所示。

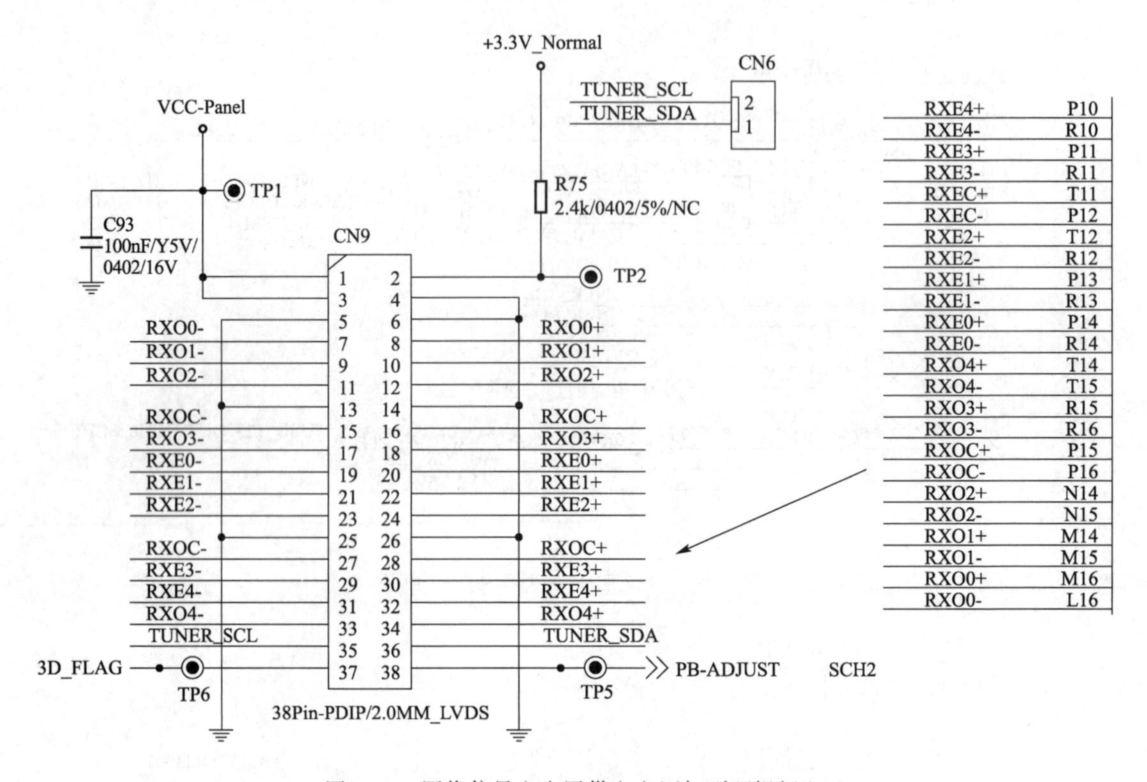

图 4-46　图像信号和去屏供电电压加到逻辑板上

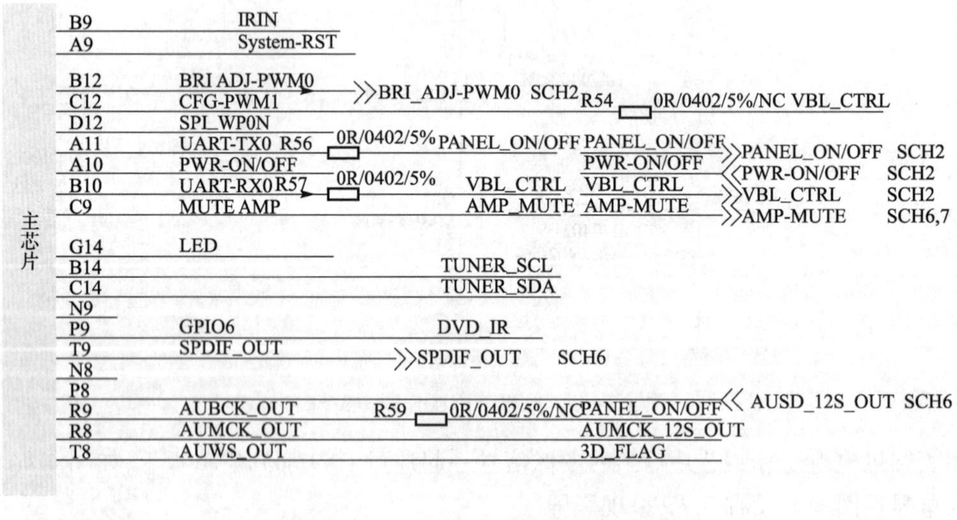

图 4-47　主芯片输出背光控制信号

4.4.5 驱动板电路关键电压的检测

在测试时,可对照原理图并根据型号查询引脚的功能找到测试部位。下面以华升液晶电视实验箱的测试为例进行介绍。驱动板上的关键测试点如图 4-49 所示。

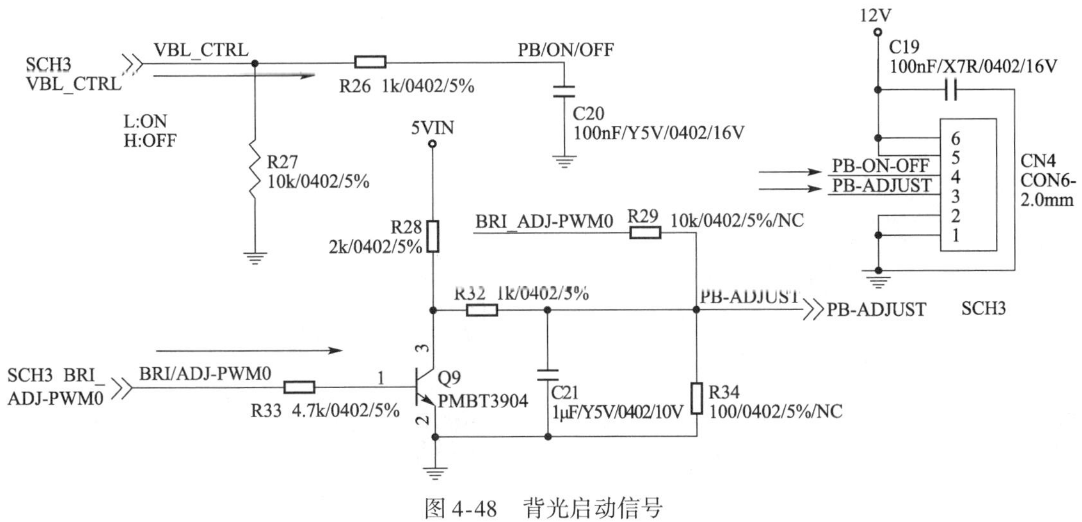

图 4-48　背光启动信号

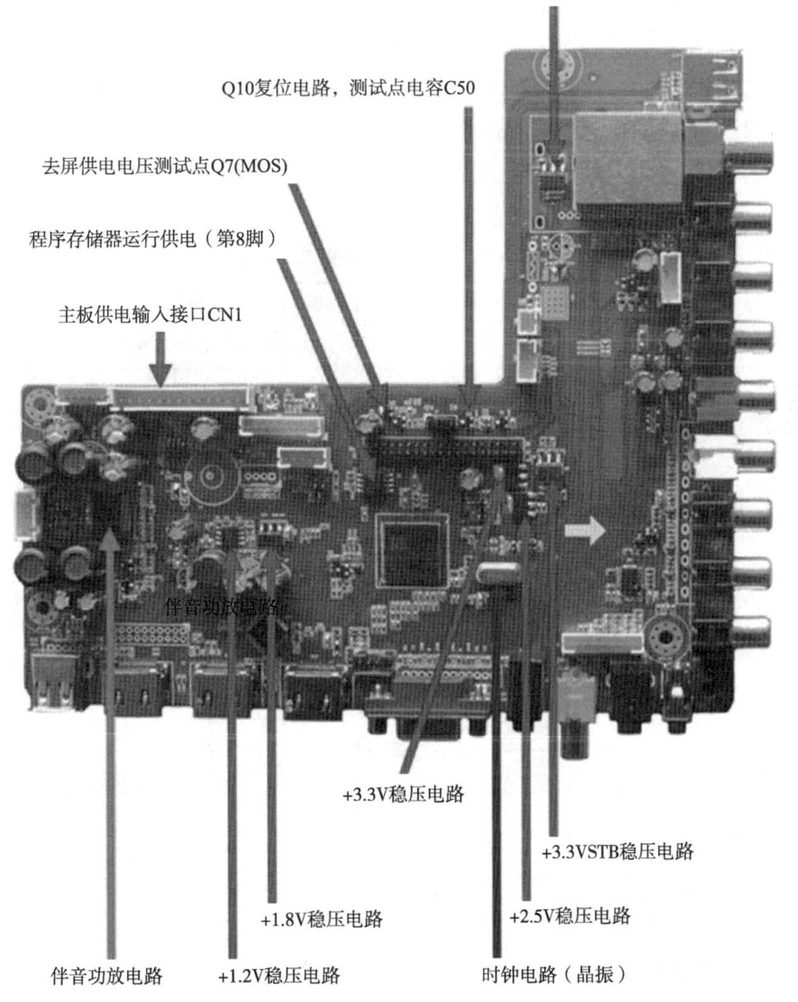

图 4-49　驱动板上的关键测试点

使用的设备:信号发生器、数字万用表、华升液晶电视实验箱(以下简称“实验箱”)。

操作步骤:

第一步:将实验箱和信号发生器连接好,如图 4-50 所示。

第二步:将万用表开机,如图 4-51 所示,选择直流电压挡,选择量程为 99 V。

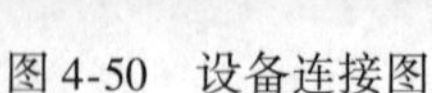

图 4-50 设备连接图

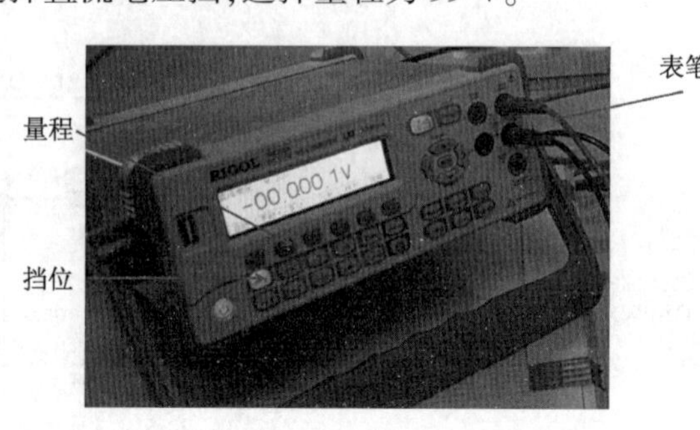

图 4-51 万用表开机

第三步:实验箱处于待机状态,开始测量。注意:万用表黑表笔接地,在测试的过程中,红表笔禁止同时碰触两个相邻引脚。测量此时相应测试点的电压填写到表 4-2 中。

第四步:将实验箱处于开机状态,测量相应的测试点,并填写到表 4-2 中。分析测试结果与标准电压值的区别,判断是否存在故障。

关键测试点对地的电压反映了电路的工作状态。只要将所测电压与正常电压相比,如有异常,就可以判定相关引脚存在故障。

表 4-2 驱动板关键测试点电压

实测位置	测试部位的名称及作用	实测数据		测试结论
		待机	开机	
CN1 第 8 引脚				
CN1 第 1、2 引脚				
CN1 第 9 引脚				
CN1 第 6 引脚				
U1 第 3 引脚				
U3 第 2 引脚				
U6 第 2 引脚				
U2 第 2 引脚				
U4 第 2 引脚				
CN9 第 1 引脚				
J1				
CN4 第 4 引脚				
CN4 第 3 引脚				

4.4.6 驱动板电路输入输出波形的测试与分析

在电子设备的维修中,波形测试是发现故障的关键手段。通过观察测试波形的幅度、频率及有无即可判断故障的部位。

1. 驱动板输入波形的测试

使用的设备:华升液晶电视实验箱、电视信号发生器、示波器及 VGA 线。

电视机中有很多种接口,其中 VGA 接口非常常见,如图 4-52、图 4-53 所示。电视机的接口需要专口专用,不同的接口使用不同的传输线,不同的传输线有不同的信号内容。

图 4-52　VGA 传输线

图 4-53　VGA 接口

VGA 接口即视频图形阵列,又称 D-Sub 接口,是 IBM 于 1987 年提出的一个使用模拟信号的视频传输标准。具有分辨率高、显示速率快、颜色丰富等优点,在彩色显示器领域得到了广泛的应用。VGA 接口分为公头和母头,带插针的为公头。VGA 传输线接在 VGA 接口,传送 RGB 三基色信号。

标准彩条信号和 RGB 三基色的关系如图 4-54 所示。标准彩条信号为白黄青绿紫红蓝黑,用 1 表示该彩条中有这种基色,0 表示该彩条中没有这种基色。因为白色中三个基色都有,所以,红绿蓝分别为 111;黄色中包含红和绿两个基色,红绿蓝分别为 110;青色中包含绿和蓝两个基色,红绿蓝分别为 011;绿色中只有绿基色,红绿蓝分别为 010;紫色中包含红和蓝两个基色,红绿蓝分别为 101;红色中只有红基色,所以红绿蓝分别为 100;蓝色中只有蓝基色,所以红绿蓝分别为 001;黑色中没有任何基色,故红绿蓝分别为 000。按照分析结果绘制信号的波形如图 4-55 所示。

参数	白	黄	青	绿	紫	红	蓝	黑
红R	1	1	0	0	1	1	0	0
绿G	1	1	1	1	0	0	0	0
蓝B	1	0	1	0	1	0	1	0

图 4-54　标准彩条信号与 RGB 三基色的关系

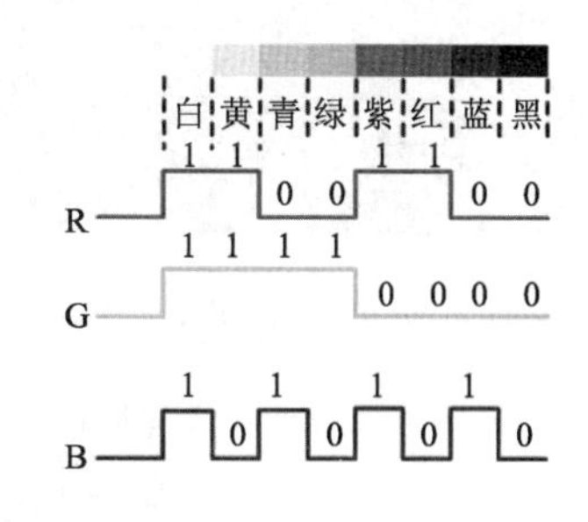

图 4-55　标准彩条信号对应的波形

下面通过测试,看看测试值和理论值是否一样。

第一步:按照图 4-56 所示将液晶电视实验箱、电视信号发生器、示波器连接,设置电视信号发生器,选择输出信号类型为彩条 ,分辨率为 800 ×600,在屏幕上显示彩条信号。

第二步:同时校准示波器的两个通道,如图 4-57 所示。

第三步:测量驱动板的输入端 VGA 接口的 R、G、B 信号并保存,VGA 接口的识别如图 4-58所示,示波器的校准如图 4-59 所示。

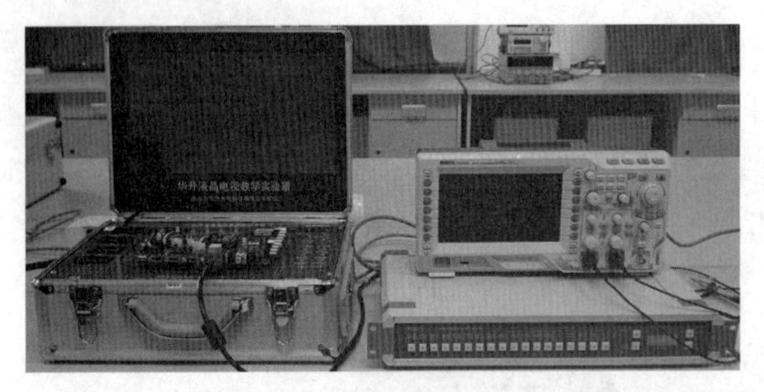
图 4-56　设备连接图

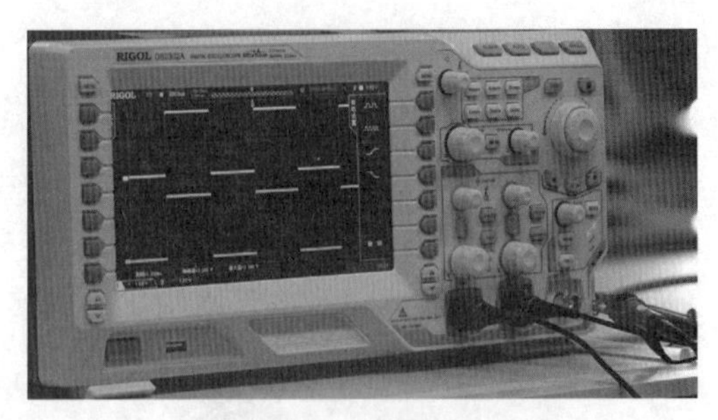
图 4-57　校准示波器

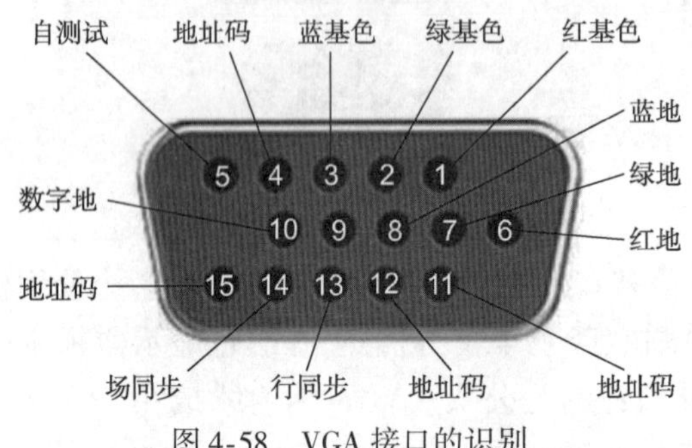

图 4-58　VGA 接口的识别

图 4-59　示波器的校准

VGA 接口是 15 针的梯形插头，分成 3 排，每排 5 个，采用非对称分布的 15 针连接方式，只传输视频信号。如图 4-58 所示。

第四步：分析测试结果，如图 4-60 所示。

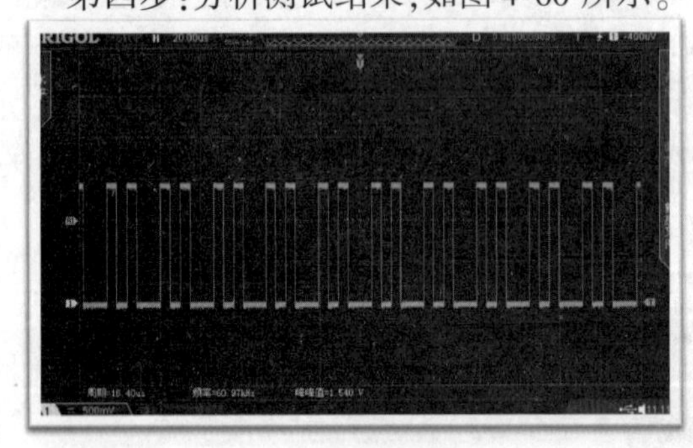
（a）红基色信号波形

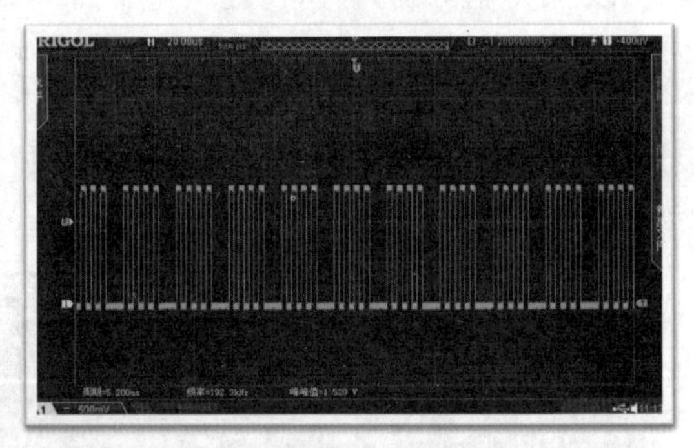
（b）蓝基色信号波形

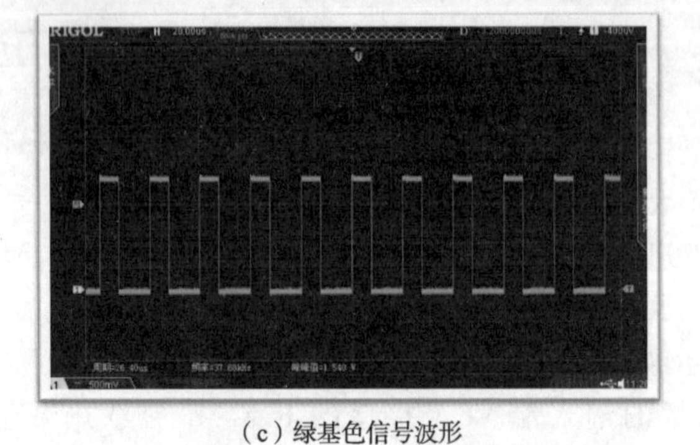
（c）绿基色信号波形

图 4-60　VGA 接口测试结果

得到这些波形,需要分析是否和图 4-54 中分析的结果一致。以红基色信号波形为例进行分析。VGA 线测试的红基色信号波形分析如图 4-61 所示。标准彩条信号的红基色信号波形是 11001100,通过这个数值来确定图 4-61 中标记的三个周期哪种是我们需要的。第一个周期对应的数值是 0000110011,第二个周期对应的数值是 1100110000,第三个周期对应的数值是 0011001100。为保证图像质量,每行的 VGA 信号中要有行同步信号,所以得到的测试信号也应该有同步信号,同步信号一般在实际信号之前,所以第三个周期对应的数值是需要标识的周期。开头的两个 0 是同步头,后边的 11001100 刚好和理论值一致,所以第三个周期是正确的。

2. 驱动板输出波形的测试

找到驱动板上的 CN9,如图 4-62 所示。使用校准好的示波器同时测量驱动板输出端正、反相信号的波形。

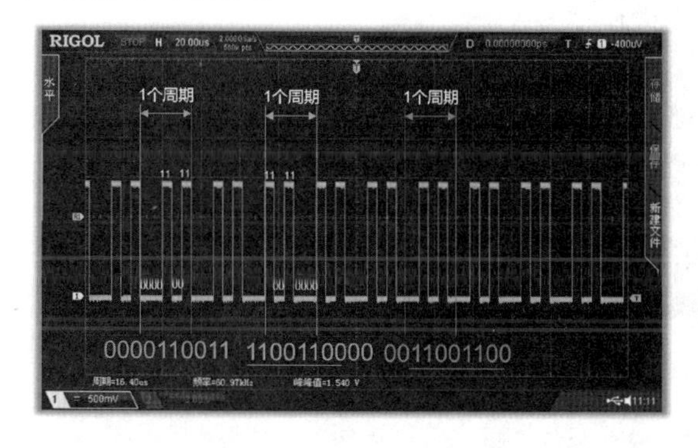

图 4-61　红基色信号波形分析

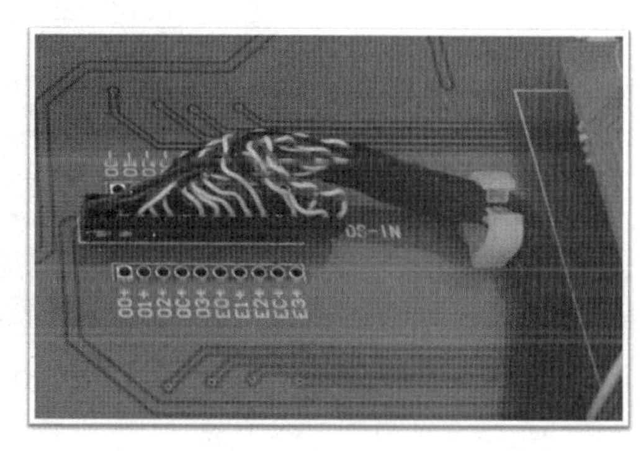

图 4-62　驱动板输出端 CN9

已知实验箱使用的液晶屏型号为 N156BGE-L21,它的物理分辨率为 1 366 × 768,驱动板输出的信号为单 6 bitLVDS 信号。LVDS 接口采用低压差分信号传输技术,利用非常低的电压摆幅(约 350 mV),在一对平衡电缆上传输相位相反的同一组数据,通过串行的方式传输,在接收端将正相信号减去反相信号,得到增强的信号,并去除了干扰信号。通过测试波形来验证这个结论。

(1)调整水平灵敏度为 5 ns,垂直灵敏度为 200 mV 时,在 O0 + 和 OC + 测试端,得到如图 4-63所示的测试波形,O0 + 端测出的为图像数据波形,OC + 端测出的为像素时钟波形。可以看出:幅度峰-峰值大约为 370 mV,一个像素时钟周期为 13. 1 ns,一个像素时钟传递 21 bit 数据,21 bit/13. 1 ns = 1 603 Mbit/s。

(2)使用 CH1 通道测试 O0 + ,CH2 通道测试 O0-,调整水平灵敏度为 5 μs,垂直灵敏度不变。得到如图 4-64 所示的测试波形。可以看到,两路信号波形轮廓、峰-峰值、周期完全一样,只是相位相反。此时行周期为 20. 7 μs,幅度大约为 370 mV。LVDS 信号如何起到抗干扰的作用呢? 在正、反相波形中能看到干扰信号,因为 $U_+ = -U_-$,U_+ + 干扰信号 A − (U_- + 干扰信号 A) = $2U_+$,信号增强,干扰信号在逻辑板的接收端被去除。

(3)调整水平灵敏度为 5 ms,垂直灵敏度不变。得到如图 4-65 所示的测试波形。可以看到,两路信号波形轮廓、峰-峰值、周期完全一样,只是相位相反。此时的场周期为 15. 89 ms,幅度大约为 370 mV。

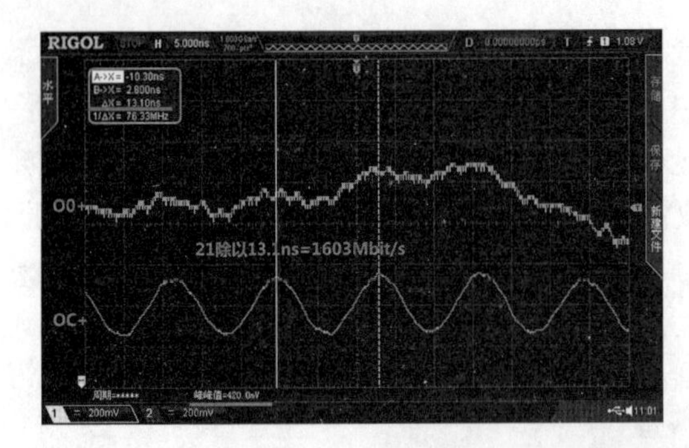

图 4-63　时钟信号波形

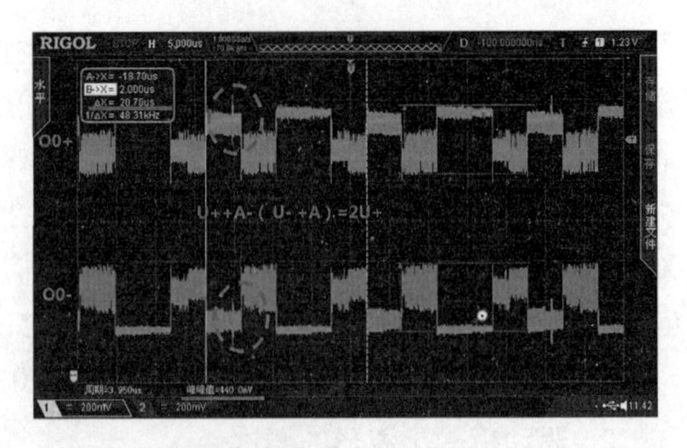

图 4-64　OO+、OO-信号波形

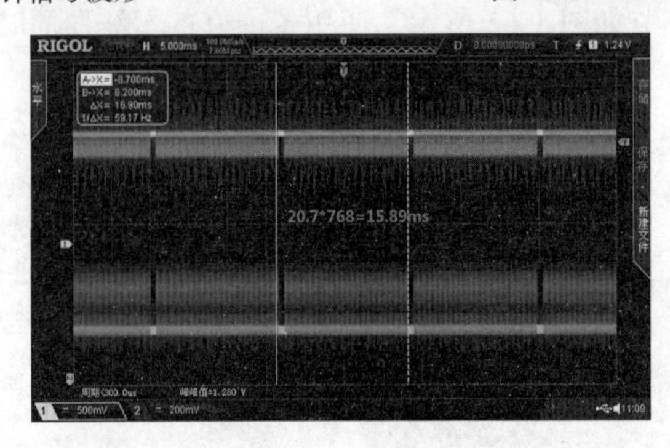

图 4-65　OO+、OO-信号波形

4.5　逻辑板电路的分析及检修

逻辑板又称屏驱动板、中心控制板、T-CON 板，外形如图 4-66 点画线框内所示。

通过前边学习的液晶显示屏显像原理知道，如果液晶显示屏要显示一副图像，需要按照顺序将每一行的栅极控制信号和源极图像信号同时加到这一行的 TFT 上才能显示，而驱动板输出的是串行的数字信号，这个数字信号不能直接驱动液晶显示屏显示图像，需要重新排列变成适合驱动液晶屏显示的格式，这个改变由逻辑板来完成。

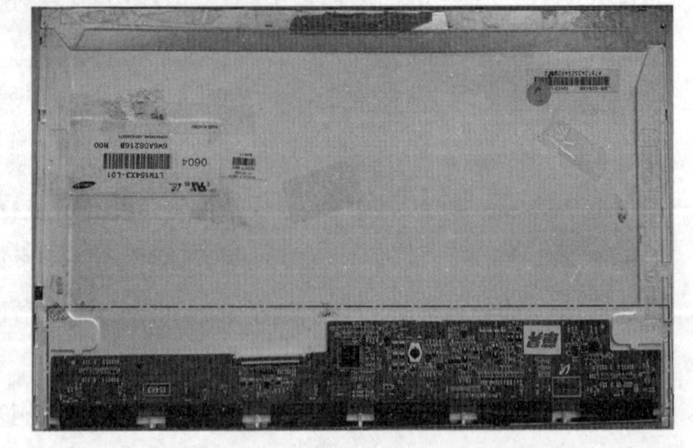

图 4-66　逻辑板的外形

从图 4-67 中可以看到，逻辑板电路主要包含了输入接口、时序控制电路（T-CON）、源极驱动电路（列驱动电路）、栅极驱动电路（行驱动电路）、伽马校正电路（灰阶电压发生电路）、存储器、DC/DC（直流/直流）变换电路等。

4.5.1　逻辑板电路的工作过程

如图 4-67 所示，输入接口将驱动板送来的 LVDS 图像信号，包含三基色信号（RGB）、有效数据使能信号（DE）、行同步信号（HS）、场同步信号（VS）、像素时钟信号（SCLK）。送入时序控制电路,RGB信号经过转换成为RSDS图像数据信号(MINI-LVDS);时钟信号和行、场同步信号被转换为栅极驱动电路和源极驱动电路工作所需的控制信号;RSDS(R、G、B三基色)、STH(行同步信号)、CKH(列驱动时钟信号)、POL(数据驱动极性反向信号)送到源极驱动电路,信号先经过伽马校正电路改善灰阶失真,然后驱动源极再以行为单位输出图像信号;DIO(行驱动信号位移)、CKV(行驱动时钟信号)送到栅极驱动电路,驱动栅极依次输出行驱动信号;行场驱动信号共同控制MOSFET工作从而控制液晶分子的扭曲度,驱动液晶显示屏显示图像。

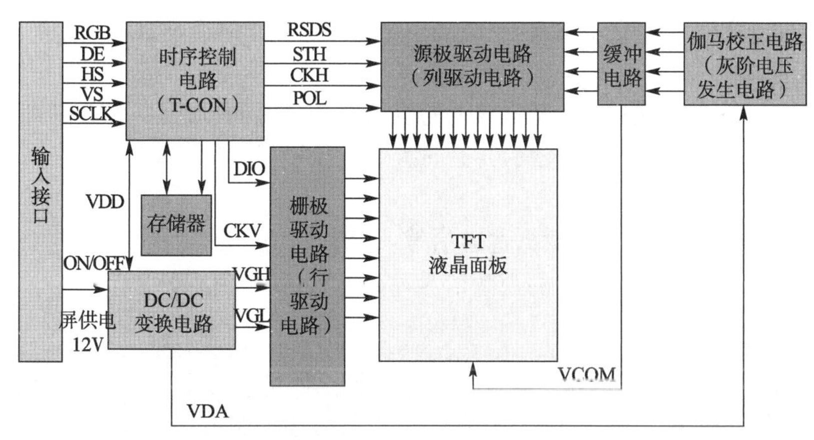

图4-67　逻辑板的组成框图

存储器用来存储不同液晶显示屏的分辨率、尺寸、特性。

DC/DC变换电路提供数字电路在工作时需要的供电电压(VDD)、伽马(Gamma)校正电路的基准电压(VDA)、栅极驱动脉冲电压(VGH、VGL)等。

4.5.2　逻辑板电路各个部分的作用

1. 输入接口的作用

输入接口的作用是接收驱动板发送过来的图像信号以及逻辑板供电电压。

输入接口中包含去屏供电电压、开关信号、三基色信号(RGB)、有效数据使能信号(DE)、行同步信号(HS)、场同步信号(VS)、像素时钟信号(SCLK)等。

去屏供电电压:提供液晶显示屏工作的电压。17英寸及17英寸以上的去屏供电电压为5 V;17英寸以下的去屏供电电压为3.3 V,个别的为5 V。26英寸以上的为12 V。一定要根据屏幕尺寸选择去屏供电电压。本来17英寸的液晶,选择12 V的去屏供电电压会烧坏屏幕。

三基色信号(RGB):图像三基色信号,是串行传递的数字信号。

有效数据使能信号(DE):它的电平高低代表了是否有有用信号传递过来。

行同步信号(HS)、场同步信号(VS):是为了保证一行一场的准确传递。

像素时钟信号(SCLK)与像素对应:它的个数与每一行的像素个数相同,在1 920×1 080的面板中,一行有1 920个像素,则这一行的像素时钟也是1 920个。

下面以单路6 bit LVDS接口为例介绍各种信号的作用。图3-24中RX0±、RX1±、RX2±是数据信号,RXC±就是像素时钟信号。在一个像素时钟周期内,包含了一个像素的红绿蓝三个子像素信号,每个子像素的色饱和度用 6 bit 的二进制数表示。

像素时钟信号(SCLK)的作用:

(1)指挥 RGB 数据信号按照顺序传送,类似于喊口令的指挥员。

(2)确保数据传输的正确性,无论驱动板还是逻辑板,只有在像素时钟的下降沿或者上升沿才能读取 RGB 数据,用来保证数据传输的正确性。

行同步信号(HS)和场同步信号(VS)在图 3-24 中的波形中看不到,但是不代表没有。因为只画出了不到两个像素的波形,行同步信号是加到一行的像素前边,场同步信号是加到一场的像素前边,以 1 920 × 1 080 的面板为例,一行有 1 920 个像素单元,一场有 2 073 600 个像素。

行同步信号(HS):选择出液晶显示屏上的有效行信号区间,即哪些像素是第一行的。

场同步信号(VS):选择出液晶显示屏上的有效场信号区间,即哪些行是第一场的,哪些行是第二场的。

有效数据使能信号(DE)又称数据选通信号:在输入到显示屏的视频信号中,包含有效的和无效的视频信号,DE 高电平对应的视频信号才是有效的视频信号。

2. 时序控制电路

LVDS 信号包含图像三基色信号(RGB)、有效数据使能信号(DE)、行同步信号(HS)、场同步信号(VS)、像素时钟信号(SCLK),这些信号进入时序控制电路后,RGB 信号转换成 RSDS 图像数据信号(MINI-LVDS)。行、场同步信号转换为栅极驱动电路所需的控制信号 DIO(行驱动位移信号)、CKV(行位移时钟信号)和源极驱动电路工作所需的控制信号 STH(行同步信号)、CKH(列位移时钟信号)、POL(数据驱动极性反相信号)。

在 LVDS 信号转换的过程中,需要打乱原来信号排列的时间顺序,进行重新分配排列,所以这个电路称为时序控制电路。

3. 源极驱动电路的作用

源极驱动电路的作用是产生以行为单位的并行的像素信号,在行同步脉冲控制下一排一排地加到列电极线上。

RSDS:图像数据信号。

STH:行同步信号,用 STHR/STHL 表示起始控制信号是由左至右的列位移还是由右至左的列位移,控制图像是否左右反相。如果选择 STHR,像素从左到右扫描,显示正常的图像;选择 STHL,就会在屏幕上出现左右反相的图像。

CKH:列位移时钟信号,确定加到每一列上的信号时间。

POL:数据驱动极性反相信号,控制图像信号是否上下反相。

源极驱动信号(列驱动信号)特点:信号必须是以"行"为单位的并行信号;信号极性必须是逐行翻转的模拟信号;信号的幅度变化必须是经过伽马校正电路校正的,符合液晶分子透光特性的像素信号。

4. 栅极驱动电路的作用

栅极驱动电路的作用:产生一个逐行向下位移的触发正脉冲,以便触发该行电极线连接的所有 TFT 导通或关断。

DIO:行驱动位移信号,指挥什么时候输出行位移时钟。

CKV:行位移时钟信号。

VGH:控制 TFT 导通的正脉冲电压,电压值为 20～30 V。

VGL:控制 TFT 截止的负脉冲电压,电压值为 -5 V 左右,由 DC/DC 变换电路提供。

5. 伽马校正电路和缓冲电路的作用

伽马校正电路和缓冲电路完成灰度等级的调整。

伽马校正电路的作用:因为液晶面板的透光度和所加的控制电压严重不成比例,如果将不经过校正的像素信号电压直接加到液晶面板的源极驱动电路,图像的灰度会出现严重的失真。为了避免失真,伽马校正电路对加到液晶面板之前的像素信号进行幅度的调整后,放到缓冲电路中,再送到源极驱动电路。

缓冲电路的作用:抑制过电流或过电压,减少器件开关损耗。

6. 存储器的作用

存储器用来存储不同液晶屏的分辨率、尺寸、特性。时序控制电路就是根据存储器里面的数据结合行、场同步信号生成行、列驱动电路所需的 DIO、CKV、STH、CKH、POL 及图像数据信号(RSDS)。

7. DC/DC 变换电路的作用

逻辑板电路是由多个数字电路组成的单元电路。各个电路工作时需要不同幅值的供电电压。包括各个数字电路工作时的供电电压(VDD)、伽马校正电路工作的基准电压(VDA)、栅极驱动脉冲电压(VGH、VGL)等,这些电压都是由 DC/DC 变换电路产生的,它是一个专门的开关电源电路。

4.5.3　多路直流变换电路的原理及检修

当液晶显示屏出现灰屏、花屏、鬼影、拖尾等现象时,有可能是逻辑板的多路直流变换电路出现故障,通过测量关键点的电压是否正常能够判断故障产生的部位。

逻辑板的作用:如图 4-68 所示,驱动板送来的 LVDS 数字信号由逻辑板时序控制并转换出液晶显示屏玻璃基板所需的行列驱动数字信号,驱动液晶显示屏显示图像。要实现图像显示,依靠逻辑板三大电路:时序控制电路(T-CON)将 LVDS 信号转换成 RSDS 数据驱动信号及行列扫描驱动信号;伽马校正电路(图像灰度校正)可以调整数据驱动的 D/A 转换器参考电压,因为液晶的扭转角度与加上的电压不成正比,造成了透光率和电压不成正比,液晶显示屏上显示的亮度灰度失真,为了解决这个问题加入伽马校正电路;DC/DC 变换电路可以产生 VGH(ON)、VGL(OFF)、VDD、VDA 四个电压,为逻辑板上各大电路的工作提供电源。

逻辑板多路直流变换电路是个独立的供电系统,如图 4-69 所示,主要产生四个液晶显示屏驱动电路所需的电压:

VDD 一般为 3.3 V,数字电路工作电压。经过变换后得到 +2.5 V、+1.8 V。+1.8 V 为 VCC1-TCON 芯片供电,简称(VDD18);+2.5 V 为 VCC25 图像存储器芯片供电,简称(VDD25)。

VGL 为液晶显示屏上 TFT 开关 MOS 管的关断电压,一般为 -5 V。

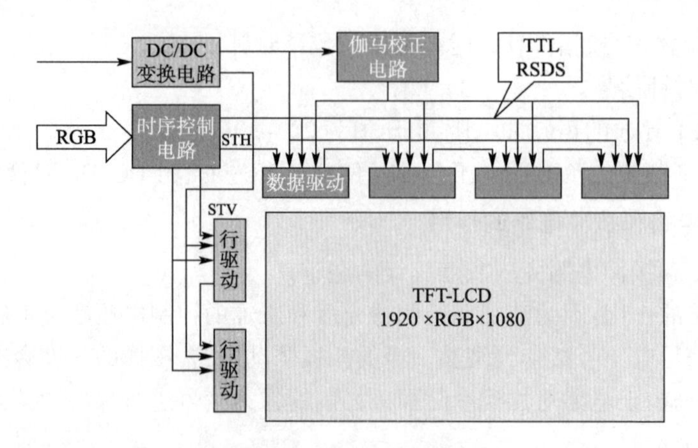

图 4-68 逻辑板组成框图

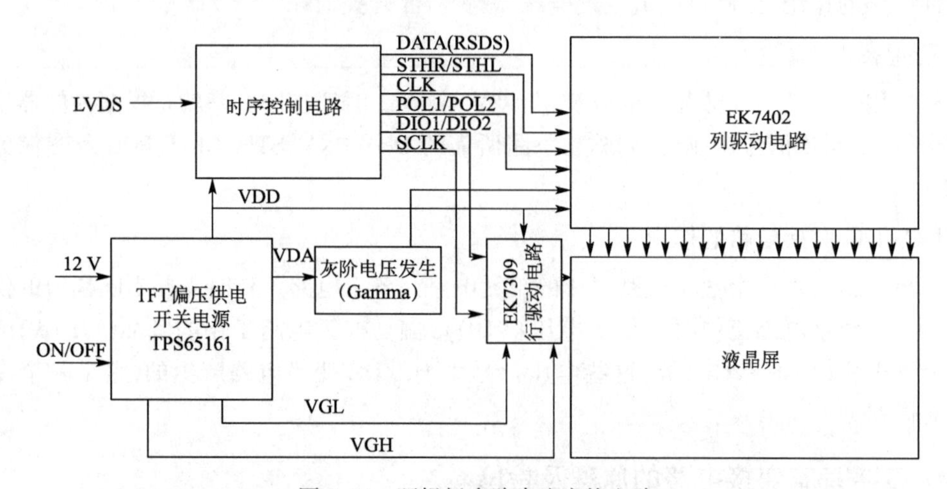

图 4-69 逻辑板多路直流变换电路

VGH 为液晶显示屏上 TFT 开关 MOS 管的开通电压,一般为 20 ~ 30 V。

VDA 为屏数据驱动电压。在伽马校正电路中用以产生灰阶电压,一般为 14 V ~ 20 V。

图 4-70 所示为华升液晶电视实验箱的逻辑板 DC/DC 变换电路,TPS65161 集成电路是得州仪器公司(Texas Instruments)出品的,专门为 32 英寸以上尺寸 TFT 液晶显示屏驱动电路提供偏置电压的开关电源芯片。内部有一个高于 500 kHz 振荡频率的振荡激励电路,该芯片需要 12 V 供电电压;可以支持四组经过稳压的输出电压,即 VDD、VGL、VGH、VDA 电压,特别是能提供较大的电流容量,并且电压幅度可以调整以适应不同类型的液晶显示屏,还具有短路保护及过温度保护。

1. VDD 电压产生

图 4-71 所示为 VDD 电压产生电路,TPS65161 内部的 MOS 管 Q3、外部的 LP2 及 DP3 组成了一个串联型的开关电源,由 TPS65161 内部的振荡激励信号控制 Q3 开关电源工作。产生屏驱动电路的工作电压 3.3 V,经过稳压以后还可以得到 2.5 V、1.8 V。

图 4-72 所示为 VDD 电压产生电路的等效电路(T1 时刻)。G3 为 N 沟道 MOS 管,导通截止条件类似于 NPN 管。栅极加高电平导通,低电平截止。

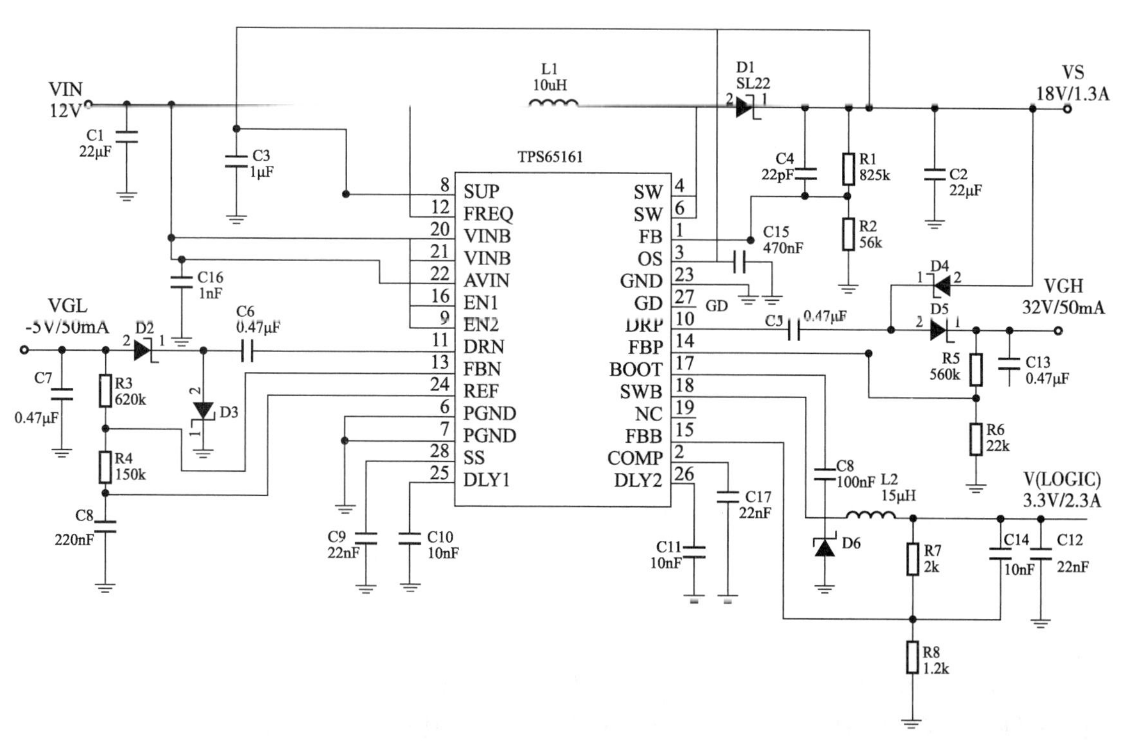

图 4-70　华升液晶电视实验箱的逻辑板 DC/DC 变换电路

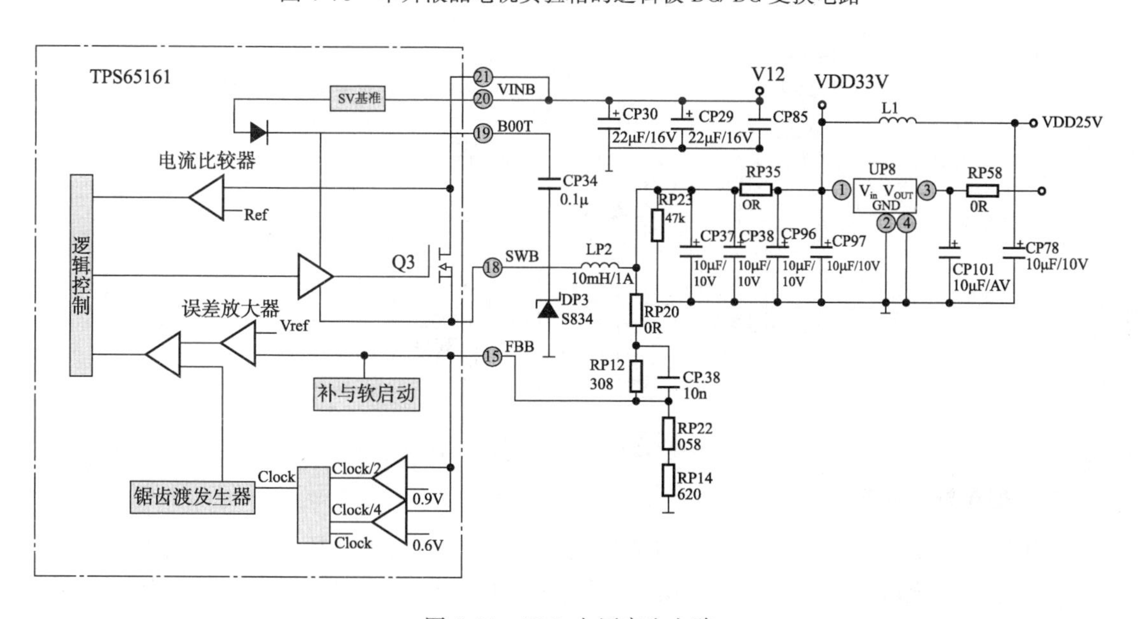

图 4-71　VDD 电压产生电路

当激励脉冲加到 Q3 的栅极时，工作过程如下：在 T_1 时刻，Q3 导通，集成电路的 22 引脚输入 12 V 电压经 Q3、LP2 流通向负载供电，由于 LP2 内部自感电势的作用（自感电势方向为左＋右-），由于流经 LP2 的电流线性的增长，输出端电压逐步上升，并且线性增长的电流在 LP2 内部以磁能的形式存储起来。图 4-72 中长虚线箭头所示是电流方向、短虚线箭头所示是 LP2 的自感电势方向。

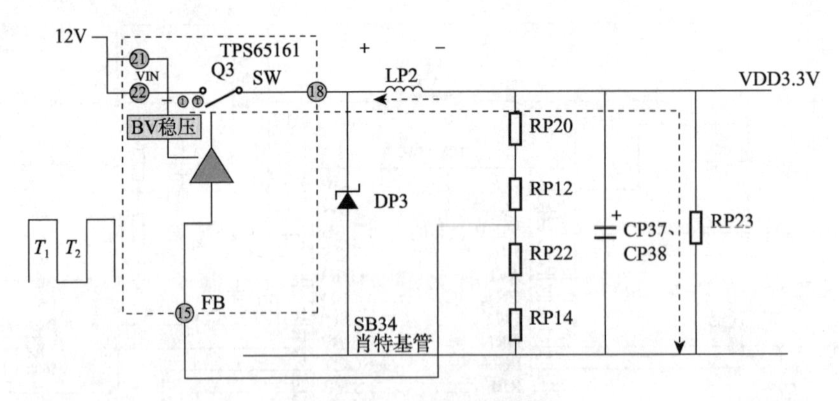

图 4-72　VDD 电压产生电路的等效电路(T_1时刻)

如图 4-73 所示,在 T_2时刻,输出端电压上升到 3.3 V 时,经过 RP20、RP12、RP22、RP14 组成的分压采样电路,采样电压反馈至 TPS65161 的稳压控制 15 引脚,控制 Q3 断开,这时 12 V 输入电压形成的电流被切断;LP2 内部的电流也被切断,LP2 内部存储的磁能也无法继续维持,磁能即迅速转换成方向为左负右正的感生电势(楞次定律),方向如图 4-73 中短虚线箭头所示。这个左负右正的感生电势的方向正好继续维持着在 T_1时刻流过 RP23 的电流方向,由于 Q3 的断开,这个左负右正的感生电势经过 LP2、RP23、DP3(续流二极管)流通继续维持着对负载的供电,这就是 VDD 3.3 V 产生的过程。在电路图中用 V33 表示 3.3 V,将 3.3 V 经过不同的稳压模块稳压后产生 2.5 V、1.8 V 的电压,供给驱动芯片和存储芯片。

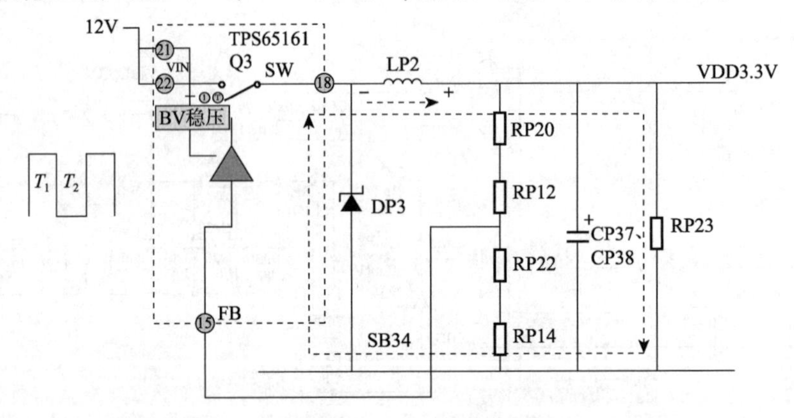

图 4-73　VDD 电压产生电路的等效电路(T_2 时刻)

2. VDA 电压的产生

如图 4-74 所示,VDA 电压是列驱动电路的数据驱动电压,该电压最终要经过一定的处理产生非线性的阶梯电压以控制液晶屏分子不同的扭曲角度,这个电压称为灰阶电压。如果缺少这个电压或者电压不正常,图像就会没有或者出现严重的层次失真(灰度失真)。不同特性的液晶屏,这个电压的高低不同,一般在 14 ~ 20 V 的范围内。

VDA 电压产生过程:先将 12 V 变换成 20 V 的 VAA_FB 电压,在 Q1、Q2 的控制下输出 VDA 电压。

VAA_FB 电压产生电路包括:TPS65161 内部的 MOS 管 Q1、外部的 LP3 及 DP1 组成了一个并联型的开关电源,由 TPS65161 内部的振荡激励信号控制 Q1 开关电源工作。RP2、RP5、

RP4、RP3 组成采样电路。

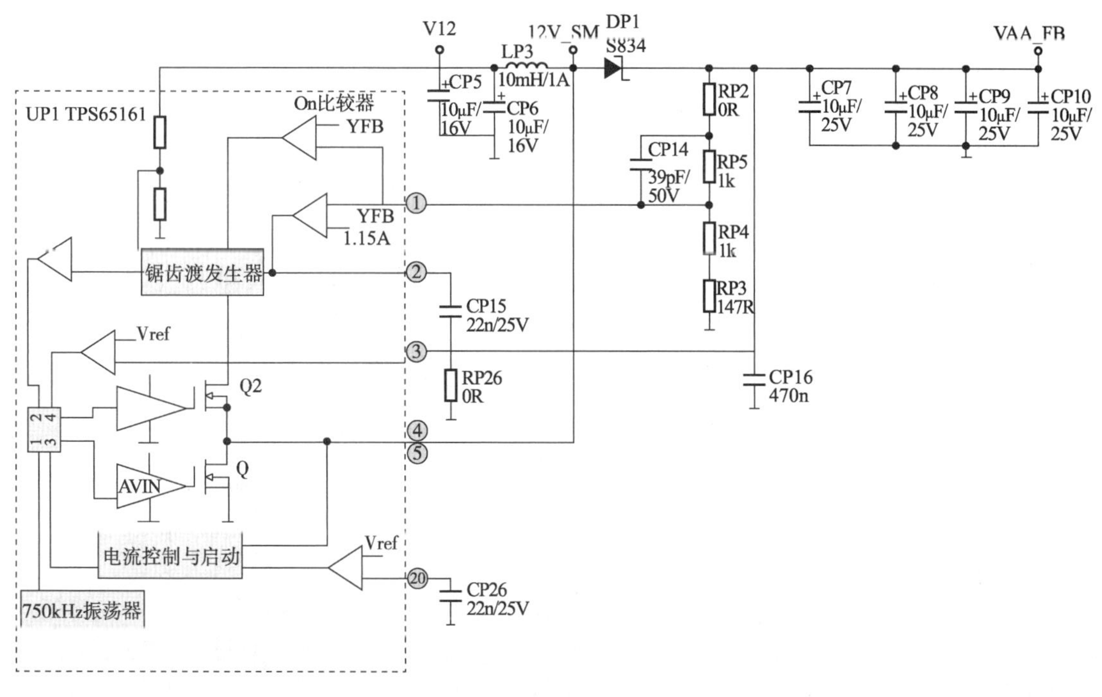

图 4-74　VDA 电压的产生电路

图 4-75 为产生 VAA_FB 电压的电路等效图(T_1时刻),其中 LP3 是开关电源的储能电感,Q1 是开关电源的开关管,DP1 是开关电源的整流二极管。集成电路 TPS65161 的 1 引脚(FB)是这个并联型开关电源的稳压控制端,由输出端 RP2、RP5、RP4、RP3 组成的采样电路送来采样信号,控制 Q1 开关管激励信号的脉冲宽度,以达到稳压的目的。

并联型的开关电源一般都是升压型的,在这个并联型的开关电源中输出电压(VAA_FB)等于供电电压 12 V 和 LP3 上感生电势(ULP3)的叠加。

图 4-75 中 12 V 的供电电压经过 LP3 输入开关电源后由 DP1 输出近 20 V 的 VAA_FB 电压。集成电路 TPS65161 内部的激励电路向开关管提供激励开关信号。

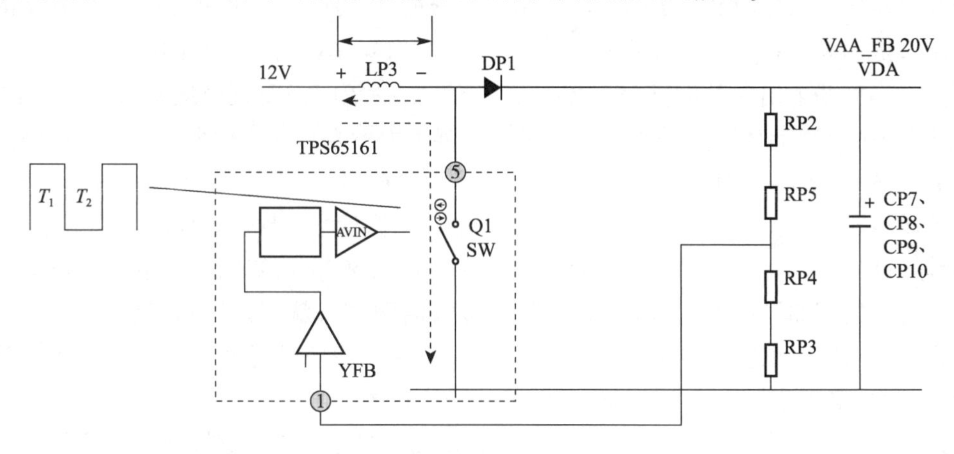

图 4-75　产生 VAA_FB 电压的电路等效图(T_1时刻)

如图 4-75 所示，在 T_1时刻，高电平的激励信号控制 Q1；Q1 闭合导通；此时 12 V 电压经 LP3、Q1 流通形成电流（图 4-75 中长虚线箭头所示），LP3 内部感生电势的方向为左正右负（图 4-75 中短虚线箭头表示感生电势方向），感生电势对抗12 V 外加电势引起电流的增加（楞次定律）；流过 LP3 的电流呈近似线性的逐步增大并且以磁能的形式存储在 LP3 内部。

如图 4-76 所示，在 T_2时刻，负的激励信号控制 Q1；Q1 截止断开；由于 Q1 的截止断开，12 V 流经 LP3、Q1 的电流被切断，LP3 电流被切断；LP3 在 T1 时间存储的磁能即无法维持，此时 LP3 因切割磁力线产生的感生电势 U_{LP3}，方向为左正右负，图 4-76 中短虚线箭头表示感生电势方向（楞次定律），LP3 两端的感生电势为 U_{LP3}，这个感生电势的方向和 12 V 外加电压正好是一个叠加的串联关系，叠加电压的幅度是 12 V + U_{LP3}，这个叠加的电压正好符合二极管 D1 正向导通的方向，这个电压经过 CP7、CP8、CP9、CP10 等滤波后输出为 VAA_FB。

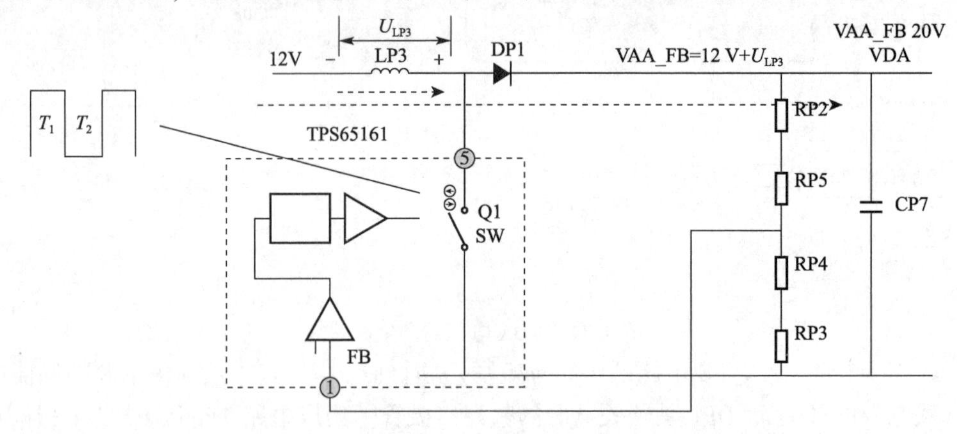

图 4-76 VAA_FB 电压的电路等效图（T_2时刻）

由于供电电压是 12 V，设计电路时，可以控制 LP3 的电感量及 Q1 的导通占空比，使 LP3 两端产生的感生电势 U_{LP3}为 8 V 左右，这样 12 V + 8 V（U_{LP3}）= 20 V 这就是后面伽马校正电路产生灰阶电压所需的驱动电压。

3. VGH、VGL 电压的产生

液晶显示屏是依靠液晶分子的扭曲控制光线透过，从而产生一个像素的亮点，众多的像素亮点再组合成图像。在电视信号的显示过程中，这个像素亮点的点亮时间必须持续到电视信号一幅图像在屏幕上出现的时间（SDTV 标清的信号，一幅图像重现时间标准为 20 ms）。在 CRT 电视显示中，这个时间主要是依靠 CRT 荧光屏上面荧光粉的余辉来实现的。而液晶显示屏是没有余辉的，所以早期的液晶显示屏只能用于字符显示，无法显示电视图像信号；直到 TFT 液晶显示屏发明，才能把液晶显示屏应用于电视图像信号重现。现代的液晶显示屏，光点显示持续时间的控制是依靠像素信号通过一个开关对电容充电，依靠电容电压形成的电场再控制液晶分子的扭曲。由于电容上面的电压可以长时间维持就可以控制亮点长时间点亮，那么只要在这个电容上面安装一个“开关”，每过 20 ms 由图像信号通过“开关”对电容充放电一次，就可以达到采用液晶显示屏显示电视图像信号的目的。

控制每一个通过像素光点的电场安装一个“开关”，显示 SDTV 信号标准的液晶显示屏就要有 150 万个这样的“开关”，这些“开关”就是在生产液晶显示屏时制作的 TFT。TFT 液晶显

示屏是指液晶显示屏上的每一液晶像素点都是由集成的TFT来驱动。

每一个场周期，TFT都要打开一次，以便对电容充放电一次，那么这个打开TFT的电压就是VGH，关闭TFT的电压就是VGL。TFT是N沟道MOS管，VGH是正电压为20～30 V，以便充分打开；VGL是负电压约－5 V，以便充分关闭。

在购买液晶电视机时，如果在液晶显示屏的某区域始终有一个“亮点”或“黑点”，是因为这个像素点的TFT短路或者断路，这种故障是不可逆转的。

VGL电压和VGH电压产生电路：在TFT液晶显示屏驱动电路供电中，VGH电压和VGL电压担负着开通TFT对电容充电（修正电容两端电压），关闭TFT使电容电压保持（一场周期时间）的作用。如果此VGH和VGL电压出现问题，电压丢失或者电压幅度变化，都会引起图像故障而且故障现象繁多。由于产生VGH、VGL电压的电路较为特殊、元件较多、电压相互牵制影响，所以是故障率较高的部位，也是维修的重点。

VGH、VGL电压的产生采用了电荷泵电路来完成。电荷泵电路就是利用电容作为储能元件的DC/DC变换电路。

按液晶屏的要求，VGL电压为－6～－5 V。如图4-77所示，框线内部是VGL电压的产生部分，CP22、DP8（1）、DP8（2）、CP24组成“负压半波整流电路”，TPS65161的11引脚输出幅度为5 V左右的方波开关信号，加到此负压半波整流电路的CP22。这个电压经DP8（1）对CP24进行上负下正的充电，输出约－5 V上负下正的VGL电压。

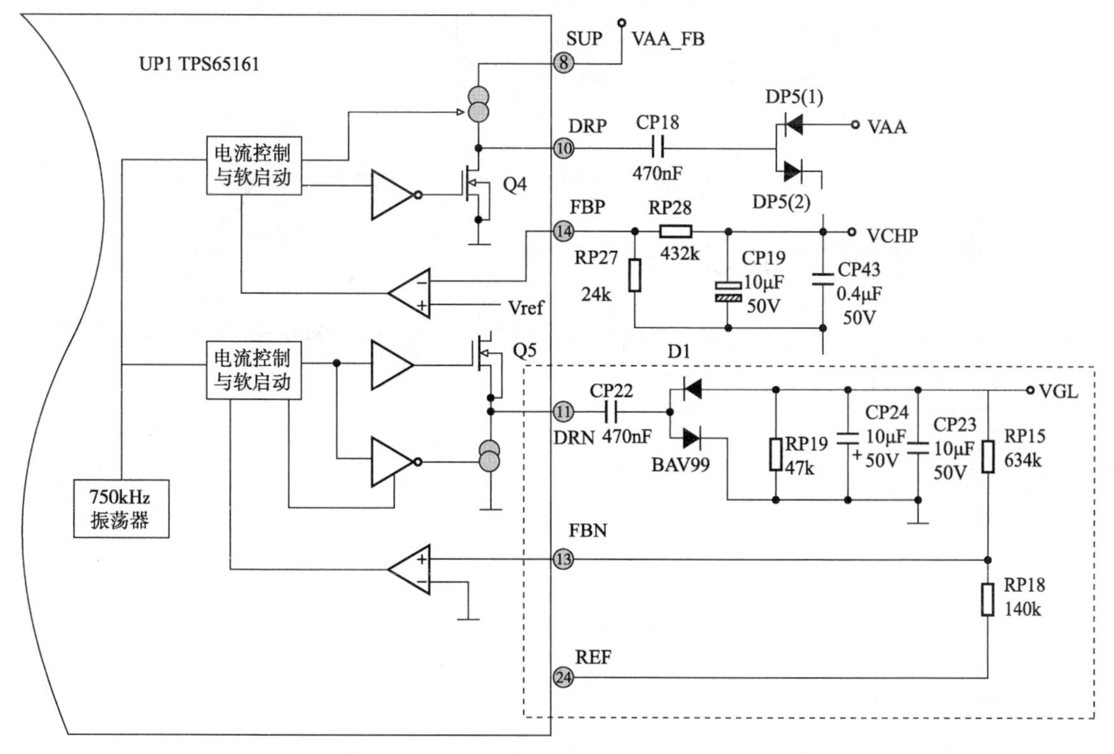

图4-77　VGL电压的产生电路

在T_1时刻：如图4-78（a）所示，集成电路TPS65161的11引脚的信号为＋5 V，此正电压经过CP22、DP8（2）流通；并对CP22充电，电压为U_{CP22}，幅度5 V，方向为左正右负。输出

-5 V电压到VGL。

在 T_2 时刻:如图4-78(b)所示,集成电路TPS65161的11引脚的信号为"0 V",此零电压等效于把CP22的左边接地,此时CP22右边的负电压经过DP8(1)对CP24进行上负下正的充电;电压为-5 V,此电压就是VGL电压。

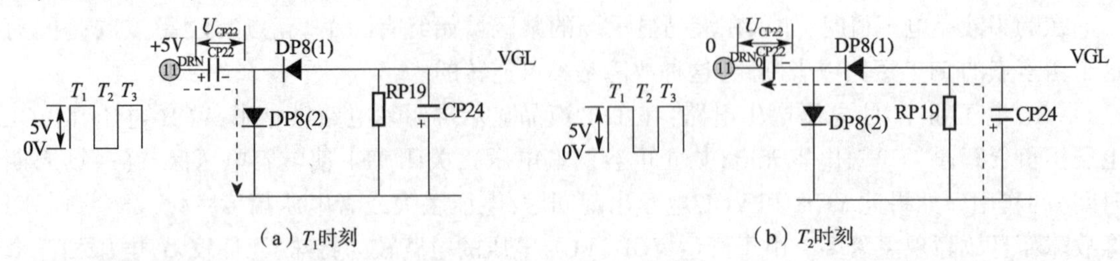

图4-78 工作原理及降压过程

VGH电压又称屏开启电压。它由VAA电压转换成VGHP后得到。为了保证TFT的充分导通,VGHP电压比较高,达到25～30 V,采取用VAA电压(20 V)叠加整流的方法获得。图4-79中框线内部的CP18、DP5(1)、DP5(2)、CP19组成了一个叠加VAA电压的半波整流电路。

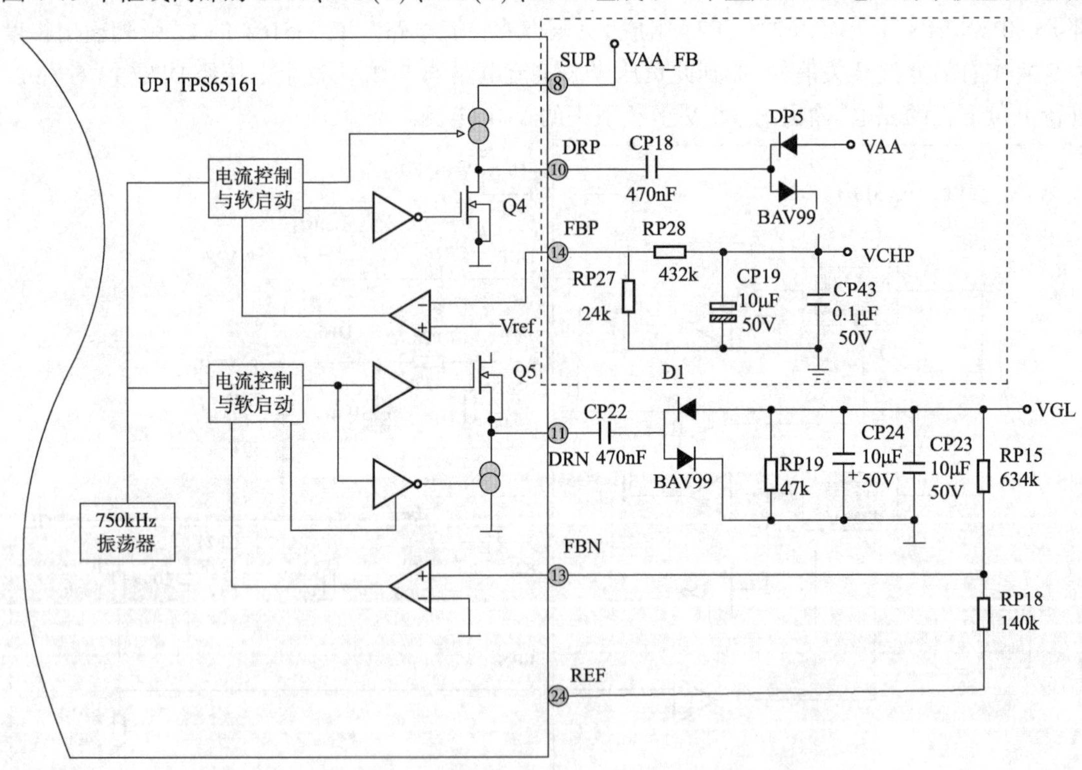

图4-79 VGH电压的产生电路

VGHP电压叠加过程如下:

在 T_1 时刻,如图4-80(a)所示,"0 V"加到集成电路TPS65161的10引脚,10引脚等效接地,VAA_FB的+20 V电压经过DP5(1)、CP18流通,并对CP18充电,电压为UCP18,方向为左负右正。

在 T_2 时刻,如图4-80(b)所示,+5 V的信号加到集成电路TPS65161的10引脚,+5 V电压经过和 CP18、DP5(1)在 T_1 时刻所充的电压 U_{CP18}(20 V)叠加,共计 25 V;经过 DP5(2)对 CP43 进行上正下负的充电;得到 VGH 电压为 +25 V。

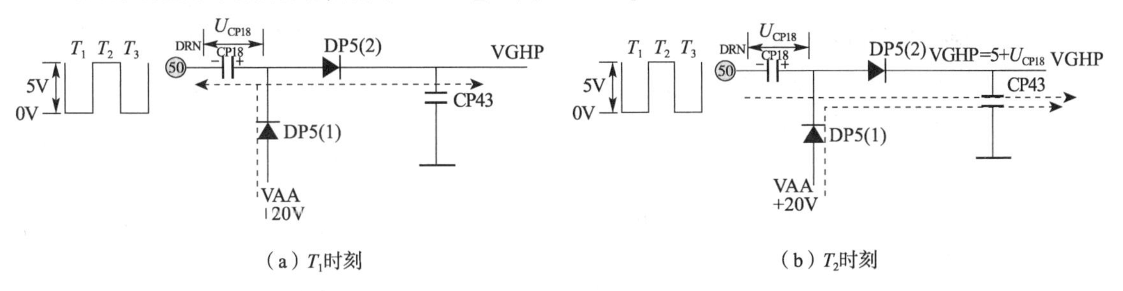

(a) T_1时刻　　(b) T_2时刻

图 4-80　VGHP 电压产生等效电路

VGHP 电压到 VGH 电压产生电路如图 4-81 所示,VGHP 电压产生以后,当 TFT 栅极 GVON 起作用时,QP7 的 6 引脚输出低电平,QP8 导通,VGH 上的电压为 VGHP;当 TFT 栅极 GVOFF 起作用时,QP7 的 6 引脚输出高电平,QP8 截止,VGHP 上没电压。

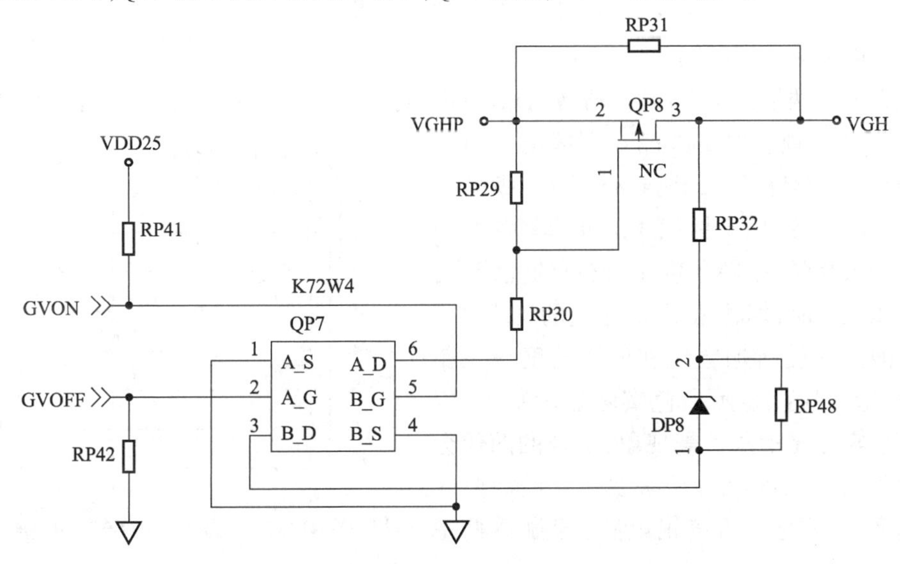

图 4-81　VGHP 电压到 VGH 电压产生电路

4. DC/DC 变换电路的检修

在正常情况下,DC/DC 变换电路的输出电压包含 VDD、VGL、VGH、VDA 四大电压。使用万用表测量时,电压值要在正常范围内,如果过大或过小就需要检查是否相关电路出现问题。

DC/DC 变换电路输出测试点(见图 4-82):

VGH:TFT 的栅极开启电压(高电压)VON = +19.5 V。

VGL:TFT 的栅极关断电压(负电压)VOFF = -5.6 V。

VDA:液晶显示屏数据驱动电压 VDA = +16 V。由伽马校正电路产生灰阶电压,灰阶电压一般有 14 路不同的阶梯电压。

VDD:逻辑板电路供电电压 +3.3 V,经过稳压变换出 VDD1 为 T-CON 芯片供电,电压(VDD18)为 +1.8 V;VDD2 为图像存储器芯片供电,电压(VDD25)为 +2.5 V。

4.5.4 伽马校正电路的原理及检修

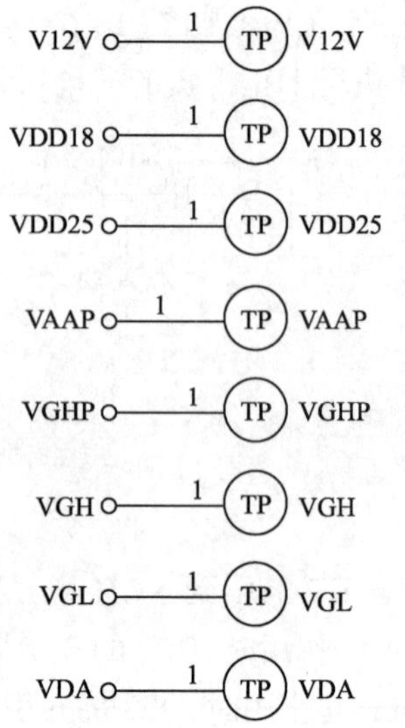

V12V
1
TP
V12V
VDD18
1
TP
VDD18
VDD25
1
TP
VDD25
VAAP
1
TP
VAAP
VGHP
1
TP
VGHP
VGH
1
TP
VGH
VGL
1
TP
VGL
VDA
1
TP
VDA

图 4-82 DC/DC 变换电路输出测试点

1. 液晶显示屏亮度的控制原理

液晶显示屏由光源、垂直偏振片、玻璃电极、液晶、玻璃基板、水平偏振片组成。液晶夹在两片玻璃电极之间。光源发出的光线通过垂直偏振片选择出垂直偏振光,通过被电场控制的液晶分子扭转成水平偏振光,水平偏振光通过水平偏振片射出。

设计液晶面板时,会在液晶两端加上存储电容,这个电容的一端连接到 TFT 的源极上,另一端连接到公共电极 VCOM 上。当栅极加上高电压时,TFT 导通,图像数据通过漏极加到源极上对电容充电,控制液晶偏转,光线透过;当栅极加上低电压时,TFT 截止,电容上存储的电荷继续维持液晶偏转一段时间,直到下次开启。

希望在液晶两端加上电压时,扭转的角度随着电压的增大而线性增大。这样在显示图像时能够很好地重现。但是液晶在有些电压值的时候变得特别“懒惰”。如图 4-83 所示,纵坐标为等量增加的电压,横坐标代表透光率。在所加电压较低和较高时,扭转角度小,透过的光线少;在中等电压大小时,偏转角度大,透过的光线多。

电压变化(等分)
V0
V1
V2
V3
V4
V5
V6
V7
VCOM
K1
K2
K3
K4
透光率(非线性)

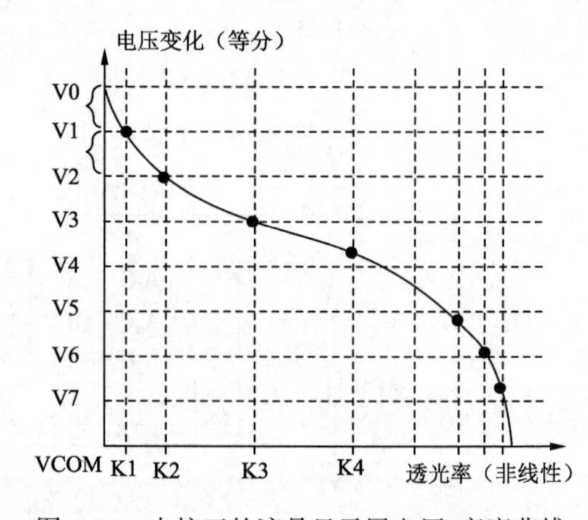

图 4-83 未校正的液晶显示屏电压/亮度曲线

因为液晶两端所加电压和偏转角度呈现非线性关系,造成应该显示白色实际显示灰色,应该显示黑色实际显示灰色等现象,重现的图像会出现非常难看的灰度(层次)失真。这就需要专门针对这种失真的电压校正电路,即伽马校正电路。

LVDS 形式的数字视频数据在加到 TFT 源极之前必须采用 D/A 转换器进行转换,生成用于显示像素的模拟电压。为了使透过的光线和实际数字视频数据携带的亮度相同,先将 14 级的伽马电压每级再分成 16 级(8 位的)达到 256 级的伽马电压,伽马电压对源极驱动器中电压分段进行校正。校正后的电压再去控制液晶的扭动,完成伽马校正。

在液晶显示屏的逻辑板里专门设计一种校正电路,它采用了一系列幅度变化不成比例的预失真电压,称为灰阶电压。图 4-84 所示为校正后的液晶显示屏电压/亮度曲线(为了保证透光率等分变化,中间电压变化小,两端电压变化大)。用这一系列变化的灰阶电压对像素信号所携带的不同的亮度信息进行赋值,如本身像素信号携带的亮度是 K2,加到像素上的电压为 V1 - VCOM;如本身像素信号携带的亮度是 K3,加到像素上的电压为 V2 - VCOM;V2 - V1 > V3 - V2,以纠正液晶显示屏的图像灰度失真,这个矫正就称为伽马校正。

2. 伽马校正电压产生方式

伽马校正电压是一系列非线性变化的电压,产生伽马校正电压目前有两种方式:一种是采用专门的可编程伽马校正电压生成芯片,在程序的控制下产生一系列符合液晶显示屏透光度特性的非线性变化的电压。另一种是利用电阻分压,产生一系列符合液晶显示屏透光度特性的非线性变化的电压。这里介绍的电路就是利用一系列精密设定的电阻产生的伽马校正电压。

如图4-85所示,伽马校正电路主要由基准电压D1(VREF)、电阻分压电路R71~R89、电压缓冲U6(HX8915-A)三部分组成。

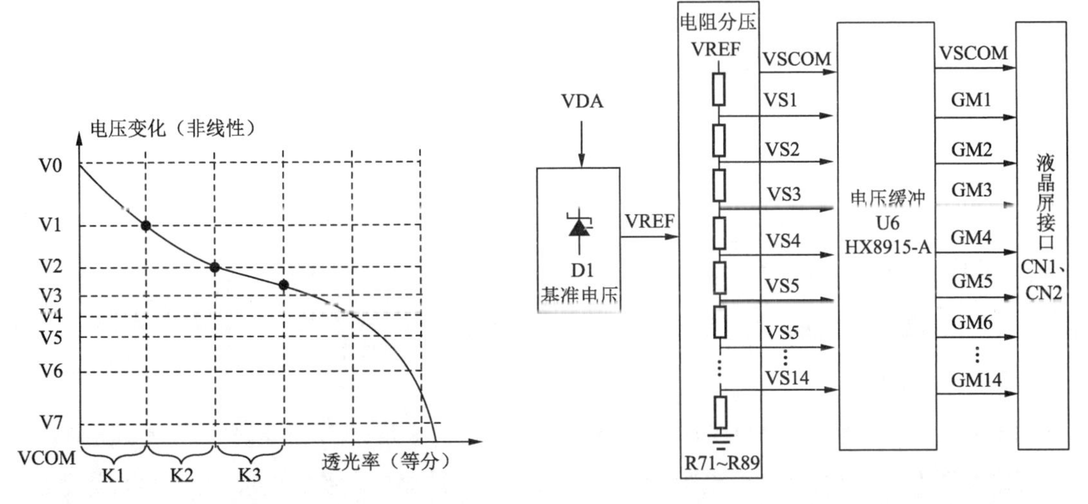

图4-84　校正后的液晶显示屏电压/亮度曲线　　图4-85　伽马校正电路的组成

VDA(18 V)电压经过基准电压电路降压稳压后变成12.5 V的伽马基准电压(VREF),这个基准电压进入由R71~R89组成的分压电路,产生一系列符合液晶显示屏透光度特性的非线性变化的电压(14级差),这一系列电压和VCOM电压一起经过电压缓冲电路U6缓冲后,一起送入液晶屏接口CN1 CN2,由液晶屏周边的源极驱动电路再对该系列电压的每一级进行16等分,最后形成对源极驱动电路处理的像素信号进行赋值(伽马校正)的伽马校正电压。

1)电压产生电路

图4-86为基准电压(VREF)产生电路,由精密基准电源控制器D1(KA431)、电阻R53、R54、R55、R56分压电路及VDA供电组成的稳压电源电路。只要改变R54、R55、R56分压电路的分压比值,就可以获得小于VDA电压的任意稳压值的VREF电压。

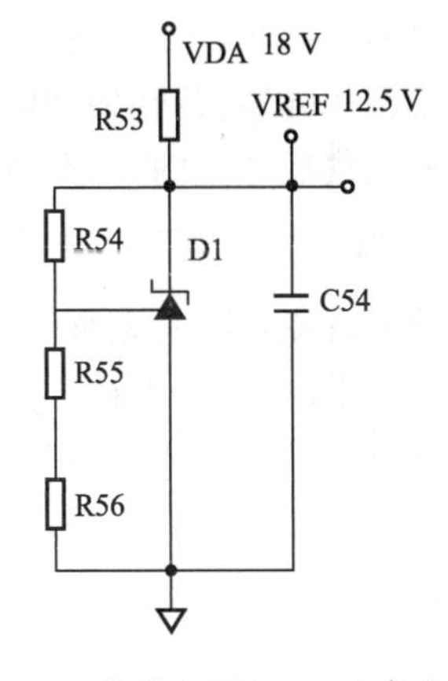

图4-86　基准电压(VREF)产生电路

图4-87为公共电极电压(VCOM)产生电路,可以通过R161、VR1、R166分压得到,其电压的稳定度决定了液晶显示屏在重现图像时亮度是否稳定。一般的液晶显示屏,VCOM电压为6~7 V(基本上是伽马校正电压最大值的一半左右)。

VCOM 电压是一个稳定的直流电压,作为液晶显示屏的公共电极,液晶像素一边电极电压为源极驱动电压,另一边为公共电极电压 VCOM。这两个电压差决定了加在液晶分子上的电压,因此在检修液晶屏幕图像故障时,首先要测量 VCOM 电压。

2)电阻分压电路

电阻分压电路又称灰度等级产生电路,如图 4-88 所示,由分压电阻 R71 ~ R89 组成。基准电源(VREF)作为这个电阻分压电路的供电源,在各电阻的分压点(VS1 ~ VS14)输出 14 个电压,由于电阻阻值的不同搭配,这 14 个电压的值正好组成了符合液晶显示屏透光度曲线变化的电压值。

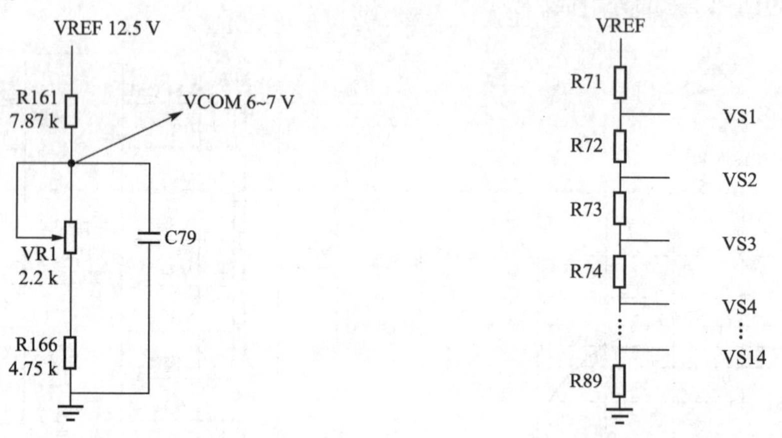

图 4-87 公共电极电压(VCOM)产生电路　　图 4-88 灰度等级产生电路(电阻分压电路)

在维修时必须注意,这几个电阻的位置比较靠近缓冲集成电路,在使用热风枪拆卸集成电路时,要避免热风枪吹到这几个电阻,因为阻值很精密如 5.49 kΩ、1.13 kΩ、7.15 kΩ、562 kΩ 等,如果"吹"跑一只,一般是配不到的。

3. 伽马电压缓冲输出电路

为保证图像灰度显示的稳定性,要求电阻分压电路输出的非线性变化的 14 路电压非常稳定。为了解决这个问题,在每一路电压的输出端都设置一个缓冲电路,在输出负载有电流变化时仍能保证输出的电压值是稳定不变的。

伽马电压缓冲电路实际是一个高阻抗输入、低阻抗输出、增益为 1 的放大器,类似于跟随器的电流放大器,其输出端电流的变化不会影响输入端电压值的稳定。这 14 路放大器封装在一块专用集成电路内部,型号如 HX8915、EC5575、AS15 等,其芯片的功能及引脚基本都相同。

4. 伽马校正电路的故障及测试

故障现象:花屏、鬼影、黑屏。

14 个伽马校正电压正常的状态为:测试点上的 VS1 ~ VS14 顺序电压是逐步增高的,也就是阶梯电压。

测试方法:顺序测量各个伽马校正电压,如果电压不是逐步增高,则说明应芯片坏了,一般摸着烫手。

4.5.5　液晶电视机逻辑板电路检修技巧

(1)故障现象:白屏显示。

维修方法:使用万用表测量图4-89中的去屏供电电压、DC/DC变换电路的各组输出电压(VDD、VGH、VGL),如没有上述三个电压,检查是否有逻辑板供电 VCC = +3.3 V。尝试断开负载(玻璃基板连接)。

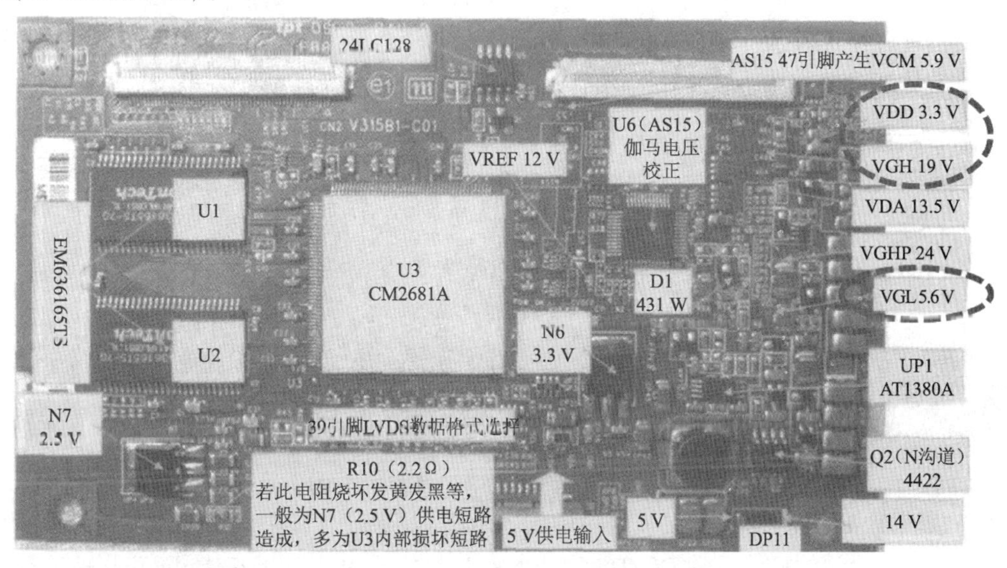

图4-89　白屏显示维修部位

(2)故障现象:花屏鬼影。

维修方法:使用万用表测量图4-90所示逻辑板上DC/DC变换电路各组电压是否正常,检查连接器、芯片发热量、检查T-CON芯片周边小电容器、补焊芯片、图像存储器、伽马校正电路、VGH电压。

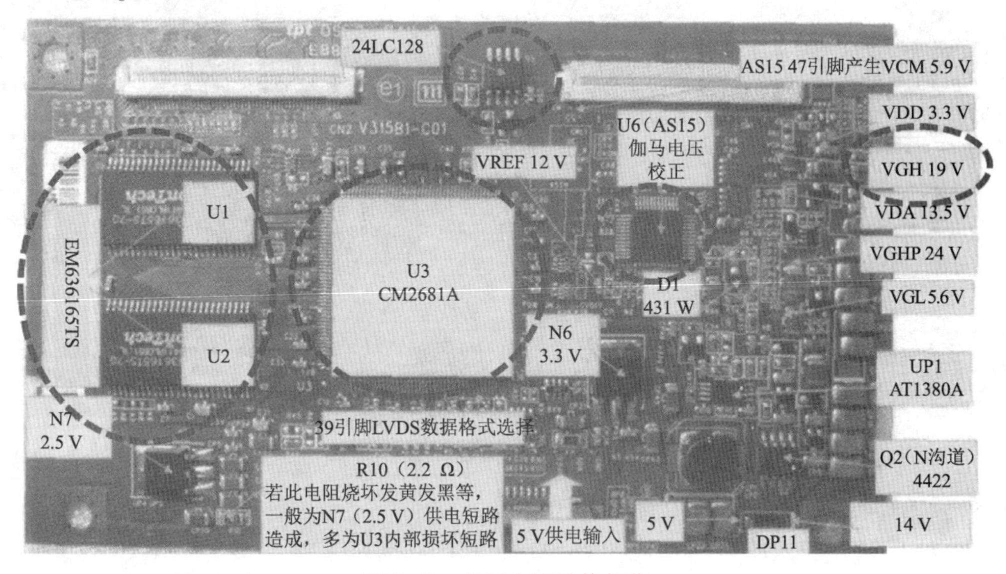

图4-90　花屏鬼影维修部位

(3)故障现象:正常显示一段时间后无显示。

维修方法:检测故障前后的 DC/DC 变换电路各组输出电压是否正常,芯片发热量,检查 T-CON 芯片周边小电容器、补焊芯片,如图 4-91 所示。

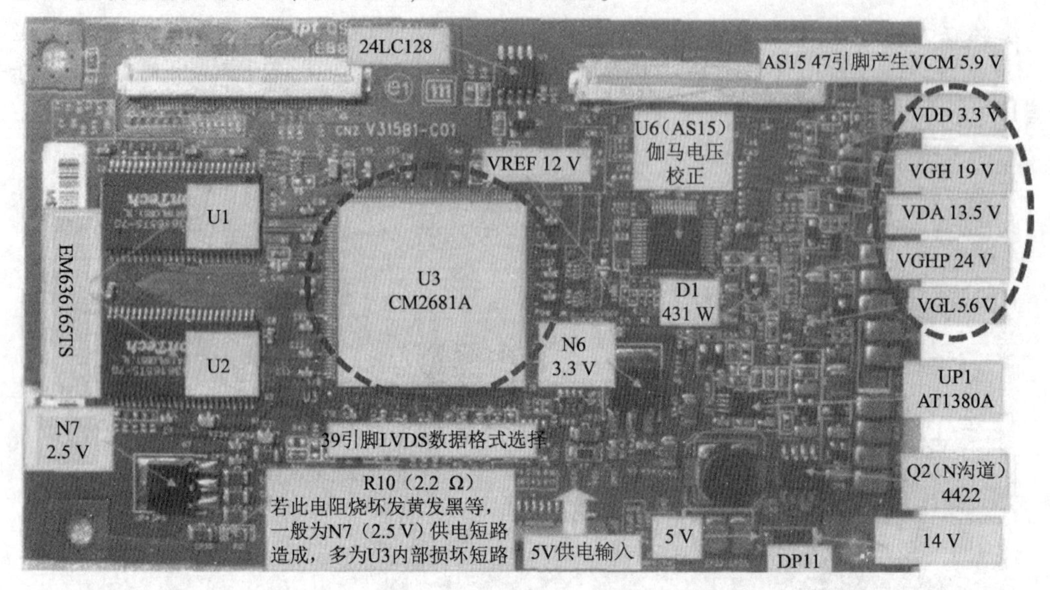

图 4-91 正常显示一段时间后无显示维修部位

(4)故障现象:正常显示 1 ~ 2 s 后白屏无显示(需要保证灯管一直亮才能看到此故障)。

维修方法:检测故障前后的 DC/DC 变换电路各组输出电压是否正常,断开与玻璃基板连接排线,测 DC/DC 变换电路电压,排除由玻璃基板故障引起,如图 4-92 所示。

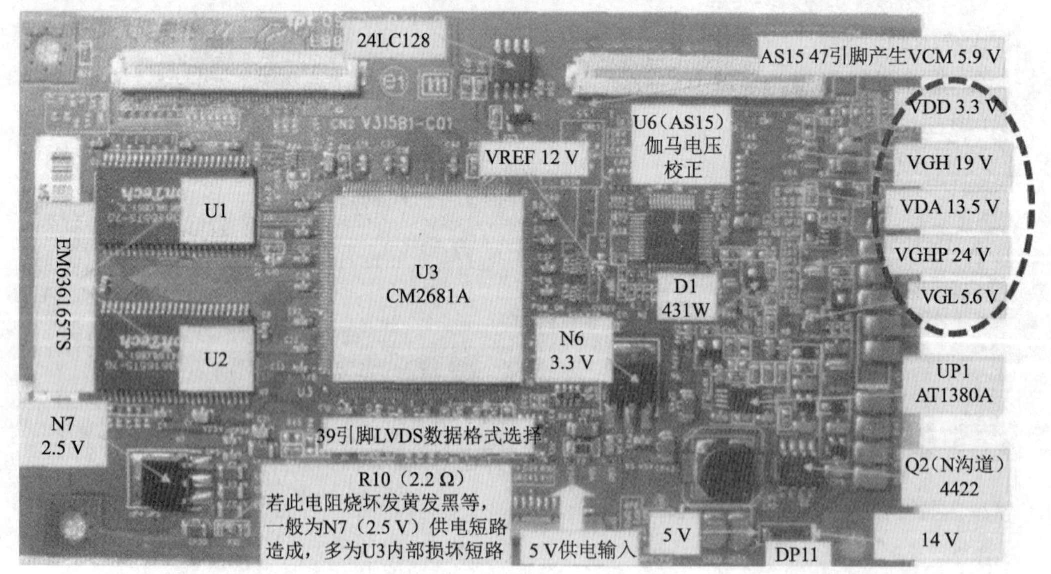

图 4-92 正常显示 1 ~ 2 s 后白屏无显维修部位

(5)故障现象:文字显示正常,图像显示花屏。

维修方法:检测显示通道、伽马校正电路,如图 4-93 所示。

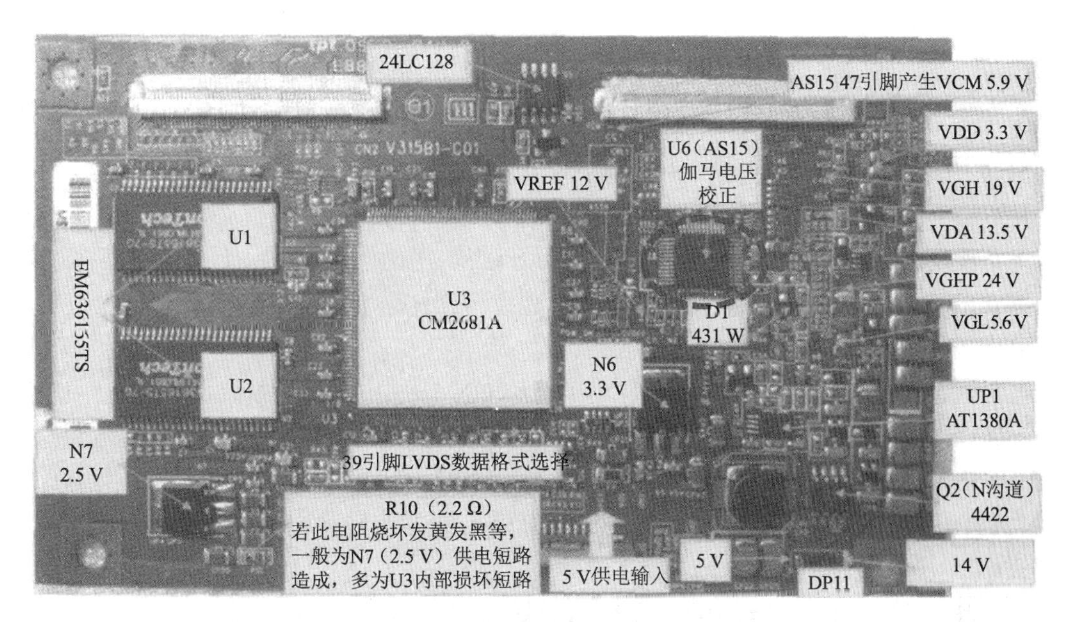

图 4-93　文字显示正常，图像显示花屏维修部位

(6)故障现象：左边图像显示正常，偏右部分显示无规律性的花屏干扰。

维修方法：先确定是否背光高压打火引起，再检查偏右部分驱动模块（左边）的 VGH 电压，如图 4-94 所示。

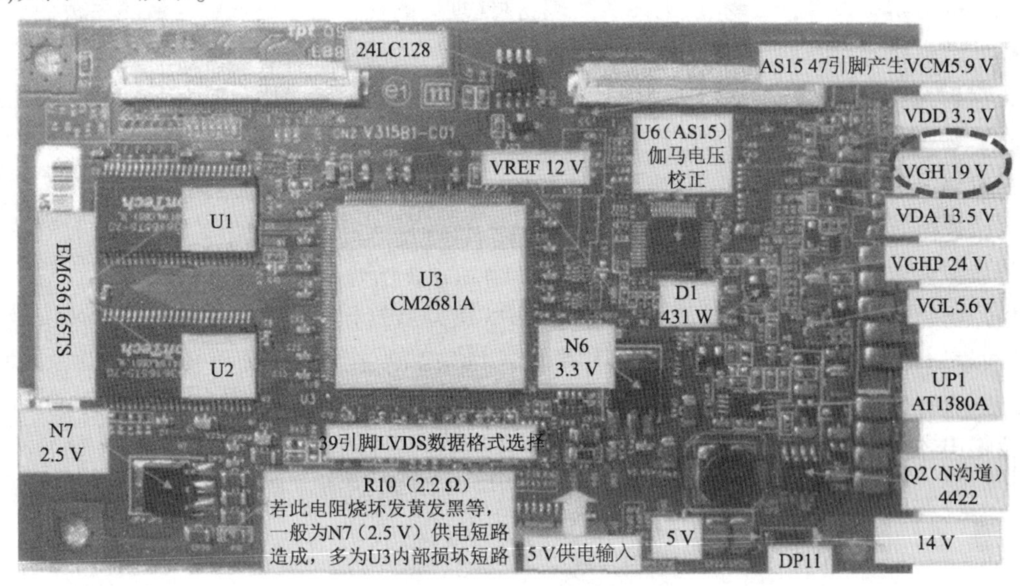

图 4-94　无规律性的花屏干扰维修部位

小　　结

液晶电视机的内部结构包含电源板、驱动板（主板）、逻辑板、背光板及灯管、液晶面板（含液晶显示屏、源极驱动电路、栅极驱动电路和时序控制）、遥控接收及按键控制板等部分。

液晶电视机的整机启动过程为：电源板输出5VS待机供电供给驱动板，驱动板进入待机状态。驱动板开机输出电源控制信号，使得电源板输出主供电，其中+24 V供给高压板，+12 V、+5 V供给驱动板。驱动板输出去屏供电和数字信号到逻辑板，驱动玻璃液晶显示屏显示图像。驱动板输出背光控制信号控制背光板工作点亮背光，看到图像。

TFT-LCD(thin film transistor liquid crystal display)是薄膜晶体管液晶显示器的缩写。液晶显示屏是模块化生产的。TFT-LCD和逻辑板PCBA依靠COF(chip on film，即芯片被直接安装在柔性PCB上)连接在一起。连接好后再和背光模组、边框、逻辑板屏蔽罩连接成完整的液晶显示屏模组。

电源板包含输入电路、功率因数校正电路又称PFC(power factor correction)电路、主电源电路、待机电源电路又称副电源电路、控制电路、保护电路等。其中，PFC变换电路、主电源电路、待机电源电路为三大主要电路，电源板要提供+24 V的直流电压给背光板，提供+12 V、+5 V的直流电压给驱动板，通过驱动板和逻辑板上的电压转换电路获得整机工作的各种电压。

驱动板常被称为主板或A/D板，它主要由微控制器(MCU)电路、存储单元、视频图像处理电路、视频输入接口、按键输入接口、时钟信号产生电路、液晶面板屏线接口等部分组成。

驱动板电路的工作过程：视频输入接口接收各种信号源发送来的模拟或者数字图像送到视频图像处理电路。视频图像处理电路将这些信号进行A/D转换、画质增强、优化，并按照当前显示器的分辨率设置，开展相应的缩放处理，将处理后的视频信号转换成与液晶面板接口类型一致的数据格式，通过屏线发送给液晶面板。

逻辑板又称屏驱动板、中心控制板、T-CON板，组成主要包含输入接口、时序控制电路(TCON)、源极驱动电路(列驱动电路)、栅极驱动电路(行驱动电路)、伽马校正电路(灰阶电压发生电路)、存储器、DC/DC变换电路等。

逻辑板电路的工作过程：驱动板送来的LVDS图像信号包含三基色信号(RGB)、有效数据使能信号(DE)、行同步信号(HS)、场同步信号(VS)、像素时钟信号(SCLK)，通过输入接口进入时序控制电路后，RGB信号经过转换成为RSDS图像数据信号(MINI-LVDS)；时钟信号和行、场同步信号被转换为栅极驱动电路和源极驱动电路工作所需的控制信号；RSDS、STH、CKH、POL送到源极驱动电路，信号先经过伽马校正电路改善灰阶失真，然后驱动源极再以行为单位输出图像信号；DIO、CKV送到栅极驱动电路，驱动栅极依次输出行驱动信号；行场驱动信号共同控制MOSFET管工作从而控制液晶分子的扭曲度，驱动液晶屏显示图像。

习　题

4-1　液晶电视机的内部组成包含哪几部分？

4-2　简述液晶电视机的工作过程。

4-3　液晶显示屏的TFT-LCD和逻辑板PCBA依靠什么连接？

4-4　从时序控制电路输入到源极驱动芯片的信号主要有哪几种形式？

4-5　栅极驱动电路由哪几部分组成？

4-6　源极驱动电路由哪几部分组成?

4-7　液晶电视机在开机的情况下,主电源会输出哪些幅值的电压?

4-8　液晶电视机电源板主要有哪几部分组成?

4-9　液晶电视机开关电源为什么要进行功率因数校正?

4-10　绘制液晶电视机的组成框图,并描述液晶电视机的工作过程。

4-11　根据液晶电视开关电源的框图,描述其待机和开机的工作状态。

4-12　驱动板是液晶电视机的核心电路,它的组成包括哪几部分?

4-13　液晶电视机在待机情况下,哪些电路得电?

4-14　在液晶显示器中,逻辑板有什么作用?

4-15　逻辑板DC/DC变换电路输出哪几种电压?

4-16　伽马校正电路主要由哪几部分组成?

4-17　液晶电视机出现文字显示正常,图像显示花屏的故障现象,应该检查哪几部分电路?

4-18　图像缩放电路的作用是什么?

4-19　在液晶电视机中,行同步信号和场同步信号的作用是什么?

附录 A 图形符号对照表

图形符号对照表见表 A-1。

表 A-1 图形符号对照表

名称	仿真电路中的图形符号	国家标准中的图形符号
电解电容		
接地		
二极管		
逆导三极闸流晶体管		
单向击穿二极管		
双向击穿二极管		
场效应管		
继电器		

参考文献

[1] 王俊,古建升,郑洁平,等. 液晶电视机原理与全能检修技术[M]. 北京:中国铁道出版社,2016.
[2] 王学屯,王翠敏. 实战家电维修:图表详解液晶电视机维修实战[M]. 北京:化学工业出版社,2018.
[3] 孙姣梅,王忠诚. 液晶电视机维修一月通[M]. 3版. 北京:电子工业出版社,2019.
[4] 韩雪涛. 图解液晶电视机维修快速入门:视频版[M]. 北京:机械工业出版社,2018.
[5] 王红明. 液晶彩色电视机故障检测与维修实践技能全图解[M]. 北京:中国铁道出版社有限公司,2020.
[6] 田佰涛. 液晶显示器和液晶电视维修核心教程[M]. 北京:人民邮电出版社,2017.
[7] 梁明亮. 电子产品整机检测与维修[M]. 北京:化学工业出版社,2011.